인간과 동물의 이해

인간과
동물의 이해

함희진 저

도서출판
정일

서문

　인간과 동물은 오랜 동안 공존하면서 서로가 서로에게 도움을 주며 여러 모양의 유대를 갖고 생존하며 함께 삶을 영위하여 왔다. 함께 집안에서 거주하는 동반자로서의 반려동물이 있고, 인간의 즐거움을 위해 살아가다가 때가 되면 버려지기도 하는 애완동물이 있으며, 인간의 부족을 채워주고 적극적으로 도움을 주는 마약탐지견이나 재해 구조견, 맹인 안내견 같은 특수목적동물이 있고, 제약회사와 생명공학 회사, 그리고 대학 연구실에서 흔히 사용되면서 인간을 위해 희생되는 실험동물이 있다. 또한, 인간에게 경제적인 이득을 줌으로서 산업이 되고 돈벌이가 됨으로 인해 농장을 따로 설치하여 그곳에서 키워서 잡아먹기도 하고, 팔기도 함으로 축산업이라는 직업의 한 부분을 이루고 있는 산업동물이 있는데, 특히, 산업동물은 농장에서 길러진다 하여 농장동물, 돈을 벌어준다 하여 경제동물이라고도 한다. 인간을 위해 산 채로 전시되어 있고 때로는 쇼를 진행하기도 하고 구경거리가 되는 동물원동물, 인간에 의해 맞춤형으로 생산되고 있고 산업화되어 있는 생명복제동물, 인간을 위해 짐을 나르기도 하고, 밭을 갈기도 하며, 놀이 공원에게 마차를 끌기도 하는 사역동물, 인간을 치료해 주는 동물 매개치료의 당사자가 되는 치료도우미동물, 인간과는 떨어져 살지만 살림 파괴와 도시개발로 끊임없이 희생되고 있는 야생동물, 지구의 기후 변화로 인해 멸종 위기에 처해져 가는 멸종위기동물, 인간 문명에 의해 지구 행성에서 이미 사라져버린 멸종동물, 각종 인수 공통전염병뿐 아니라 각종 병원체 감염으로 인해 고통 받고 있는 감염동물 등 인간과 공존하는 동물들은 수없이 많은 분야가 있으며, 각각의 분야마다에 특수성이 있다.

인간과 동물의 이해는 이와 같은 다양한 동물과 인간의 유대와 관계 등을 짚어보고 각 동물들의 특징들을 살펴볼 뿐 아니라 이러한 동물들이 동물보호법이라는 하나의 법으로 통합 보호될 수 없는 특수성과 그럼에도 불구하고 모든 동물에 공통적으로 적용되어야만 하는 동물 복지의 일반성을 알아보려고 한다. 이 책이 오늘을 살아가는 학생들에게 인문학적 소양을 위한 정보로 제공될 뿐만 아니라 일반 독자들에게도 동물에 대한 좋은 인식 자료로 활용되기를 바란다.

저자 함 희 진 교수

차 례

Chapter 1 | 인간의 음식으로 제공되어
인간의 먹이가 되는 동물들

이들 동물들은 자기 수명을 다하는 동물이 거의 없으며 소는 수명이 20년임에도 1~2년 밖에 살지 못하고, 돼지는 수명이 20년임에도 1년 밖에 살지 못하며, 닭은 수명이 20년임에도 6개월도 살지 못하고 죽어가고 있다. 이들 동물들은 때때로 가두어지기도 하고, 때때로 방목되기도 하지만 인간의 그늘에서 벗어날 수가 없고 살고 죽는 운명이 인간 주인의 결정에 달려있다. 동물들을 위하여 축사들이 지어져 있고, 구유와 배설 장치가 구비되어 있으나 모두 인간들의 편리와 생산성 증가라고 하는 목적을 위한 것들이어서 이들을 위한 동물복지는 이들을 잡아먹는 인간들을 위해서라도 개선되어지고 향상되어져야 한다.

제1장 인간에게 경제적인 이득을 주는 산업동물

1. 소   23
2. 돼지   25
3. 닭   26
4. 말   29

제2장 인간의 집에서 사람과 함께 지내는 가축동물

1. 개(Dog)   37
2. 소(Cattle)   39
3. 돼지(Pig)   42
4. 말(Horse)   44
5. 면양과 산양(Sheep and Goat)   45
6. 가금(Poultry)   47
7. 양봉(Beekeeping, Apiculture)   48

Chapter 2 | 인간의 연구를 위해 희생되거나 연구에 의해 태어나는 동물

이들 동물들은 인간 과학자들에 의해 보호되고, 인간 연구자들에 의해 먹여지지만, 어찌 보면 가두어지고 희생되어지는 가련한 운명 가운데 살고 있다. 인간을 위해 연구되어지고, 사용되다가 죽을 때도 대부분 화장되어진다. 이들의 수명은 아무 의미가 없어졌고, 수를 다하고 죽는 실험동물이란 없을 정도로 안타까움이 있음으로 과학자들은 때때로 수혼제[1]라는 의식을 치루고 수혼비[2]를 만들지만 희생만 되는 것 같아 안타까움이라는 감정을 과학자들에게 주고 있다. 인간과의 유대라든지, 동물보호라든지, 동물복지, 동물윤리 등의 문제에서 가장 뜨거운 감자라고 볼 수 있다.

---

[1] '수혼제'란 인간들을 위해 희생된 동물들에게 드리는 위령제를 말하며 희생된 동물들의 넋을 기리는 의미를 나타내는 행사이다.

[2] '수혼비'는 인간들을 위해 희생된 동물들을 달래주기 위한다 하여 만든 비석을 말한다. 때때로 해당되는 동물들을 조각해서 그 의미를 알아볼 수 있게 해 놓는다.

제3장 인간을 위해 희생되는 실험동물

    1. 마우스(Mouse)   59

    2. 랫드(Rat)   62

    3. 기니피그(Guinea Pig)   64

    4. 비글(Beagle)   66

제4장 인간에 의해 맞춤형으로 생산되는 복제동물

    1. 동물복제   69

    2. 동물생명공학   74

    3. 개 복제   76

    4. 멸종위기동물 복제   77

Chapter 3 | 인간과 동물이 유대관계를 유지하며 살아가는 동물

이들 동물들은 인간과 유대관계를 유지하면서 살고, 인간을 돕기도 하는가 하면 인간에 의해 도움을 받기도 하며, 때때로 인간을 위해 일하고, 인간을 위해 자신의 목숨도 동물 스스로 버리기도 하는 참으로 귀한 인생들의 친구들이고, 일군들이며, 동반자이다. 대부분 자기 수명을 다할 때까지 살아가고, 때로는 야생에서 사는 동물들보다 더 오랫동안 살아가기도 하는데 그 이유는 치료도 받고 예방접종도 받으며, 스트레스를 받지 않고 약육강식의 먹이사슬에 구애되지 않고 살아가기 때문이다. 때때로 인간보다 더 나은 성품을 가지기도 하고 인간보다 더 소중함을 느끼도록 해 주기도 하는 동물의 입장에서 본다면 행운의 동물들이다.

제5장 함께 집안에서 거주하는 반려동물

    1. 반려견(Dog)   83

    2. 반려묘(Cat)   90

    3. 기니피그(Guinea Pig)   92

    4. 토끼(Rabbit)   94

    5. 앵무새(Parrot)   96

    6. 페렛(Ferret)   98

    7. 골든 햄스터(Golden Hamster)   99

제6장 인간의 즐거움을 위해 살아가는 애완동물

    1. 애완견   103

    2. 애완돼지   123

제7장 인간의 부족을 채워주는 특수목적동물

    1. 시각장애인 도우미견   128

    2. 청각장애인 도우미견   132

    3. 지체장애인 도우미견   134

    4. 노인 도우미견   135

제8장 인간을 치료해 주는 치료도우미동물

    1. 치료 도우미견   137

    2. 치매 도우미견   143

    3. 당뇨병 경고견   144

    4. 자폐증 도우미견   145

5. 발작 경보견　　　　　　　　　　147
6. 암 진단 도우미견　　　　　　　　148

제9장 인간을 위해 일하는 사역동물

1. 사역견　　　　　　　　　　　　151
2. 비둘기　　　　　　　　　　　　153
3. 돌고래　　　　　　　　　　　　154
4. 코끼리　　　　　　　　　　　　157

제10장 인간을 위해 산 채로 전시되어 있는 동물원동물

1. 동물원 유지론　　　　　　　　　168
2. 동물원 폐지론　　　　　　　　　169
3. 동물원의 방향성 개념 '4R'　　　170
4. 원숭이쇼 폐지　　　　　　　　　171
5. 돌고래쇼 폐지　　　　　　　　　172

Chapter 4　인간과 동물의 유대가 전혀 없이 살아가는 동물

이들 동물들은 인간들과 거의 유대가 없이 살아가고 인간의 도움 없이 살아가다 보니 언제 태어나는지 언제 죽어 가는지 살아있는지 죽었는지도 조사하고 찾아보아야 되는 동물들이다. 치료받지도 않고 예방접종도 받지 못하는 그야말로 동물들만의 세계 속에 있는 동물의 세계에 있는 동물들이다. 약육강식의 자연의 질서 가운데에서 생존하기도 하고 죽어가기도 함으로 야생성을 잃지 않고 살아가며 무

리들 가운데서 쳐지거나 병에 걸렸을 때에는 무리에서 떨어져서 조용히 죽어가는 그야말로 야생의 동물들이다.

제11장 인간에게 질병을 옮기거나 동물들끼리 질병에 감염되는 감염동물

1. 박쥐(Bat)	177
2. 쥐(Rat, Mouse)	183
3. 진드기(Tick, Mite)	185
4. 모기(Mosquito)	188
5. 벼룩(Flea)	196
6. 파리(Fly)	198
7. 인수공통감염병(Zoonosis)[3]	202

제12장 인간과는 떨어져 사는 야생동물

1. 오랑우탄(Orangutan)	209
2. 침팬지(Chimpanzee)	210
3. 고릴라(Gorilla)	211
4. 고슴도치(Hedgehog)	213
5. 뱀(Snake)	216
6. 햄스터(Hamster)	219
7. 금붕어(Goldfish)	220
8. 자라(Snapping Turtle)	225

---

[3] 인수공통감염병이란 사람과 동물에 같이 감염되는 전염병을 말한다.

제13장 인간문명에 의해 사라져가는 멸종위기동물

1. 벵갈 호랑이(Bengal Tiger) 229
2. 아프리카 치타(African Cheetah) 230
3. 자이언트 판다(Giant Panda) 232
4. 바다거북(Sea Turtle) 234
5. 사향노루 236
6. 하늘다람쥐 238
7. 긴 점박이 올빼미 239
8. 까막딱따구리 241
9. 호랑이 242
10. 반달가슴곰 244
11. 여우 245
12. 담비 247
13. 산양 248

Chapter 5 | 인간과 비슷하게 사회생활을 영위하는 사회적인 동물들

이들 동물들은 인간과 같이 공동생활을 하며 절대 지도자가 있고 무리생활을 하며 적을 몰아내고 때때로 반역도 하며 전쟁도 하고 살림도 내주는 역동적인 그들만의 삶을 살아간다. 집단적으로 여왕을 죽이고 다른 여왕을 옹립하는 꿀벌의 세계나, 집단적으로 무리를 지어서 다리를 만들어 이동하기도 하고, 농장을 건설하여 농사를 짓기도 하며, 큰 집을 건축하고 그곳에서 무리를 이루고 살아가는 개미의 세계나, 인간과도 같이 모성애를 갖고 있어서 그 모성애를 경험한 새끼가 엄마의 죽음에 대해 몇날 며칠을 굶으면서 때때로 엄마의 뒤를 따라 굶어 죽기도 하는 챔팬지의 공동체 삶의 세계 등은 인간만이 사회

적인 동물이 아님을 인간들에게 보여주고 있다.

제14장 공동생활을 유지하는 사회적인 동물

1. 침팬지(Chimpanzee)　　　　　　　252
2. 꿀벌(Honeybee)　　　　　　　262
3. 개미(Ant)　　　　　　　267

Chapter 6 | 인간과 동물의 비교

인간과 동물은 매우 다르다. 하지만 구체적으로 무엇이 어떻게 왜 다른지에 대해서는 잘 알지 못한다. 이빨이 동물마다 확연히 다르고, 눈이 각 동물마다 완전히 다르며, 청각이나 후각이 동물마다 다르고 왜 다른지를 알아본다. 인간보다 더 많이 더 멀리 보는 동물도 있고, 인간보다 더 많이 더 세밀하게 듣는 동물들이 있으며, 인간보다 뚜렷하게 다른 후각 기능을 갖고 있는 동물들이 있다. 초식동물이나 육식동물이나 잡식동물들의 이빨이 다를 수밖에 없다. 이렇게 다른 인간과 동물을 비교하여 봄으로서 인간과 동물을 더 잘 이해할 수 있다.

제15장 인간과 동물의 생명과학적 차이들

1. 이빨　　　　　　　276
2. 혈액형　　　　　　　281
3. 눈　　　　　　　286
4. 12지신[4]에 나오는 12종류 동물들의
　　해부학적 특징들　　　　　　　296

---

4 12지신이란 땅을 지키는 12가지신을 말하며 12마리의 동물들로 상징된다.

Chapter 7 | 인간 역사 속에서의 동물들

어떤 동물들은 인간 역사 속에서 중요한 역할을 하였고, 독특한 인류 문화를 형성한 동물들도 있으며, 인류문명에 영향을 끼치는 동물들도 있었다. 말은 전쟁 무기로 사용되어 오랫동안 그 역할을 수행하였고, 소는 부요의 상징으로 역할을 하였으며, 때때로 인간을 살리는 동물들도 역사 가운데에는 전설로 내려오기도 한다.

제16장 인간 문명과 관계된 동물들

1. 말	310
2. 소	313
3. 양	318
4. 돼지	320
5. 쥐	322
6. 닭	324
7. 개	326

제17장 우주개발 역사에서 기억될 동물들

1. 침팬지	328
2. 원숭이	331
3. 개	332
4. 고양이	335
5. 거북이, 개구리, 거미, 선충과 지렁이, 초파리, 바퀴벌레, 쥐, 물고기, 다람쥐	337

Chapter 8 | 인간 역사 속에는 없는 동물들

어떤 동물들은 인간 역사 속에서 없는 이미 멸종된 동물들이 있다. 하지만 화석들이 증거물로 남아 있거나, 사진들이 증거들로 남아 있어서 인간들의 관심을 받고 있으며 때때로 영화를 통하여 소개되고 과학자들에 의해 탐구되기도 한다.

제18장 인간 문명과 관계없는 동물들

1. 공룡(Dinosaur)   344
2. 매머드(Mammoth)   346

부록

인간과 함께 지구행성에서 사는 동물들의 표정들   350

동물별로 구별되어 활동하는 인간 수의사들의 현장   370

수의사들이 일하는 동물병원의 유형들   378

동물관련 법령들에서의 동물들   381

Chapter 1

제1장 인간에게 경제적인 이득을 주는 산업동물
  1. 소
  2. 돼지
  3. 닭
  4. 말

제2장 인간의 집에서 사람과 함께 지내는 가축동물
  1. 개(Dog)
  2. 소(Cattle)
  3. 돼지(Pig)
  4. 말(Horse)
  5. 면양과 산양(Sheep and Goat)
  6. 가금(Poultry)
  7. 양봉(Beekeeping, Apiculture)

인간의 음식으로 제공되어
인간의 먹이가 되는 동물들

이들 동물들은 자기 수명을 다하는 동물이 거의 없으며 소는 수명이 20년임에도 1~2년 밖에 살지 못하고, 돼지는 수명이 20년임에도 1년 밖에 살지 못하며, 닭은 수명이 20년임에도 6개월도 살지 못하고 죽어가고 있다. 이들 동물들은 때때로 가두어지기도 하고, 때때로 방목되기도 하지만 인간의 그늘에서 벗어날 수가 없고 살고 죽는 운명이 인간 주인의 결정에 달려있다. 동물들을 위하여 축사들이 지어져 있고, 구유와 배설 장치가 구비되어 있으나 모두 인간들의 편리와 생산성 증가라고 하는 목적을 위한 것들 이어서 이들을 위한 동물복지는 이들을 잡아먹는 인간들을 위해서라도 개선되어지고 향상되어져야 한다.

제1장

인간에게 경제적인 이득을 주는 산업동물

산업동물(Industrial Animal)은 경제 동물(Economic Animal) 또는 농장 동물로(Farm Animal)도 불리어지며, 소, 돼지, 닭, 오리, 말, 사슴, 양, 칠면조, 꿀벌 등이 있다.

우리 식탁에 오르는 농장동물은 몇 살까지 살 수 있을까? 한국인의 대표 육식인 치킨이 되는 닭이 고작 생후 30일 만에 도축된다는 사실, 그리고 자연 상태에서 닭의 평균 수명이 10년에 달한다는 사실을 아는 사람은 그리 많지 않다. 농장동물들은 축사에서 사람들의 시야에서 차단된 채 공장처럼 대량으로 생산되는데 이것이 축산업이 돌아가는 방식이다. 사실 소는 약 20~30년, 돼지는 10~15년, 닭은 7~13년을 살 수 있다. 농장동물들은 평균 수명의 10분의 1도 채 살지 못한 채 도축되고 있다. 좁은 공간에 많은 두수를 사육하는 밀집사육의 특수성, 그리고 사육비용의 부담으로 인해 대부분의 농가들은 농장동물을 상당히 이른 시기에 시장에 출하하고 있다.

돼지의 경우 생후 평균 150일에서 180일 사이, 소는 평균 18개월에서 30개월 사이에 출하를 시작한다. 닭의 경우 국내 농가의 평균 출하 일령은 30일에서 35일 사이다. 대부분의 농장 동물들이 평균 수명의 10분의 1도 채우지 못하고 도축되는 셈이다.

품종	자연수명	도축시기
소	20~30년	18개월에서 30개월
돼지	10~15년	150일에서 180일
닭	7~13년	30일에서 35일

생산성 제고를 위한 품종개량도 농장동물의 수명을 단축시키는 원인이 된다. 품종개량으로 인해 유전적 다양성이 파괴된 농장동물은 구제역 등 바이러스에 일제히 노출되기 쉽다. 육계로 널리 사육되는 '로스', '코브' 등의 품종은 육량을 높이기 위해 몸통이 비대해지도록 개량되어 관절염에 걸리기 쉬우며, 제대로 걷지 못해 사료를 먹지 못하고 폐사하는 경우도 있다.

농장동물들의 삶을 결정하는 것은 시장논리이다. 소의 경우, 우리나라와 일본은 29~31개월에 도축하지만 미국은 16~17개월, 캐나다는 18~24개월 사이에 도축한다. 출하 시 무게도 차이를 보인다. 우리나라와 일본이 700~750kg으로 가장 많고 캐나다는 630kg, 미국이 400~600kg으로 가장 적다.

돼지의 경우, 고기를 목적으로 사육되는 육돈은 6개월이 되면 도축된다. 6개월보다 빠르면 체중이 적고, 6개월이 지나 무게가 110kg을 넘으면 상품성이 떨어지기 때문이다. 소비자가 가장 선호하는 돼지고기의 육질은 100~120kg에서 얻을 수 있다. 우리나라의 경우 출하 시 돼지 평균 무게는 114kg이다. 미국의 경우에는 123kg, 브라질의 경우도 118kg로 우리나라와 비슷하다.

닭은 가장 적은 생을 살다가는 농장동물이다. 닭은 소나 돼지보다 먹는 사료량에 비해 더 빠르게 체중이 불어나기 때문이다. 고기 생산성이 높다. 우리나라 육계 평균 사육 일수는 35일이다. 중국 55일, 미국 46일보다 10~20일 가까이 빨리 죽는다. 평균 체중도 1.5kg로 작다. '영계'라는 단어에서 알 수 있듯 우리나라 사람들은 어린 닭을 좋아한다. 큰 닭보다 어린 닭이 연하고 맛있다는 인식이 있기 때문이다.

생고기

산업동물들은 생산성을 위해 짧은 삶을 살다간다. 또한 사육되는 동물들은 체중이 감소되지 않도록 좁은 케이지에 갇혀 사료를 먹다 몸무게가 기준에 도달하면 도축된다. 이러한 가축들의 공장식 사육에 대한 비판의 목소리가 나오고 있다. 고통과 스트레스를 최소화하는 동물 복지 농장도 점점 늘어나고 있다.

① 소

가축으로 사육되는 소 가운데 우유 생산을 목적으로 하는 소를 젖소라 한다. 홀스타인종, 저지종, 건지종, 에어셔 종 등이 대표적인 품종이며 대부분이 유럽 원산이다. 한국에는 젖소로 개량된 품종은 없으며 모두가 수입한 품종이 계통적으로 번식되고 있다. 한 마리의 젖소가 1년 동안에 생산하는 양은 약 5,000kg이다. 축우는 다른 동물에 비해 저온에 대한 적응력이 아주 강하므로 우리나라와 같은 기후 조건하에서는 겨울철에 특별한 보온 대책이 필요치 않다. 오히려 보온을 위해 우사를 밀폐하게 되면 호흡 등에 의해 습기가 많아지고 먼지, 악취, 유해 가스 등이 우사 내부를 오염시켜 호흡기 질병 등의 발생률을 높이게 되므로 겨울철에도 완전히 개방된 우사에서 사육하는 것이 유리하다.

겨울에는 소가 축사 내에 머무르는 시간이 많아지기 때문에 운동이 부족하기 쉽고 소화 기능이 감퇴되므로 충분한 운동을 시킬 필요가 있다. 겨울철에는 피부의 신진 대사가 억제되고 분뇨가 꼬리 등에 얼어붙기 쉬우므로 수시로 피부 손질을 해 주는 것이 좋다. 피부를 손질해 줌으로써 혈액순환이 촉진되고 신진 대사가 활발해지며 소화율이 향상되므로 소의 발육 및 비육을 촉진시킬 수 있다.

방목지나 개방식 우사에서 자유롭게 운동할 때에는 큰 문제가 없지만 축사 내에 가두어 기르는 동안에는 운동량의 제한으로 인해 발굽이 필요 이상으로 자라나는 경우가 많다. 발굽이 필요 이상으로 자라면 서있는 자세가 나빠지고 병의 발생이 많아지므로 너무 많이 자란 발굽은 손질해 주는 것이 좋다. 저온으로부터 축우를 보호하기 위해 축사를 밀폐하면 호흡과 배설물이 부패될 때 발생되는 유해 가스로 인해 호흡기 질병이 발생되기 쉽다. 그리고 여러 마리가 함께 무리 지어 있기 때문에 병이 쉽게 전파되므로 주의하여야 한다.

많은 사람이 널리 애용하는 우유를 소화시키지 못하는 사람들이 있다. 특히, 동양인들은 서양인들에 비해 우유를 소화시키지 못하는 유당 불내증이 많다. 우유에는 유당 즉, 젖당이 들어 있으므로 인체는 유당을 소화시키기 위해 장벽에서 분비되는 락타아제(lactase) 효소가 필요하지만, 선천적이거나 후천적인 이유로 락타아제가 부족하여 유당을 소화시키지 못하면 장 속의 삼투압을 증가시켜 장벽에서 수분을 끌어들이게 되고 박테리아들이 유당을 분해하여 가스를 만들게 되므로 속이 더부룩해지거나 묽은 변 또는 설사를 유발하게 된다. 이러한 유당불내증이 있는 경우에는 우유를 한 번에 마시지 말고 조금씩 나눠 먹거나 우유를 따뜻하게 데워 마실 수 있으며, 아니면 유당분해 우유를 마시는 것이 좋다. 또는 빵이나 시리얼 등 다른 식품과 함께 섭취하면 유당이 소장에 오래 머물면서 소화가 잘되고, 우유와 요구르트를 함께 섭취하면 요구르트의 유산균이 장에서 유당을 분해시키기 때문에 소화가 수월해진다.

우유

❷ 돼지 🐾

분만사에는 어미돼지와 포유자돈들이 있다. 젖을 뗀 새끼 돼지인 이유자돈은 환절기에 큰 온도차나 샛바람에 민감하다. 돼지의 평균 임신기간은 115일이다. 양돈은 내용에 따라 종돈 생산, 모돈 생산, 육돈 비육의 세 가지로 나눌 수 있다. 종돈 생산은 종돈을 사육하고 번식에 제공하여 장차 육종 번식용의 종돈으로 제공될 수돼지의 생산, 즉 양돈의 기초가 되는 순수종의 돼지를 생산하는 일이며, 고도의 기술을 필요로 한다. 모돈 생산은 새끼 낳기 양돈이라고도 하며, 비육용 새끼 돼지의 생산을 목적으로 한다. 최근에는 모돈 생산용 어미돼지에 1대 잡종을 사용하는 일이 많다. 새끼 돼지는 이유 후에 육돈 생산의 모돈으로 매각된다. 육돈 비육은 모돈으로 구입한 생후 40~80일 된 새끼 돼지를 4~8개월 비육하여 도살장으로 출하하는 것을 되풀이하는 경영형태이다.

수돼지는 농가에서 사육되는 일은 없고 공공의 종축 장, 종돈 장에서 사육되어 필요에 따라 교배 또는 인공수정이 실시된다. 또 수돼지만 몇 마리 사육하여 교배만을 전업으로 하는 일도 있다. 한국에서 사육되고 있는 돼지의 품종으로는 버크셔 종, 요크셔 종, 두록저지 종, 햄프셔 종, 랜드레이스 종 및 잡종이 있다.

돼지는 삼겹살로 인해 인간이 먹지 않으면 안 되는 음식인양 널리 애용되고 있다. 삼겹살은 돼지의 뱃살 부위를 말하는데 비계와 살코기가 세 겹으로 층층이 이뤄져 있어 '삼겹살'이라는 이름이 붙었다. 주머니 사정이 넉넉지 않은 노동자들에게 하루치 노동의 지친 몸을 다독일 값싼 음식이다. 오늘날 한국인이 가장 많이 먹는 고기는 돼지고기이고, 그중에서도 삼겹살 사랑이 유별나다. 하지만, 삼겹살이라는 부위 자체는 비교적 최근에야 만들어진 음식 메뉴이고 부위이다. 외환위기를 계기로 주머니가 가벼워지면서 저렴한 음식인 삼겹살에 눈길을 돌리는 사람들이 많아졌다. 대패삼겹살은 기존 삼겹살보다 가격을 확 낮춘 초저가 삼겹살도 등장했다. 불과 40년 사이에 다양한 삼겹살 문화를 만들어냈다.

삼겹살

③ 닭 🐾

양계는 한국에서도 오랜 역사를 가지고 있는데, 농가가 자가소비용으로 뜰에서 닭을 사육하고 달걀이나 닭고기를 식용으로 해온 것에서부터 시작하여, 현재는 기업으로 몇 만 마리를 사육하는 형태로까지 발전하고 있다. 양계는 축산 중에서도 특수한 위치를 차지하며, 그만큼 계사의 구조나 관리방식 등 기술적인 면에서도 다른 가축과는 달리 사육 개량이 거듭되어 어떤 의미에서는 가장 기계화된 축산이라고 할 수 있다.

닭은 그 자체의 특성에서 개체로서가 아니라 무리로 사육되어 왔기 때문에, 현재로는 1만 마리 단위의 경영도 드물지 않으며, 특히 근년에는 그 경향이 뚜렷하다. 또 경영의 합리화와 생산비 절감을 목적으로 하는 집단양계도 실행되고 있다.

한국의 양계는 종전에는 채란을 주로 한 것이었으나, 닭고기의 수요가 늘어나자 닭고기 생산을 목적으로 하는 브로일러 양계로 발전하였다.

양계의 선진국은 역시 미국이며, 한국의 양계도 미국에서 개발된 방식을 많이 따르고 있다. 많은 닭을 한 곳에 모아 사육하는 양계에서는 전염병의 발생이 최대의 적이므로, 예방위생에 철저한 배려가 있어야 한다. 따라서 토지의 선정이나 계사의 배치, 관리방식 등이 연구되는 한편, 외부와의 격리, 소독, 백신의 예방접종, 폐계의 처리 등이 중요한 작업이 된다.

또 닭의 사료는 가루 모양의 배합사료인데, 질병예방이나 발육 촉진을 위하여 각종 사료첨가제가 가해진다. 양계는 닭의 사육법에 따라 평면양계·케이지 양계·배터리양계 등으로 구분하기도 하나, 생산 목적에 따라 종계 생산, 채란 양계, 브로일러 양계의 세 가지로 크게 나눌 수 있다. 어느 경우라도 종란의 생산 → 부화 → 육추 → 생산의 과정을 거치는 데는 이들 과정 하나하나가 기업화되고 있다. 닭은 달걀과 고기를 얻기 위해 기르는 가축이다. 머리에 붉은 볏이 있고 날개는 퇴화하여 잘 날지 못하며 다리는 튼튼하다. 생후 170~200일이 지나면 번식능력을 갖고, 연간 100~220개의 알을 낳는다. 육용과 난용으로 육종된 수많은 품종이 있으며, 가금으로 가장 많이 사육한다.

시중에 판매되는 달걀에는 10자리 난각번호가 찍힌다. 소비자들은 난각번호를 보고 산란일자와 농장, 닭의 사육환경을 알 수 있다. 앞쪽에 찍힌 4자리 숫자가 바로 산란일자이고, 알파벳과 숫자가 혼합된 가운데 5자리는 판매자의 고유번호이며, 달걀을 생산·판매하는 생산자마다 각자의 고유번호를 갖고 있다. 농장 고유번호는 가축사육업 허가·등록증에 기재된 번호로, 식품안전나라 홈페이지에서 가운데 다섯 자리를 입력하면 해당 농장의 정보를 확인할 수 있다.

제일 중요한 부분은 가장 끝에 찍힌 한 자리 숫자이고, 1부터 4까지 표기되는 맨 끝자리 숫자는 닭의 사육환경을 나타낸다. 쉽게 말해 달걀을 생산한 닭이 어떤 환경에서 길러지는지 알 수 있다. 끝자리가 1~2인 경우 동물복지 인증을 포함한 케이지프리(cagefree) 달걀인데, 1의 경우에는 닭의 본성에 맞게 실외에서 방목으로 길러낸 것이고, 닭들이 자유롭게 움직이면서 스트레스 없이 원하는 때에 건강한 알을 낳는다. 끝자리가 2라면 닭들이 실내 축사나 이동이 가능한 비교적 넓은 케이지 안에서 생활하고 있다는 의미이다. 끝자리가 3~4인 경우에는 13~20마리의 닭들이 $1m^2$의 비좁은 케이지에 갇혀 한 발자국도 움직이지도 못한 상태로 사육되고 있다는 뜻이다. 닭 한 마리 당 A4용지 3분의 2 크기에 불과한 공간에서 알을 낳다가 더 이상 알을 낳지 못하게 되면 그대로 도축된다.

달걀 번호의 의미

달걀의 번호

❹ 말 🐾

　사람에게 도움을 주는 동물을 가축이라고 부르나 말은 사람과의 인연이 소나 돼지와는 다르다. 최근 우리나라에서도 말고기가 칼로리가 적은 다이어트 건강식품으로서 평판이 높아지고 있다. 제주는 고려 시대부터 목마장으로 유명했다. 유독 다른 지방보다 제주에 말 농장이 많은 이유다. 말고기는 예부터 고급 음식이었다.

　여행객들은 때로 말고기에 대해 오해를 한다. 승마대회 등에 출전했다가 늙어더는 뛸 수 없는 말들이라고 생각한다. 하지만 쇠고기나 돼지고기처럼 아예 식용으로 사육되는 '고기'다. 도축을 목적으로 사육하는 비육용이다. 경주마로 부적합 판정을 받은 말이나 말의 키 높이가 137㎝가 넘는 제주산마가 주로 식육으로 사육된다. 6개월간 비육 과정을 거친다.

　말고기구이, 말고기 스테이크, 말고기만두, 말 수육, 삶은 말 막창, 말고기초밥, 말 갈비찜, 말 곰탕, 말뼈진액차도 있다. 소고기, 돼지고기, 말고기의 지방 등을 비교하면, 말고기의 지방은 불포화지방이며 건강에도 좋고 맛도 훨씬 부드럽다. 콜레스테롤 감소에 도움이 되는 '오메가3 지방산' 등도 많다.

제 2 장

인간의 집에서 사람과 함께 지내는 가축동물

    가축(Domestic Animal)은 인류가 야생동물을 길들이기, 개량한 것으로 인류생활에 유용한 동물을 통틀어 이른다. 주로 축산물을 제공하고, 사역에 이용된다. 유용한 것이란 젖, 고기, 알, 털, 피혁, 깃털 등의 축산물을 생산하는 것과 힘을 사역에 이용하는 것 이외에, 모습과 행동이나 소리를 감상하기 위한 애완동물도 포함한다. 현재 세계에서 가축으로 취급되는 것은 다음과 같다. 포유류에는 말, 당나귀, 소, 물소, 면양, 염소, 낙타, 순록, 돼지, 개, 고양이, 토끼, 사슴, 조류에는 닭, 칠면조, 거위, 집오리, 타조, 집비둘기, 메추리, 꿩, 기러기, 어류에는 잉어, 금붕어, 뱀장어, 송사리, 방어, 곤충류에는 누에, 꿀벌 등이 있다. 보통 가축이라 할 때는 어류와 곤충류를 제외하고 포유류와 조류만을 말하는 경우가 많다. 그러나 조류에 속한 것을 가금(Poultry)이라 하여 이를 제외하고, 포유류만을 좁은 뜻의 가축이라 하기도 한다.

🐾 가축화된 동반 동물(companion animal)

인류 역사의 초기부터 인간은 동물을 사육해 왔다. 인류가 주거지나 그 근처에서 동물을 사육하며 선발적인 육종에 의해 야생의 선조와는 유전적으로 다른 종이 되도록 바꾸어 버렸다. 문명의 발달은 가축의 이용에 의존해 왔으며 오늘날에도 모든 사회가 가축에 의존하고 있다. 동물을 길러 생산적인 일을 시켜보려는 노력이 이루어졌음을 말해주는 기록이 남겨지기 전에 인류는 이미 다른 인간에게 자연스럽게 바쳤던 것과 같은 보호와 애정을 동물에게도 기울였다.

인간과 특별하게 훌륭한 형태로 결부되어 있는 특정한 종의 동물에 대한 정보가 있다. 동물계에는 놀랍도록 많은 다양성이 있다. 거의 모든 종이 애정 있는 인간의 보호 대상이 될 수 있음에도 불구하고 9종류의 포유류, 4종류의 조류, 2종류의 어류만이 오랜 세월에 걸쳐 확립된 대표적인 동반 동물(companion animal)에 불과하며 인류가 이들 종과 공유해 온 애정의 교환은 극히 일부분에 불과하였다.

예컨대 지금까지 지상에 존재했던 수많은 개 중 애완동물로서 사육된 것은 역사적으로 볼 때 매우 적은 수일뿐이다. 대부분의 개는 감시 견, 수렵 견, 목양 견(sheep dog) 또는 그 밖의 일을 수행하기 위해 사육되고 훈련되었다. 그리고 각종 임무를 수행하는 가운데 그들은 인간과의 공통된 목표를 향해 나름대로 공헌함으로써 인간과 보다 친밀한 교우관계를 맺어왔다. 감시견은 주인과 세력권 소유의 감각을 공유해왔다. 사냥은 오랜 옛날부터 인간과 개가 함께 누려온 공동작업이었으며 거기에서 양자는 각기 고유의 사회적인 행동양식을 주고받곤 했으며 서로 결합해 왔다. 양은 그들의 생산물을 목표로 사육되었으며, 개는 양을 지키는 목동을 도와주는 공동작업의 파트너로서 사육되어 왔다.

말은 오직 애정의 대상으로서의 애완동물이 가능하지만 그러나 그것이 인간의 생활 속으로 파고들게 된 통상적인 방법은 아니다. 그들은 용기와 충절[5] 심을 가지고 있으며, 그리고 역사적으로 여러 차례 칭송받을 만한 역할을 하게 됨으로써 인류가 말에 대해 최고의 존경심을 인정하게 되었다. 그것은 오랜 기간에 걸쳐 협력해온 결과이다. 당나귀는 말보다 훨씬 낮은 평가밖에 받고 있지 못하지만, 그럼에도 불구하고 그들은 오랫동안 사람들이 타고 다니는데 사용되었으며 이 역시 동반 동물(companion animal)로서 중요한 위치를 차지하고 있다.

인류는 동물과 끊임없이 새로운 관계를 발전시켜 오고 있다. 예컨대 1930년대에 처음으로 야생인 개체가 채집된 골든 햄스터나, 최근에 이르러 가축화되었으며 애완동물로 사육되기 시작한 작은 새들 그리고 친칠라 등이 그것이다. 애완용어류에 대한 기사에서는 여러 세기에 걸쳐 가축화되어 온 금붕어와 비단잉어가 가장 높은 가치를 부여받았다.

🐾 야생동물의 가축화(domestication)

가축화된 동물은 오늘날 인간생활에 너무나 광범위하게 파고들고 있기 때문에 자칫 우리는 그것이 당연한 것으로 가볍게 보기 일쑤이다. 그러나 어느 가축이나 지난날에는 인간과는 전혀 관계가 없었으며 야생동물로서 존재해 왔다. 우리는 그것을 쉽게 잊어버리곤 한다. 가축화된 동물이란, 인간과 항구적인 협력관계를 맺기에 이른 동물을 말한다. 이 관계는 번식의 관리 및 거의 모든 경우에 어느 종의 물리적 구속 및 인위적인 서식처의 제공, 먹이의 공급 등을 포함한다. 모든 동물이 그러한 부자연스러운 조건에서 번성할 수 있을 리가 없다. 우리들의

---

5 충절은 '충성스러운 절개'라는 뜻이다.

선조가 가축화할 수 있는 가능성을 지닌 방대한 수의 야생동물 중 실제로 가축화에 성공한 것은 아주 작은 일부에 불과할 수 있었던 가장 큰 이유라고 생각된다. 그러나 아이러니컬하게도 가축화에 성공했고 지금 그 수를 자랑하는 동물은 대부분 야생으로서는 멸종되어 버렸거나 또한 희소종이 되고 말았다. 야생동물은 자연도태의 산물이다. 그 신체적 특징과 행동은 그들이 살고 있으며 또한 살아가기 위해 이용하는 자연환경에 적응되어 있다. 그러나 가축화된 인위적 조건 아래서의 자연도태는 대폭적으로는 약화되며 인위도태가 지배적인 것이 된다. 따라서 자연 상태에서라면 불리한 속성의 표현이나 유전을 가능하게 한다.

가축화된 동물은 비틀린 꼬리, 늘어진 귀, 뿔이나 털의 지나치게 자람 또는 상실, 극단적으로 크거나 작은 체격, 색소가 현저히 결핍된 알비노(albino), 그 밖에 갖가지로 달라진 몸 색깔 등 놀랍도록 다양한 형질 이상을 나타내는 경향이 있다. 이러한 이상은 야생동물의 경우에는 결코 볼 수 없거나 또는 매우 드물게 밖에 볼 수 없는 현상이다. 인류는 이 변화 과정을 무의식적으로, 그리고 나중에는 의식적으로 조장시켜 특이하고 유용한 형태, 행동상의 특성을 발휘하는 개체만을 선발해왔다. 그렇게 함으로써 다양한 가축이 진화되기에 이르렀다. 그리고 각 동물 종은 인간 사회에 도움이 되는 특별한 기능을 갖도록 적응되어 온 것이다. 동물의 종류에 따라 서로 다른 가축화와 인위선발법이 적용되지만 몇 가지 일반적인 경향은 거의 모든 가축에 대해 공통된다. 예컨대 대다수의 동물 종은 가축화 초기에 소형화된다. 이는 개, 고양이, 양, 염소, 돼지, 소에 적용되며 몸의 크기는 화석이 야생종인가 가축 종인가를 감별하는 중요한 기준의 하나로서 고고학자에 의해 이용되고 있다. 체격의 소형화는 아마도 가축화의 초기에 사용된 사료가 질·양에 있어서 모두 빈약했던 것에 대한 적응이었을 것으로 생각된다. 물론 나중에는 어떤 종의 품종은 몸이 대형화하도록 선택이 되었다. 예컨대 그레이트데인(Great Dane) 종의 개나 샤이어(Shire) 종의 말은 야생의 선조보다 상당히 큰 것이다.

대개의 동물 종에 있어서 두개(cranium) 구조 및 전체적인 크기도 변화했다. 예를 들면 개, 고양이, 돼지 및 소의 경우 두개의 안면 부위는 짧아지는 경향이 있었다. 이 경향은 페키니즈(pekingese) 종의 개, 페르시아종의 고양이 및 미들 화이트(middle white) 종 등 몇 몇 품종의 돼지 등 일그러진 얼굴의 품종에 있어서 그 정점에 이른다. 처음에는 여기에 대응하는 이빨의 축소가 일어나지 않았기 때문에 초기의 가축의 이빨은 때로 악골(a jawbone, a maxillary bone, a maxilla)안에 수용할 수 없을 만큼 비정상적으로 혼잡을 일으키는 수도 있었다.

한편 놀랍게도 몸의 연조직에는 거의 변화가 일어나지 않았다. 그러나 가축화된 동물의 뇌는 일반적으로 선조의 것보다 분명히 작아져 있었으며 또한 충분히 먹이를 주면 심하게 지방 침착을 일으킨다. 지방분은 일반적으로 피하 지방으로 저장되며 근육 안으로도 침투하지만 때로는 아시아의 흑 소처럼 특정 부위에 축적되는 수 도 있다. 가축화된 동물은 피부 또한 팽팽한 상태를 상실하고 연약해지는 경향이 있으며 그 결과 분명한 주름이나 가죽의 겹침이 생기게 된다. 이러한 많은 변화 특히 안면의 단축화, 피하지방의 축적 및 피부의 연약화는 아마도 유약기의 특징이 성숙한 다음까지도 유지되는 유형성숙(neoteny)이라 불리는 현상일 것이다. 재미있는 것은 유형성숙의 가장 과장된 형태를 소형애완견 등 페트(pet)에서 볼 수 있다는 것이다. 아마도 인간이 그러한 어린이 같은 특징에 매력을 느끼기 때문일 것이다. 그 밖의 예로서는 베트남의 튀어 나온 배를 가진 포트벨리(Vietnamese Potbelly) 종의 돼지, 메리노(merino) 종의 양, 대부분의 짧은 뿔 소 등을 들 수 있다.

🐑 가축의 정의

인류가 지상에 나타난 이래로 인간의 가장 기본적인 목표는 고픈 배를 채우고 영양적 필요를 충족시키기 위한 식량의 확보였다. 초기에는 그들 주변에서 사냥을 하거나 물고기를 잡아먹든지, 아니면 식물로부터 씨앗이나 과일을 채취하여 먹을 것을 획득하였다. 즉, 인간이란 식량을 찾아다니는 굶주린 동물에 불과하였다. 그러나 인류가 식물을 재배하며 식량을 확보하면서 정착생활이 시작되고 농경문화가 발달하게 되었으며, 이러한 과정에서 야생 동물들도 인간이 주어진 조건에서 적응하며 살도록 만들었다. 야생동물들이 인간이 만들어준 환경에 적응하여 살도록 하는 과정을 가축화(domestication)라 하는데 여러 세대에 걸쳐 일어난 유전적 변화와 각 세대에서 환경적으로 유도된 발달 과정이 반복적으로 일어난 것들의 복합적 작용으로 어느 동물 집단이 인간에게 붙잡혀온 환경에 적응 되어지는 과정으로서 야생 동물이 가축화가 완전히 이루어지기에는 대단히 많은 세대가 소요되었다.

가축화의 정도는 동물들의 신체구조, 심리적 및 행동학적 과정에서 일어난 변화로 결정된다. 가축화가 더 진행된 종(species)일수록, 그 가축이 자연 환경으로 되돌아가기는 더 어려워진다. 가축화의 첫 단계는 길들이기(tame)이다. 그리고 이 길들여진 동물은 새끼를 낳고, 새로운 환경에서 태어난 새끼들은 오직 인간이 제공한 새로운 조건만을 경험하게 된다. 이와 같이 길들이고 번식시키는 두 단계가 야생동물을 가축으로 전환시키는 작업에서 현재 인간이 이용하고 있는 가장 중요한 방법이었다. 가축화된 동물 즉 가축(domestic animal)이란 '길들여져 있으며, 인간의 감시 내지는 지배하에 번식하고, 인간의 거주지 주변에서 생활하며, 인간의 사회적, 경제적 및 미적 욕구 등에 만족할 수 있도록 인간에 의하여 개발된 동물'이라고 정의할 수 있다. 그러나 모든 가축이 이러한 조건을 전부 만족시키는 것은 아니다. 현재 가축으로 분류되고 있는 몇몇 동물들은 아직도 길들여지고 있는 중이며, 예를 들어 밍크, 사슴 등 몇몇 동물은 상당한 정도의 야생동물의 본성인 돌아다니며 사는 야생성(feral)을 나타내고 있다.

인류가 생활의 질을 개선하는데 있어 가축화된 동물들은 식량, 의복, 축력 등을 제공하였고 축산(animal agriculture)은 농업 중에서 가장 전문화되고 발전된 형태로서 발달하게 되었다. 역사적으로도 선진국 또는 선진 사회란 그 시대에 가장 잘 발달된 가축(livestock)을 가지고 축산이란 산업을 영위하는 국가이다. 그러나 가축이란 가축화한 역사와 배경이 다른 만큼 국가마다 같은 것은 아니다. 가축의 종류는 사육하는 소, 말, 산양, 면양, 돼지, 닭, 기타 짐승, 기타 가금 등을 말한다. 기타 짐승이나 기타 가금이란 노새, 당나귀, 토끼, 개, 사슴, 오리, 거위, 칠면조, 메추리, 꿀벌, 기타 야생 습성이 순화되어 사육하기에 적합하며 농가의 소득증대에 기여할 수 있는 동물들이며, 관상용 조류도 해당된다. 이외에도 오소리, 뉴트리아, 타조, 꿩, 십자매, 금화조, 문조, 호금조, 금정조, 소문조, 남양청홍조, 붉은머리청홍조, 카나리아, 앵무, 비둘기, 금계, 은계, 백한, 공작, 지렁이 등이 있다.

많은 야생동물 중에 극히 제한된 종만이 가축화 되었다. 야생동물의 가축화와 인류 문명의 발달은 밀접한 관계를 가지고 있다. 체중이 45kg 넘는 지구상의 비육식성(non carnivores)인 150종의 동물 중에 오직 14종만이 가축화되었는데, 13종은 유라시아 지방에서 가축화되었고, 오직 1종 라마(Lama)만이 중앙아메리카에서 가축화되었다. 아프리카나 오스트레일리아에서는 한 종도 가축화되지 않았는데 이는 지난 수천 년간 아시아와 유럽의 힘이 세계를 경제적으로 군사적으로 지배하고 있었던 것이 주요한 요인이다. 적은 수의 종만 가축화가 이루어진 것은 아마도 인류가 추구하는 목적과 동물이 가지고 있는 특성이 적절히 결합되어야 비로소 가축화가 이루어진 것으로 생각되어진다.

인류가 가축화하고자 하는 목적은 식량, 축력, 털가죽, 섬유, 사냥 등 다양하지만, 야생동물이 가축화되기 위해서는 다음과 같은 특성을 갖고 있어야 한다. 동물이 섭취하는 사료가 초식 내지는 잡식이고 인간의 식량과 경쟁관계에 있지 아니하며, 바람직한 체격에 이르는 성장 속도가 빨라야 하고, 인류에게 포획된 상태에서 번식이 이루어지며, 성격이 조용하고 놀라움을 당해서도 반응이 비교적 적어야 하고, 기질이 순종적이고 사람을 잘 따라야 하고 군집을 이룰 수 있는 사회성을 요구 받고 있다.

가축화의 과정은 아직 완결된 것이 아니고 많은 종에서 아직도 진행 중에 있으며, 특히 모피동물의 경우가 그러하다. 돼지, 개, 오리, 닭 및 거위의 가축화는 동남아시아(Southeast Asia)에서 이루어진 것 같고, 말, 소, 산양, 면양과 같이 군(herd)을 형성하는 가축의 가축화는 서남아시아(Southwest Asia)에서 수행된 것 같다. 칠면조는 중미(Central America)에서 가축화가 되었고, 아프리카에서 가축화가 된 동물은 고양이, 당나귀 등이다. 몇몇 가축의 야생 선조들이 살아있는 경우도 있다. 예를 들면 돼지(boar), 야생 양(moulton), 칠면조, 닭 등이다.

1 개(Dog)

개는 품위와 지조의 동물이다. 애완동물 가운데 가장 사랑을 받는 개는 인간과 더불어 가장 오래 생활해 오다 보니까 여러 가지 속담과 더불어 관련된 말도 많다. 개의 지조와 품위를 인간의 오륜에 비유해 보면, 개는 주인에게 덤비지 않는다. 작은 개는 큰 개에게 덤비지 않는다. 개는 때가 되어야 배우자를 찾는다.

개는 엄마, 아빠의 개 털빛을 그대로 이어 받는다. 개는 동네 개 한 마리가 짖으면 온 동네 개가 다 짖는다.

일반적으로 야생동물이 가축화되면 체중에 대한 뇌의 무게, 특히 고도의 정신 활동을 지배하는 전두부의 중량 비율이 감소된다. 그 이유는 가축은 다른 동물로부터 몸을 지키거나 먹이를 스스로 획득할 필요가 없기 때문이다. 이 뇌 무게의 감소율을 보면 멧돼지에서 돼지의 경우 33.6%, 머프론 양에서 면양의 경우 23.9%, 리비아산 고양이로부터 고양이 24.0%, 유럽 늑대에서 개의 경우 28.8%, 아라비아 늑대에서 개는 20.8%이다. 개의 특징을 개의 선조인 늑대와 비교하여 보면, 늘어져 넓어진 귀, 신체의 소형화, 말아진 꼬리, 하악골과 이빨의 소형화, 장두 종과 단두 종으로의 두개골의 변화, 피모의 변화, 골격이 큰 거대 품종과 골격이 작은 왜소 품종으로의 나뉨 등이 두드러진다.

도둑이나 강도로 부터 집을 보호하거나 망을 보는 용으로 기르는 개를 번견이라고 한다. 영어로는 'Watchdog'이라고 하며 한자로 '번견'이라고 한다. 정확히 일치하지는 않지만 비슷한 뜻을 가진 한자어로 파수견, 경비견, 호신견 등이 있다. 그런데 '번견'이라는 단어는 일상생활에서 거의 쓰이지 않기 때문에 그냥 '집 지키는 개'라고 단어의 내용을 풀어써야 알아듣는다. 아파트 같은 보안 시스템이 잘 되어있는 곳에서 개는 보통 애완동물이나 반려동물로 키우지만, 단독 주택, 시골 같은 곳에서는 여전히 개를 집 지키는 개로 키운다. 대표적인 개로는 도베르만이나 진돗개, 로트와일러 등이 있다. 낯선 사람에게 경계심이 높고 사납지만 주인에게는 충성심 높고 덩치 큰 개가 적합하다. 물론 한국의 시골 같은 경우는 진돗개가 가장 대표적이다.

가축으로서의 개

② 소(Cattle)

소는 사람에게 개 다음으로 일찍부터 가축화되어 경제적 가치가 높아 세계 각지에서 사육되고 있다. 소가 가축화된 것은 기원전 7000~6000년경으로, 중앙아시아와 서아시아에서 사육되기 시작하였고, 점차 동서로 퍼지게 되었다. 이집트·메소포타미아·인도·중국 등지에서는 일찍이 농경에 사용하기 위하여, 유럽에서는 고기와 젖을 얻기 위하여 사육을 시작했으며, 현재에도 유용하게 활용된다.

먼저 일소의 경우 사람 대신 일을 함으로써 노동을 경감하고, 작물의 수량 증가와 토지의 개량을 이룩할 수 있었다. 소똥은 비료나 땔감으로 이용되었고 외양간 거름은 비료의 필수 3요소를 고루 지니고 있으며, 유기질이 많아 토양의 보수성·통기성 등을 좋게 하고, 작물의 발육을 촉진한다. 쇠고기는 맛이 좋고 단백질의 소화 이용을 좋게 하므로 사람들의 영양 향상에 기여한다. 소는 완전식품이라고 할 수 있는 우유를 생산하며 가죽·뼈·뿔 및 털 등은 공업원료 및 의약품 원료가 된다.

소는 일반적으로 용도에 따라 젖을 짜기 위한 유용종, 고기를 얻기 위한 육용종, 일을 부리기 위한 역용종, 젖과 고기 생산을 겸하는 겸용종 등으로 분류된다. 한우는 역용종에 속한다. 소의 임신기간은 270~290일 정도이며, 송아지는 난 지 30여 분이 지나면 젖을 빠는데 초유는 반드시 먹여야 한다. 이것을 먹이면 1시간 정도 후에 태변을 보게 된다. 생후 5~12개월 사이는 소의 일생에서 가장 중요한 때이므로 단백질·칼슘·비타민 A가 부족 되지 않게 사료를 잘 주며 일광욕과 운동을 충분히 시킨다. 생후 13~30개월 동안에는 발육이 가장 빠르므로 사료는 단백질·칼슘·비타민 A가 부족 되지 않도록 해야 하며, 일광욕과 운동에도 유의해야 한다.

임신한 소의 경우 5~6개월간은 평상시의 양만큼 사료를 주고, 임신 후기부터 늘려가야 한다. 이때는 양보다는 질을 높여 주는 편이 좋다. 일소는 사료를 준 후 1.5~2시간 후부터 일을 시키는 것이 안전하며, 가끔씩 쉬게 해야 한다. 육우는 비육기간 중에는 사료를 충분히 주고, 끝날 무렵이 되면 농후 사료를 많게 한다. 에너지의 낭비를 없애기 위해 추위를 막아 주고, 소가 안정된 상태에서 지낼 수 있도록 해 준다. 젖소의 경우 젖이 나오려면 탄수화물·단백질·무기질 등이 많이 필요하다. 사료는 영양이 풍부하고 젖소의 위를 채울 만큼의 양이 필요하며, 청초·건초·근채류 등을 적당히 섞어 주는 것이 좋다. 적당한 운동과 일광욕은 젖소의 건강 유지에 중요하며, 브러시나 쇠빗으로 피부와 털을 손질해 주면 피부의 혈액 순환을 좋게 하고 가려움을 가시게 하여 소가 상쾌한 기분을 느낄 뿐만 아니라, 깨끗한 우유를 생산하는 데 있어 매우 중요하다.

소는 세상을 바꾼 위대한 가축이다. 가축은 인간이 필요에 따라 길들인 동물을 말하는데 이 중에서도 소는 인간이 인력으로 농사짓던 단계에서 축력으로 농사짓는 단계로 나아가게 만든 주인공이다. 소를 이용한 농사는 사람을 이용한 농사보다 최대 10배 정도 효과가 높다. 소를 통한 생산력의 향상은 단순히 생산의 증가에 그치지 않고 인간의 사고를 혁명적으로 바꿨다. 소를 이용한 경작, 즉 우경이 본격적으로 시작됨으로 생산력이 크게 높아져 사람들의 의식 수준을 변화시켰다. 소는 축력을 대신한 동력 기계의 등장 전까지 매우 신성한 동물이자 귀한 존재였다. 소를 의미하는 캐틀(Cattle)은 '동산(Chattel)'과 '자본(Capital)'에서 유래했다. 이는 그만큼 소의 재산가치가 높았다는 증거다.

가축으로서의 소

③ 돼지(Pig) 🐾

전 세계에 1,000여 품종이 있다. 몸무게는 대략 소형종이 70~150㎏, 중형종이 150~250㎏, 대형종이 250~350㎏이고, 초대형종은 350~500㎏이다. 돼지는 잡식성 동물이기 때문에 송곳니와 어금니가 모두 발달되어 있고, 몸에 대한 창자의 길이도 14~16배로 초식·육식 동물의 중간이다. 돼지는 생후 8~10개월부터 10년 정도 번식시킬 수 있으며 연중 번식도 가능하다.

한배에 보통 6~12마리의 새끼를 낳는데, 임신기간은 114일이다. 새끼는 10~15분 간격으로 분만되어 2, 3시간 정도이면 분만이 완료된다. 돼지는 기후·풍토에 대한 적응력이 강하여 전 세계적으로 분포되어 있는데, 적응성은 품종에 따라 차이가 있다. 흰 돼지는 햇볕에 약하며 만주돼지는 추위에 강하다. 체질에도 약한 것과 강한 것이 있어, 약한 체질을 가진 돼지는 뼈와 털이 가늘고 피부도 얇으며, 강한 체질의 돼지는 골격과 털이 굵고 사양관리도 쉽다. 또한, 돼지는 그 조상인 멧돼지 때부터 후각이 발달되어서 사료·사육자·새끼·대소변 등을 구별할 수 있다. 따라서 이러한 특성을 위탁 포유나 돈사 설계 등에 이용할 수 있다.

코끝에는 연골 판이 있고 후각과 촉각이 발달되어 있어서, 땅을 파면서 풀뿌리·벌레 등 먹이를 얻는 데 편리하게 되어 있다. 대개 영양분이 결핍되거나 체내에 기생충이 생기면 땅바닥을 파거나 나무 기둥을 갉아먹는 행동을 하고, 피부가 가려우면 기둥이나 벽에 몸을 비비거나 땅에서 뒹구는 행동을 한다. 돼지우리의 주변은 항상 습기가 차고 더러운데, 이것은 돼지의 땀샘이 발달하지 못하여 체내의 모든 수분을 소변으로 배설하기 때문이다.

따라서 배설 장소를 따로 만들어 주면 배설물이 있는 곳의 냄새를 맡고 그 장소에서만 배설하여, 누울 곳은 항상 깨끗하게 유지한다. 또 돼지는 꼬리를 뒤로 잡아당기면 앞으로 가고, 위턱을 잡아매면 뒤로 가려는 습성이 있으므로, 약물 투약 등을 할 때 위턱을 바짝 옭아매어 움직이지 못하도록 하면 돼지를 쉽게 다룰 수 있다.

가장 전형적인 돼지우리는 소나무 울타리를 만들어 기르는 것이다. 이색적인 방법으로는 경사진 땅에 수평으로 토굴을 파고 그 앞에 목책으로 문을 만드는 방법이 있었다. 사람들이 알만한 돼지 관련 단어는 대부분이 가축으로서의 돼지에서 유래했다. '공장식 축산'이라는 단어나 어미 돼지가 새끼를 임신하고 수유를 하는 동안 갇혀 사는 철제 우리인 '스톨'이라는 단어가 그렇다. 이처럼 가축으로 익숙한 돼지를 반려동물로도 키웠다. 돼지의 높은 지능과 귀여운 외형 덕분일 것이다.

가축으로서의 돼지

④ 말(Horse) 🐾

사람에게 도움을 주는 동물을 가축이라고 부르나 말은 사람과의 인연이 소나 돼지와는 좀 다르다. 인류의 파트너로서 동고동락하는 친구로 생각하는 것이 국제적인 인식이다. B.C. 648년의 올림픽 경기에서 처음으로 승마가 경기종목으로 등장하게 된다. 그리스 로마시대 기원전 600년경에는 4마리 말을 이용한 전차 레이스나 승마 레이스가 실시되었다는 기록도 있는 것처럼 현대의 경마 전신이라고 할 수 있는 경마의 경주가 활발히 이뤄져 우수한 경주 성적을 올린 말이 주목을 받게 되었다. 그리고 그 자마의 성적을 기대하여 혈통을 중시하는 풍조가 생겨났다.

우리나라에서는 경마에의 편중에서 산업면에서의 말의 역할 분담이 비교적 적은 편이다. 최근 구미에서 발간된 말 관련 서적을 보면 어떤 책에도 반드시 하나의 장을 만들어 신체장애자의 재활에 승마가 효과적이라는 것이 기록되어 있다. 영국에서는 재활이 필요한 환자에게 승마를 시킨다는 정보는 널리 알려진 사실이며 근래 우리나라에서도 뇌성마비 어린이의 재활에 승마가 좋다고 하는 사회적인 분위기도 있으나 말의 측면에서 또 재활을 받는 환자의 측면에서도 해결해야 할 문제가 산적해 있는 것으로 생각된다.

말의 등은 사람이 타기에 크지도 적지도 않은 사이즈로, 말의 걸음걸이도 사람에게 안정감을 준다. 빨리 달릴 수 있는 승용도구로 말은 전쟁에서 많은 무공을 세웠으며 역축으로도 이용을 많이 하였다. 소가 일반서민의 역축이라면 말은 상류계급의 역축이었다. 또한 추운지방에서 특히 말을 역축으로 선호하는데 추운 곳일수록 경작기간이 짧아서 속력이 있는 말을 선호하게 되고 말의 퇴비는 발효시 뜨거운 열을 발생하여 난방의 효과 또한 있다. 가방 신발 등에 부착되어 있는 장식을 잘 살펴보면 말에 이용하는 장신구를 많이 볼 수가 있다. 소위 명품이라는 상품을 보면 대부분 마구에서 얻은 디자인을 많이 볼 수가 있다.

가축으로서의 말

⑤ 면양과 산양(Sheep and Goat) 🐾

　면양과 산양은 영어에서는 sheep과 goat로 구분하지만 한자어로 표시한 우리말에서는 모두 양(羊)으로 부른다. 면양과 산양은 형태적으로 수염의 존재 유무가 다르며, 산양은 염소라고도 하고 특유의 웅취를 가지고 있다. 면양은 양모(wool)를 가진 털 짐승으로 추운 지방에서 털가죽을 이용한 의복을 제작하기 위해서 가축화하였다. 그러나 모든 가축화된 동물이 그러하듯 면양들도 많은 변이(variation)가 존재한다. 산양 또는 염소는 양유 생산, 염소고기의 생산 등 다양한 특성으로 가축화된 동물이다.

인간의 농경사회이전에 가축화되어 지금까지 가축으로 남아 있는 것은 개, 염소, 양 및 순록의 4개 동물이다. 염소와 양은 가축 중에서도 비교적 빠른 시기에 가축화되었다. 목동들이 염소와 양을 함께 방목하는 것을 보고 '저 염소는 뿔이 없네'라며 양을 지칭하여 주변에 웃음을 주기도 한다. 이들 양자 간을 구분할 수 있는 몇 가지 특징이 있다. 양은 지면에서 자라는 풀을 마치 낫으로 벤 것처럼 먹는 그야말로 풀만 먹는 반면, 염소는 관목, 잎 등 비교적 높은 곳의 식물을 먹는 섭취행동을 보인다. 염소 수컷에는 턱수염이 있다. 그러나 대부분의 양 수컷은 수염이 없다. 우리말의 염소라는 표현은 '구레나루가 있는 소'라는 뜻이다. 또한 염소의 수컷은 꼬리 아랫면에 고약한 냄새를 분비하는 샘이 있어 독특한 체취를 발산한다. 하지만 양에게는 지선 즉, 지방분비선이 있다. 뿔의 회전방향은 양자가 서로 반대방향으로 양은 오른쪽으로 회전하는데 염소는 왼쪽으로 회전한다. 양장구곡이라는 표현과 같이 양의 창자는 소과 동물 중에서 길이가 긴 것으로 유명하다. 성축의 소장의 길이는 26~28m이며 대장은 6~8m로 몸의 길이에 비하여 매우 긴 창자를 가지고 있어 먹이의 소화흡수 능력이 뛰어나다. 또한 반추동물로 4개의 위를 갖고 있는 소와 양의 신체적인 구조는 거의 비슷하나 입모양은 서로 다르다. 윗입술의 경우 소는 하나로 되어 있어 먹이를 먹을 때 거의 이용하지 못하나 양은 상순구라는 사람의 인중에 해당되는 부분을 중심으로 좌우가 분리되었다. 양이 먹이를 먹을 때는 이것을 잘 이용하여 지면에서 퍼져있는 짧은 풀이나 줄기 등을 잘 먹을 수 있다.

가축으로서의 면양과 산양

6 가금(Poultry) 🐾

　가금(Poultry)이란 용어는 집새 종들인 닭(Chicken), 거위(Goose), 오리(duck)와 guinea fowl을 포함한 총칭이다. 집오리는 연못이나 강가에 둥지를 틀고 추운 겨울을 나기 위하여 따뜻한 쪽으로 이동하는 철새(migrant species)이다. 수컷은 1.7~2Kg 정도 되며, 암컷은 훨씬 작고 연간 약 6~14개 산란을 한다. 넓은 의미의 가금의 뜻은 달걀 등 새알을 모으거나 고기 및 깃털을 위한 목적으로 인간이 가축으로 기른 새의 부류이며, 집비둘기도 포함되고, 가금과 관련한 고기는 새고기라 통칭해서 부른다. 가축과 가금을 따로 부를 때에는 가금은 포유류 가축을 제외한 조류 가축만을 부르는 의미이기도 한다.

가축으로서의 닭

⑦ 양봉(Beekeeping, Apiculture) 🐾

양봉(beekeeping, apiculture)이란 벌꿀, 밀랍, 꽃가루, 프로폴리스, 로열젤리 등을 얻기 위하여 꿀벌을 치는 농업을 말한다. 양봉은 꿀벌을 기르는 축산업을 말하며 초기에 돈을 빨리 벌 수 있는 편이기에 귀농에서 추천되는 일이다. 꿀벌은 여왕벌, 일벌, 수벌로 구성되며, 여왕벌은 유일하게 성적으로 발달한 암컷이다. 각 봉군에는 여왕벌이 하나만 있다. 여왕벌의 주요 목적은 번식이다. 여왕벌은 일생에 한두 번만 여러 마리의 수벌과 함께 짝짓기를 하고 짝짓기는 여왕벌이 된 첫 며칠 동안에 이루어진다. 공중에서 수벌과 교미한 후 정자를 몸의 특정 부위에 저장하고 3~5년 동안 알을 낳을 수 있다. 여왕벌의 두 번째 목적은 페로몬을 통해 일벌들이 벌집의 작업량을 완료하도록 조직하고 동기를 부여하는 것이다. 일벌 즉, 성적으로 저 개발된 암컷은 벌집에 필요한 거의 모든 중요한 일을 책임진다. 일벌은 벌집을 지키고, 벌집을 만들며, 여왕을 돌보고, 청소하며, 닦고,

새끼에게 먹이를 주며, 저장하고, 꽃가루와 물을 모으며, 효소를 통해 꿀을 만들고, 벌집 내부의 온도를 날개 등으로 부채질하여 조절하는 일을 한다. 수벌의 유일한 목적은 처녀 여왕벌에 교미하는 것이다. 수벌은 봉침이 없다. 따라서 수벌은 침입자로부터 벌집을 보호할 수도 없다. 수벌은 처녀 여왕벌과의 짝짓기 이외의 다른 작업에 참여하지 않는다.

여왕벌은 수벌보다 크기가 크고 일벌의 두 배 크기이다. 양봉가는 여왕벌을 쉽게 발견할 수 있다. 크기, 모양, 색깔이 다를 뿐만 아니라 다른 일벌들이 종종 여왕벌을 약간의 거리에서 둘러싸고 존경심을 표시하며, 여왕벌이 문제없이 거닐 수 있는 적절한 공간을 늘 확보한다. 일벌은 또한 여왕벌이 새끼를 양육하는 동안 로열젤리를 입에 물고 여왕벌에게 먹일 수 있다. 나머지 기간에는 꽃가루와 꿀 혼합물을 여왕벌에게 바친다. 평균적으로 여왕벌은 3~5년을 살지만, 생애 첫 2~3년 동안 좋은 비율의 알을 연간 이십만개를 낳을 수 있다. 벌집에 젊고 번성하는 2세 이하의 여왕벌을 두는 것은 필수적이다. 여왕벌은 수정란이나 수정되지 않은 알을 낳을 수도 있다. 수정되지 않은 알인 무정란은 수벌이 되고 수정된 수정란은 일벌이 되거나 새로운 여왕이 된다.

🐾 가축화에 의한 변화

야생동물이 인간의 보호 속에 들어옴에 따라 그들이 전에 살던 환경 조건과 판이하게 다른 환경 조건하에 놓이게 되었다. 사료의 양과 질, 사료를 얻는 방법, 사양 시간 등이 변하게 되었고, 외계 날씨에 대한 보호 형태도 다르게 되었다. 교배 시 짝을 임의로 선택하는 것도 더 이상 지속되지 않았다. 이러한 변화된 환경 조건에 대한 각 개체들의 반응은 다양하다. 어떤 것은 쉽사리 새로운 환경에 적응하고 어떤 개체는 자연도태에 의하여 사라졌다. 살아남은 개체 중에는 자연 조건하에서는 발견되지 않던 새로운 특성들이 많이 나타나게 되고 현재의 가축들은 야생 선조와 상당한 차이를 보이고 있다. 가축에 있어서 새로운 특성의 고정은 아마도 근친교배를 통하여 더 가속화되었으리라 여겨진다. 특히 씨족들이 지역적으로 고립하였기 때문에, 그 씨족 사회가 가지고 있는 동물들은 그들 간에 교배가 이루어졌기 때문에 상당한 근교가 일어났을 것이다. 그러나 전쟁이나 이주를 통하여 서로 다른 지역의 가축들과 교잡을 하게 되므로 이들 가축들의 새로운 특성 형성에 도움을 주었을 것으로 여겨진다. 가축화로 인하여 그 동물이 얼마나 변하였는가는 가축과 그 선조들을 비교함으로서 알 수 있다. 변화의 경향은 인간의 가축화의 목적에 따라 달라진다.

야생 가축의 색조는 환경의 배경색과 잘 혼합된 것이 일반적인 특징이다. 그러나 가축은 보호색이 필요하지 않으므로 다양한 색조를 가지고 있다. 그러므로 새로운 형질을 가진 개체들도 오랜 세대 동안 계속 번식할 수 있게 되었고, 그 형질이 바람직한 것이라면 고정이 되게 되는 것이다.

번식 과정도 많은 변화가 있었다. 야생 동물의 경우 새끼가 태어날 때 가장 조건이 좋은 계절에 번식을 하는 분명한 계절 번식 형이다. 그러나 가축은 번식에서 계절의 영향을 거의 받지 않는다. 또한 가축은 춘기발동기(puberty)가 빨라지고 생산되는 새끼의 수가 많아졌다. 집돼지는 멧돼지에 비해 산자수가 약 2배이상 된다. 야계는 10개의 알을 낳고 그들을 품지만 산란계는 연중 매일 알을 낳는다. 소의 경우는 비유 기간이 상당히 길어졌다. 야생 소는 500~700Kg 이상의 젖을 생산하지 못한다. 그러나 유우는 5,000~6,000Kg 이상의 젖을 생산한다. 가축은 자기 보존 본능을 거의 상실하였다. 특히 다른 종에 대한, 그리고 무서움을 극복하려는 공격적인 행동이 거의 사라졌다. 이러한 자기 보존 능력의 상실 때문에 가축을 자연 환경에 되돌려 보내면 생존하기 어렵게 된다. 개와 말의 경우 사고력을 키우기 때문에 골(Brain)이 커졌으나, 다른 가축의 경우 그 반대다.

🐾 가축의 품종(Breed)

동물학적 체계의 기본 단위는 종(species)이다. 종이란 신체적 구조의 특성들을 공통으로 가지고 있는 일단의 집단으로서, 특이한 종에 속한 동물들은 번식이 가능한 자손을 생산하는 동물의 일군을 의미한다. 즉 소, 돼지, 닭 등은 각기 독립된 종이다. 동물 분류는 발생학적(Embryology), 해부학적, 흔적구조, 고생물학적, 동물지리학적 및 혈액검사 등 여러 실험을 통하여 이루어지며 분류 단계는 다음과 같다.

문(Raw)

강(Class)

목(Oder)

과(Familiy)

속(Genus)

종(Species)

가축의 경우 종 단계에서의 분류는 크게 의미가 없어 임의의 세분 단위인 품종(Breed)으로 나뉘어져 있다. 품종 특성의 평균값을 가지고 말하고 있지만 개체간의 변이는 다양하여 한계를 그을 수가 없다. 그러므로 두 품종에 속하는 개체간의 차이를 하나의 특성만 가지고 구별하기는 곤란하다. 여러 형질을 고려할수록 어느 특정 개체가 속한 품종을 쉽사리 기술할 수 있다. 이러한 여러 형질들의 기술을 품종 표준(Breed Standard) 또는 품종 형(Breed Type)이라 한다.

가축 품종의 명명 방법은 다양하다.

첫째, 전형적 색깔을 나타내는 경우 e.g. Low land Black and White Cattle, Black and White, Black Faced sheep

둘째, 특이한 색이나 형태를 나타내는 경우 e.g. White Pointed-Fared

셋째, 품종을 개발한 지역 명을 따는 경우 e.g. Jersey, Arab horse

전 세계적으로 사육되고 있는 주요 품종들은 소가 약 100, 말 60, 양 60, 돼지 30, 닭 150 품종 정도가 있다. 모든 가축이 어느 한 특정한 품종에 속한 것은 아니다. 소위 순종(Pure breed)이 아닌 개량된 가축이 많이 있는데 이를 잡종(Cross breed or Hybrid)이라고 한다. 만약 어느 품종이 광범위한 지역에 분포하여 있다면 각 지역에 따라 독특한 방향으로 선발이 진행되어 이들은 공통점을 가지고 있으면서도 또 서로 다른 특성을 갖게 되는데 이러한 한 품종 내에서 서로 다른 특성을 가진 집단을 변종 또는 내종(Variety)이라 한다.

또한 품종 내에서 어느 특정한 훌륭한 공통 선조를 갖는 일단의 친척 집단끼리 교배한 가축 집단을 계통(Line)이라 한다. 그러므로 어느 계통에 속하는 가축들을 그 계통 창시 축의 특성을 갖게 된다. 계통(Line)의 창시 축은 대개 수컷이 된다. 어미로부터 시작된 계통을 가계(Family)라 한다. 계통 또는 가계는 그 창시 축의 이름을 붙인다. 닭의 육종에 있어서 약 2000수 이상의 한 품종의 가축을 외부의 혈액 유입 없이 3세대 이상 폐쇄적 교배를 한 집단을 계통(Strain)이라 한다. 그러나 같은 종(Species)의 집단으로 성과 연령이 다른 가축이 한 목장에 속해 있다면 그 집단을 군(herd)이라 한다.

🐾 가축의 성과 연령에 따른 명칭

씨가축은 종축(breeding stock)이라 하며, 암컷과 수컷을 자웅(female and male) 또는 빈모라 부른다. 즉 암컷과 수컷을 부를 때 '자'에 대칭되는 것은 '웅'이고, '빈'에 대칭되는 것은 '모'이다. 종자 가축에서 암컷은 자축 또는 종빈축이라 하고 수컷은 웅축 또는 종모축이라 한다.

이들을 합쳐 예를 들면 씨수돼지는 종모돈, 씨암돼지는 종빈돈이라 하며, 소의 경우는 씨수소는 종모우, 씨암소는 종빈우라 부르게 된다. 출산을 경험한 가축은 경산이라 하여 소의 경우 경산우라 하고, 아직 출산하지 않은 소들은 미경산우라 한다. 이와 같이 각 가축의 성, 연령과 형태에 따른 영어, 우리말 그리고 한자의 각각 다른 명명법이 있고, 이들 가축으로부터 생산된 고기의 영문 명칭도 있다.

🐾 각종 가축으로부터 생산된 고기의 영어 명칭

소고기	Beef	1세 이상 소고기
송아지고기	Veal	어린 송아지고기
돼지고기	Pork	
어린 면양고기	Lamb	1세 이하 면양고기
면양고기	Mutton	1세 이상 면양고기
어린 염소고기	Cabrito	어린 염소고기
염소고기	Chevon	
말고기	Cheval	
닭고기	Chicken	

🐀 각 가축의 성, 연령에 따른 명칭

종명 (species name) 한글, 영어(종명)	성숙 수컷 mature male	성숙 암컷 mature female	거세 수컷 castrated male	어린 가축 young animal
소 Cattle(Bovine)	수소, 모우 Bull	출산후 : 경산우 Cow 출산전 : 미경산우 Heifer	성성숙전 : Steer 성성숙후 : Stag	calf : 1세 이내 송아지 독우 bull calf / heifer calf
돼지 Swine, Hog(Porcine)	수돼지 모돈 Boar	출산후 : 경산돈 Sow 출산전 : 미경산돈 Gilt	성성숙전 : Barrow 성성숙후 : Stag	pig/piglet : 이유 전 자돈 weaner/store pig : 이유된 자돈
말 Horse(Equine)	수말 Stallion	암말 Mare	성성숙전 : Gelding 성성숙후 : Gelding	foal : 1세 이전 망아지 (암수 구별 없음) colt : 3세 이내 수말 filly : 3세 이내 암말
면양 Sheep(Ovine)	수양 Ram	암양 Ewe	성성숙전 : Wether 성성숙후 : Stag	lamb : 6개월 이전 hogg/hogget : 이유에서 첫번 털깍기 gimmer : 1회~2회 털깍 기까지 암놈
염소, 산양 Goat(Capline)	수염소 Buck	암염소 Doe	성성숙전 : Wether 성성숙후 : Wether/Stag	kid : 어린 산양
닭, Fowl(Gallus)	수탉 Cock	암탉 Hen	Capon	chick/chicken : 병아리/ 영계 pullet : 어린 산란계 broiler : 육계

핵심 쟁점

가축에 해당되는 동물들

품종	법률·시행령·시행규칙									
	1	2	3	4	5	6	7	8	9	10
개	O	X	X	X	X	O	X	X	X	X
거위	O	O	X	O	X	X	X	X	O	X
기러기	X	X	X	X	X	O	X	X	X	X
꿀벌	O	X	X	X	X	O	O	X	X	X
꿩	X	O	X	O	X	X	X	X	O	X
노새	O	X	X	X	X	O	X	X	X	X
닭	O	O	O	O	O	X	O	O	X	O
당나귀	O	X	X	X	X	O	X	X	O	X
돼지	O	O	O	O	O	X	O	O	X	O
말	O	O	X	O	X	X	O	O	X	O
메추리	X	O	X	O	X	X	X	X	O	X
면양	O	O	X	O	X	X	X	O	X	X
사슴	O	O	X	O	X	X	X	X	O	X
소	O	O	O	O	X	O	O	O	X	O
염소	O	O	X	O	O	X	X	O	X	X
오리	O	O	O	O	O	X	X	O	X	X
유산양	O	O	X	O	X	X	X	O	X	X
칠면조	O	O	X	O	X	X	X	X	O	X
타조	X	O	X	O	X	X	X	X	X	X
토끼	O	X	X	X	X	O	X	X	O	X

1. '가축전염병 예방법'에서 '가축'
2. '가축 및 축산물 이력관리에 관한 법률'에서 '가축'
3. '가축 및 축산물 이력관리에 관한 법률'에서 '이력관리대상가축'
4. '축산법'에서 '가축'
5. '축산법'에서 '가축거래상인이 취급하는 가축'
6. '축산법 시행령'에서 '대통령령으로 정하는 동물'
7. '축산법 시행규칙'에서 '토종가축'
8. '축산물 위생관리법'에서 '가축'
9. '축산물 위생관리법 시행령'에서 '대통령령으로 정하는 동물'
10. '가축분뇨의 관리 및 이용에 관한 법률'에서 '가축'

Chapter 2

제3장 인간을 위해 희생되는 실험동물
1. 마우스(Mouse)
2. 랫드(Rat)
3. 기니피그(Guinea Pig)
4. 비글(Beagle)

제4장 인간에 의해 맞춤형으로 생산되는 복제동물
1. 동물복제
2. 동물생명공학
3. 개 복제
4. 멸종위기동물 복제

인간의 연구를 위해 희생되거나
연구에 의해 태어나는 동물

이들 동물들은 인간 과학자들에 의해 보호되고, 인간 연구자들에 의해 먹여지지만, 어찌 보면 가두어지고 희생되어지는 가련한 운명 가운데 살고 있다. 인간을 위해 연구되어지고, 사용되다가 죽을 때도 대부분 화장되어진다. 이들의 수명은 아무 의미가 없어졌고, 수를 다하고 죽는 실험동물이란 없을 정도로 안타까움이 있음으로 과학자들은 때때로 수혼제라는 의식을 치루고 수혼비를 만들지만 희생만 되는 것 같아 안타까움이라는 감정을 과학자들에게 주고 있다. 인간과의 유대라든지, 동물보호라든지, 동물복지, 동물윤리 등의 문제에서 가장 뜨거운 감자라고볼 수 있다.

제3장

인간을 위해 희생되는 실험동물

실험동물(Laboratory Animals)이란 의학, 약학, 수의학, 한의학, 농학, 생물학, 생명과학, 축산학, 심리학 등 생물학 연구나 교육의 목적으로 사용되는 동물로 보통은 실험 목적에 맞도록 생산되어, 반응에 대해 균일한 질을 가지는, 즉 유전적으로 규제가 되어 있는 동물을 가리킨다. 일반적으로 마우스, 랫, 기니피그, 햄스터, 토끼, 개, 원숭이, 돼지 등이 알려져 있다. 특히, 특정 병원체의 감염이 전혀 없는 것으로 증명된 SPF(Specific Pathogenic Free) 실험동물이 대량 육성되고 있다.

이 밖에도 어류, 개구리 등도 많이 사용된다. 실험동물로 공급되는 동물은 특수한 목적인 경우를 제외하고는 건강해야 한다는 것이 요구된다. 건강하다는 것은 흔히 있는 병에 걸려 있지 않은 동물임과 동시에 감염성 질환에도 걸려 있지 않은 동물임을 뜻한다. 그러기 위해서 무균동물의 작성 기술을 응용하여 어미 동물로부터 제왕절개 수술에 의해서 새끼를 꺼내어 매우 깨끗한 환경 하에서 육성하여, 특정한 병원체의 감염이 전혀 없는 것이 증명된 동물 군을 대량으로 육성하여 공급하는 일이 행해지고 있다. 이러한 동물을 SPF 동물(Specific Pathogen Free animals)이라고 한다.

무균동물(germ free animal)은 세균이 전혀 존재하지 않는 인공적인 환경에서 사육한 동물로 의학이나 생물학 등에서 이용되며 개체의 차가 작은 결과를 얻을 수 있는 이점이 있고 단일 병원균의 감염에 어떠한 반응을 나타내는지 등을 연구하는데 중요한 실험체가 된다. 단일 병원균의 감염에 어떠한 반응을 나타내는지 등을 연구하는 데 중요한 실험체가 된다.

① 마우스(Mouse) 🐾

실험용으로서 사용되고 있는 마우스는 학명으로 *Mus musculus*라고 하며 척추동물문, 포유동물강, 설치목, 쥐과, 생쥐속, 생쥐종에 속하는 동물이다. 마우스의 경우에는 종 이하의 분류로서 계통이 이용된다. 그래서 계통에는 근교계(inbred strain), 변이종(mutant strain), 폐쇄군(closed colony)의 셋이 있으며 각각의 내용 규정과 표시법에 관해서는 국제규약에 의해서 정해져 있고, 이와 같은 국제적인 규정은 연구 소재의 계통을 놓고 혼란이 일어나지 않도록 배려하는 데 있다.

실험용 마우스의 선조로 보이는 마우스는 수세기 동안 인간을 둘러싼 환경의 일원으로써 행동을 같이 했으며, 다른 설치목과 함께 아시아 지역으로부터 세계 속으로 퍼져 나갔다. 마우스가 연구용으로 최초로 사용된 것은 1800년대이지만, 1900년대에 들어와서 멘델법칙의 재발견, 1900년대 초기에 있어서 유전학 연구의 현저한 진전에 따라 실험용으로 급속히 그리고 널리 사용되었다.

근교계(Inbred strain)란 극도의 근친교배에 의해서 확립된 계통으로, 마우스의 근교계는 형매교배를 20대 이상 계속하고 있는 경우를 말한다. 친자교배를 20대 이상 계속하고 있는 것도 포함되지만, 이런 경우에 차세대와의 교배는 양친의 젊은 쪽과 행하는 것으로 한다. 단, 형매교배와 친자교배를 혼용해서는 안 된다. 실험동물로서의 근교계가 중요시되는 이유는 첫째, 극도의 근친교배를 계속함으로 해서 유전적으로 보아 어느 개체라도 유사성이 높아져 있기 때문에 각종의 실험 처치에 대해서 균일한 반응이 기대된다는 것, 둘째, 각각의 계통이 계통 특유의 유전적 특징을 가지고 계통 특유의 반응을 나타낸다는 것 때문에 암, 백혈병, 당뇨병 등의 특정의 연구목적에 적합한 실험동물을 근교계 가운데서 선택하는 일이 가능하다는 것 등을 들 수 있다.

변이계(Mutant strain)는 유전자 기호를 가지고 나타낼 수 있는 유전자형을 특성으로 하고 있는 계통 및 유전자 기호를 명시할 수 없어도 선발, 도태에 의해서 특정의 유전형질을 유지할 수가 있는 계통이라고 정의를 내릴 수가 있다. 변이계의 표시법은 근교계와의 혼동을 피하기 위하여 로마자의 대문자를 피해서 표시된다. 그래서 그 유전적 특징이 유전자로 표시되는 경우에는 유전자 기호를 사용하고, 유전자 기호로서 표시되지 않을 경우에는 표현형의 통칭명을 이용하여 표시한다. 실험동물로서 변이계가 중요시되는 이유는 그 형질의 특성이 유전적으로 확실해져서 유전적 특징을 나타내는 유전자기호, 표현형을 가지고 나타낼 수가 있다는 점에 있다. 현재까지 보고되어 있는 마우스의 변이형질은 약 350종에 이르고 있다. 폐쇄군(Closed colony)은 다른 곳으로부터의 반입이 없이 일정한 집단 내에서만 번식이 계속되고 있는 군이라고 규정되어 있다.

교잡군(Hybrid)은 마우스의 계통에는 포함되지 않지만, 생물 검정의 분야에 있어서 평가되고 있다. 마우스는 실험동물 가운데에서 가장 사용빈도가 높은 동물이다. 주로 종양, 바이러스, 세균, 약리, 독성, 유전, 면역, 내분비 등의 연구에 사용된다. 유전학의 연구는 물론 의학, 약학의 연구 분야에 있어서도 광범위하게 사용되기에 이르렀다. 그 중에서도 암, 백혈병의 연구에 있어서는 예부터 근교계 마우스가 사용되어 뛰어난 많은 연구 성과가 나오고 있다. 최근에는 유전병의 연구, 유전체질의 연구, 행동의 연구, 수명의 연구 등도 근교계 마우스, 변이계 마우스를 사용하게끔 되었으며, 사람의 질환 모델로서 암, 백혈병, 당뇨병, 고혈압, 심장병, 정신병, 근무력증 등의 병인 모형, 병변 모형, 질환 모형 등에 관해서 사용되고 있다.

폐쇄군의 마우스는 바이러스, 세균, 기생충병 등에 대한 약제의 선별시험, 개발, 그리고 약품, 농약, 식품첨가물 등의 독성시험에 대규모로 사용되고, 장기간에 걸친 동물실험, 만성 독성시험에도 요구되기에 이르렀다. 마우스가 다른 실험동물들과 비교해서 뛰어난 점은 유전적 특성을 달리하는 많은 계통이 만들어져 유지되고 있기 때문에 다종다양의 연구목적에 적합한 계통을 실험용 마우스 가운데에서 선택할 수 있고, 마우스의 생활주기나 수명이 다른 실험동물에 비교해서 짧기 때문에 세대교대를 빨리 진행할 수가 있다는 점이다. 또 번식능력이 높고, 사육 관리가 용이하며, 연구나 생물검정에 있어서 다수의 동물을 일시에 사용할 수가 있기 때문에 통계적 결론을 얻어내는 것이 가능하다는 점 등을 들 수가 있다. 한편, 다른 실험동물과 비교해서 뒤떨어지는 점으로서는 체격이 작기 때문에 외과수술을 한다든가 실험 장치를 몸에 부착한다든가, 시료(예 : 혈액, 뇨, 기타)를 연속적으로 채취하는 것이 불편하다는 점을 들 수 있다. 출생 시의 체중은 0.8~1.5g이고, 성체 체중은 암컷이 18~40g, 수컷이 20~40g이며, 임신 기간은 18~22일이다.

항목	수치
번식 개시 가능일수	35~60일
산자수	6~13마리
체온	38.0~38.6℃
호흡수	84~230/분
호흡량	11~30ml/분
심박수	480~738/분
혈압	93~138mmHg

❷ 랫드(Rat) 🐾

실험용으로서 사용되고 있는 랫드는 학명이 *Rattus norvegicus*이며 흰쥐라
고 부르는 것이다. 랫드의 동물분류학적 위치는 척추동물문(Vertebrata), 포유
동물강(Mammaria), 설치목(Rodentia), 쥐과(Muridae), 쥐속(Rattus), 쥐종
(norvegicus)에 속하는 동물로서 마우스와는 속과 종이 다른 동물이다. 더욱이
실험동물로서 널리 사용되고 있는 랫드는 야생의 *Rattus norvegicus*를 길들인
것으로서 Norway rat 또는 Brown rat라고도 부른다.

야생의 시궁쥐로부터 실험용 랫드로의 이행과정을 살펴보면, 1800년 초기에
영국과 프랑스에서는 시궁쥐에게 개가 덤벼들어 죽이는 데까지의 시간을 건 도
박게임이 성행했었는데, 이때 사람들 앞에 도박용으로 내놓기 위해서 다수의 시
궁쥐가 포획되어 사육되고 있었다. 그런 경기는 결국 1870년경에 금지되었으나,
현재의 실험용 랫드에서 볼 수 있는 것과 같은 흰색 랫드는 이들 포획된 시궁쥐

의 집단에서 발견된 것이라고 보고 있다. 이들 흰색의 랫드는 그 후에 인위적으로 길들여지고 증식되고 전시되게끔 되어 실험용 랫드로서의 길이 열려지게 된 것이다. 랫드가 연구용으로서 최초로 사용된 것은 1856년으로서 그때의 사용 용도는 부신 적출의 효과에 관한 연구였다. 또, 랫드의 번식에 관한 최초의 보고서로서는 Cramp(1877~1885)의 연구를 들 수가 있다. 1890~1900년에 걸쳐서 Steward(1898), Kline(1899), Smal(1900) 등에 의해서 랫드가 처음으로 심리학의 연구에 사용되기에 이르렀다.

1900년대의 초기에 있어서 이미 랫드가 실험동물로서 중요한 지위를 확보하게 된 배경에는, 1893년에 처음으로 랫드를 소개하고 전 생애를 랫드의 연구에 바친 Donaldson의 업적이 중요한 의의를 가진다. 랫드의 계통으로서는 마우스와 마찬가지로 근교계, 변이계, 폐쇄군으로 분류할 수 있으나 마우스와 같이 충분히 정리되어 있지는 않다. 또 랫드의 경우에는 마우스에서와 같은 근교계, 변이계, 폐쇄군의 내용 규정과 그것들의 표시법에 관해서 아직까지 구체적인 규정이 없고 일반적으로 마우스에 준해서 행하고 있는 실정이다.

랫드의 근교계는 마우스의 근교계에 비하여 그 수가 훨씬 적으며, 공표되어 있는 근교계는 약 100계통에 지나지 않는다. 연구에 사용되는 랫드의 대부분은 폐쇄군이다. 랫드는 실험동물 가운데 마우스 다음으로 사용수가 많은 동물이다. 주로 종양, 내분비, 약리, 대사, 생화학, 영양, 생식, 비유 등의 연구에 사용된다. 랫드는 미생물학, 면역학 분야에서의 사용은 적고, 종양, 내분비, 영양생리학 영역에서의 사용이 많은 것이 특징이다. 출생 시 체중은 5~6g 정도이고, 성체 체중은 암컷이 200~400g, 수컷이 300~800g이며, 임신기간은 21~23일이다.

항목	수치
번식개시가능일수	평균 60일
산자수	6~14마리
체온	37.8~38.7℃
호흡수	66~114/분
호흡량	50~101ml/분
심박수	260~450/분
혈압	82~120mmHg

③ 기니피그(Guinea Pig)

기니피그(Guinea Pig)는 모르모트와 같은 말이다. 모르모트라는 말이 생겨난 것은 일본 사람에 의해서인데, 1843년에 네덜란드로부터 일본에 들어올 때 네덜란드어로 Marmotje라고 부르는 것이 잘못 전화되어 모르모트라고 부르게 되었다. 그런데 영명으로 mormot라고 부르는 것이 따로 있는데, 학명이 *Marmota marmota*라는 것으로서 다람쥐과인데, 알프스 산지에 서식하는 토끼만한 크기의 것이 있기 때문에 혼동이 일어나기 쉽다. 우리가 여지껏 모르모트라고 부르는 동물은 기니피그인 것이다.

기니피그는 설치류로서 학명이 *Cavia porcellus*인데, 원산지가 남미이며 야생의 선조는 페루에서 지금도 발견되고 있다. 기니피그의 계통에 관하여 살펴보면 부분적으로 근교되어 있는 것이 있으나 실질적인 근교계는 매우 드물다. 기니피그의 번식 집단은 근친교배(inbreeding)에 의해서 유지되는 집단이 매우 적고, 대부분은 비근친교배(non-inbreeding)에 의해서 유지되고 있다.

기니피그는 실험동물 가운데에서 마우스, 랫드 다음으로 사용빈도가 높은 동물이다. 연구용으로서는 세균, 약리, 면역, 혈청, 바이러스, 병리, 대사 등의 연구 분야에서 사용된다. 기니피그는 세균이나 바이러스에 대해서 특수한 감수성을 나타내기 때문에 옛부터 세균이나 바이러스 등의 연구, 특히 결핵, 브르셀라, 디프테리아, Q열, 뇌염 등의 연구에 많이 사용되어 왔다. 또 생물학적 제재의 검정용, 보체 공급으로서도 이용되어 왔다. 그런데 최근에는 결핵, 브르셀라, 디프테리아와 같은 전염병이 감소되었기 때문에 기니피그의 사용이 필연적으로 감소되는 경향에 있는 것이 사실이다.

또한 기니피그의 특이체질의 하나로서 페니실린, 오레오마이신 등의 항생물질의 대해서 예민한 반응을 나타낸다. 특히 페니실린에 대해서는 마우스의 100~1000배의 예민한 반응을 나타낸다. 따라서 이러한 특이체질을 이용해서 항생물질의 부작용에 관한 생물검정용으로 기니피그가 다수 이용된다. 또 기니피그의 특이체질은 알레르기의 연구에 있어서 가치가 높기 때문에 이 분야의 연구에 있어서도 기니피그가 사용되고 있다.

기니피그는 사람이나 원숭이와 마찬가지로 비타민 C의 체내 합성이 되지 않는 몇 가지 동물 중의 하나이다. 비타민 C의 부족에 의해서 발증하는 괴혈병의 연구에 기니피그가 사용되어 많은 성과를 올렸다. 기니피그는 비타민 C의 연구, 비타민 C 함유량의 측정에 사용되어 왔다. 이 밖에 산소결핍에 대해서 기니피그은 마우스의 4배, 랫드의 2배의 저항성이 있다. 산소소비량의 실험에도 사용하고 있으며, 또 기니피그의 예민한 반응을 이용하여 청력 실험에도 사용하고 있다.

기니피그의 임신기간은 60~75일이고, 한배에서 3~4마리가 태어나는

데, 신생자의 체중은 75~100g이며, 2개월령일 때 300~400g, 5개월령일 때 700~750g, 15개월령일 때 암컷이 850g, 수컷이 1,000g에 이른다. 사람이나 원숭이류와 마찬가지로 비타민 C를 합성할 수 없는 동물인데, 하루의 필요량은 체중 100g당 1mg이며 임신 시에는 10mg이나 필요로 한다.

항목	수치
체온(직장)	38.2~38.9℃
호흡수 평균	903/분
호흡량 평균	155.6ml/분
심박수 평균	280/분
혈압	75~90mmHg

❹ 비글(Beagle) 🐾

활기차고 애정이 많은 견종인 비글은 사람과 같이 있는 것을 좋아한다. 비글은 친근한 성격을 가지고 있다. 이 견종은 집을 지켜 주지는 않으며 낯선 사람을 봤을 때 짖는 것 말고는 아무것도 하지 못한다.

비글은 근육 진 탄탄한 체형을 가지고 있으며, 돔 모양의 머리를 가지고 있다. 주둥이는 각이 겼으며 넓은 코를 가지고 있다. 귀는 길면서 축 처져 있고, 가슴은 깊고 등은 곧으면서 높게 솟은 중간 길이의 꼬리를 가지고 있다. 이 견종은 부드러우면서 빽빽한 검은색이나 갈색, 이나 흰색의 털을 가지고 있다. 비글은 애착이 많은 활발하고 낙천적인 견종이다.

다양한 품종의 개들 중 왜 대다수 실험견이 비글종일까? 가슴 아픈 이유가 있다. 비글은 성격 자체가 호기심 많고 사람에게 친화적이라 반복되는 실험에도 저항이 덜하다. 또 낙천적이라 안 좋은 기억을 빨리 잊기 때문이다. 슬픈 일이다. 동물실험에 이용된 동물 중 90%는 쥐와 같은 설치류이다. 포유류 중 실험에 가장 많이 이용되는 동물은 개이다. 그중에서도 성격 온순하고 사람 잘 따르는 비글종이 거의 대부분을 차지한다. 비글의 동물 실험은 제약회사의 연구소 등에서 이뤄진다. 시판되는 실험동물 비글로는 Ridglan Beagle, Envigo Beagle, TOYO Beagle, Xian Beagle, JohnBio Beagle 등이 있다. 비글견의 성체 체중은 암컷이 8~13.6kg이고, 수컷도 8~13.6kg이며, 수명은 12~15년이다.

실험 비글들은 태어날 때부터 활동적이고 호기심 많은 비글 특유의 습성을 억누르는 훈련을 받는다. 생후 2~3개월부터 연구에 적합한 비글로 키우기 위해 사회화를 시키는데, 연구원이 손을 대도 움직이지 않는 훈련이나, 아파도 소리를 지르지 않는 인내심 특화 프로그램을 훈련한다. 오로지 과학적 시료로 키워진 개들은 실험이 끝나면 대부분 안락사 된다.

실험동물로 사용되는 비글견

제4장

인간에 의해 맞춤형으로 생산되는 복제동물

복제동물(Cloned Animal)은 본체와 유전적으로 똑같은 동물을 말한다. 현재까지 복제된 동물로는 양, 소, 개, 고양이, 쥐, 돼지, 노새, 삽살개, 흑우 등이 있다.

유전적으로 동일한 생물 개체를 만드는 복제에 대한 과학자들의 뜨거운 관심은 많은 과학적 도약들처럼, 결국 복제동물의 탄생이라는 성과로 나타났다. 그러는 사이, 지구 반대편 일본의 한 줄기세포 학자는 스코틀랜드에서 벌어진 복제양 돌리의 일련의 일을 관심 있게 지켜보고 있었다. 성체 세포가 이런 식으로 재프로그래밍 될 수 있다는 사실에 매료된 그는 전사인자[6]를 추가하면 모든 성인 세포를 배아와 같은 상태로 되돌릴 수 있을지 궁금해졌다. 10년간의 연구 끝에, 인간 세포에서 목표를 달성했다. 피부 세포나 혈액 세포에 4가지 전사 인자 조합을 첨가해 어떤 세포로도 발달이 가능한 다능성 세포 상태를 만들어 내는 기술이었다. 그 학자는 획기적인 성과로, 2012년 노벨 생리의학상을 수상[7]했다.

---

6 '전사인자'란 타겟 유전자 근처 DNA에 결합해 타겟 유전자를 키고 끄는 스위치 역할의 단백질을 말한다.

7 유도만능줄기세포를 개발해 야마나카 신야 일본 교토대 교수는 2012년 노벨 생리의학상을 받았다.

이제 환자의 혈액 샘플을 채취해 체내의 세포와 똑같이 반응하는 작은 유기체를 실험실에서도 만들 수 있게 되었다. 이 기술은 환자의 세포를 추출해 유전적 결함을 수정하고 그 세포를 사용해 환자의 손상된 조직을 회복시킬 가능성을 갖고 있다. 한국은 반려견 및 인간을 도와주는 개 복제와 관련된 분야에서 세계 최고의 기술을 보유하고 있다. 동물 복제 관련 기술은 의학에서 보다 직접적으로 응용되고 있다.

① 동물복제

난자의 핵을 치환하는 과정을 보면 난자 중앙에 있는 핵(n)이 있고, 난자는 액틴이라는 세포 간 물질이 채워져 있다. 핵 치환 시 난자의 핵을 난자의 벽으로 이동시키는데, 액틴이라는 물질은 많은 유전자 정보를 갖고 있다. 핵 치환 과정 시 제대로 전달되어야 복제 성공률을 높일 수 있다. 복제 기술은 2가지인데 환자의 체세포에서 빼낸 '핵'을 난자에 이식하여 배 반포 단계에서 줄기세포를 추출하는 것과 복제 양 돌리처럼 핵이 아니라 '젖샘 세포'를 직접 난자에 넣어 복제하는 것이다. 둘 다 본래의 체세포와 유전자 구성이 같은 게 복제될 텐데 두 방법은 모두 전기 충격으로 합쳐질 수 없다. 난자 핵(n)을 제거하고 인위적으로 체세포 핵(2n)을 넣어 수정체를 만드는데 이때 포배에서 추출하는 게 배아줄기세포이고 이 배아를 자궁에 착상시키고 출산하면 복제동물이 만들어진다.

1996년 7월 영국 에든버러에 위치한 로슬린 연구소에서 양 한마리가 태어났다. 이 양은 1997년 2월 연구결과를 발표하면서 공개됐는데, 곧바로 전 세계를 깜짝 놀라게 만들었다. 바로 인류 역사상 가장 유명한 동물인 된 복제 양 '돌리'이다.

돌리 전에도 복제동물은 여럿 탄생해 있었다. 1938년 독일에서 초기 배 단계 세포의 핵을 난자에 이식하는 '핵이식 방법'이 제안되어 동물 복제의 가능성을 열었다. 1952년 미국에서 개구리의 수정란 세포를 난자에 이식해 올챙이를 만드는데 성공했다. 1981년 미국에서 생쥐를, 1986년 영국에서 면양을, 1987년 미국에서 소를 같은 방식으로 복제하는데 성공했다.

이처럼 수정란을 이용하는 '생식세포 복제'는 인위적으로 일란성 쌍둥이를 만드는 것과 같은 방법이다. 반면 돌리에 사용된 '체세포 복제'는 이미 성장이 끝난 성체의 몸에서 떼어낸 세포를 핵을 제거한 난자와 융합시켜 개체를 복제하는 방법이다. 체세포 하나로 똑같은 유전정보를 지닌 개체를 만들어내는 차원이 전혀 다른 방법이다.

체세포 복제를 통해 태어난 세계 최초의 포유동물인 돌리를 만드는데 양의 유선세포를 이용했다. 가슴이 크기로 유명한 미국의 여배우 돌리 파튼에서 따와 돌리라는 이름을 붙인 이유다. 돌리의 탄생은 동물 복제 역사의 화려한 시작을 알리는 신기원이었다. 양에 이어 복제된 동물은 소와 쥐였다. 1998년 7월 일본에서 소의 난관 및 자궁세포를 이용해 소를 최초로 복제하는데 성공해 그 결과를 발표했다. 같은 해 뉴질랜드에서 소의 과립막세포를 이용해 소를 복제했다. 한편 같은 7월 미국에서 쥐의 난구세포를 이용해 쥐를 복제하는데 성공해 발표했다.

1999년 2월 12일 드디어 우리나라에서, 세계에서 5번째로 체세포 복제된 포유동물이 태어났다. 세계 최초로 젖소를 복제하는데 성공하였다. 복제 젖소에는 한국의 과학기술이 영롱히 빛나라는 뜻에서 '영롱이'라 이름이 붙여졌다. 젖소의 자궁 및 귀 세포를 이용해 복제된 영롱이는 난자의 파손을 최소화시키면서 핵을 짜내 제거하는 '스퀴징 방법'이 처음 적용돼 복제 성공률을 획기적으로 높였다. 같은 해 4월 27일에는 복제 한우를 처음 선보였다. 보통 소에 비해 체중이 더 나가고, 번식력이 뛰어나며, 병에도 강한 한우를 복제한 것이었다. 당시 대통령은 시대를 초월한 작품을 남긴 황진이처럼 온 국민의 사랑을 받는 소가 되라는 뜻으로 '진이'라는 이름을 지어줬다.

2000년 3월 복제 양 돌리를 탄생시킨 영국에서 돼지를 복제하는데 성공했다. 인체에 장기를 이식해도 부작용이 없도록 유전자를 조작한 돼지로부터 다섯 마리의 복제 돼지가 탄생했다. 6월에는 중국에서 복제 염소를 최초로 선보였다. 그러나 복제 염소는 폐의 발육 결함으로 호흡 곤란 증상을 보이다 36시간 만에 사망했다.

2001년 1월 미국에서 멸종위기동물인 가우어(Gaur)를 복제하는데 성공했다. 8년 전에 죽은 가우어의 피부세포를 젖소 난자에 집어넣어 복제한, 서로 다른 이종 간 복제의 첫 성공사례였다. 복제 가우어(Gaur)는 이질 감염 때문에 48시간 만에 사망했다. 2002년 2월에는 미국에서 세계 최초로 복제 고양이를 탄생시키는데 성공해 발표됐다. 복제 고양이의 탄생에는 한국인 과학자가 논문의 제1저자로 참여해 눈길을 끌었다. 3월에는 프랑스에서 복제 토끼를 만드는데 성공해 발표했다. 2003년 5월 미국에서 생식 능력이 없는 노새를 복제하는데 성공했다. 복제 노새는 노새 경주 챔피언을 복제한 것이었다. 한편 8월에는 이탈리아에서 말을 복제하는데 성공했다. 지금까지 인간은 다양한 목적으로 여러 동물들을 복제해 왔다. 최초로 복제된 동물인 양은 양털과 고기, 젖을 제공하여 서양에서는 아주 중요한 가축이다. 소 역시 고기와 젖을 제공하여 동양에서는 가장 중요한 가축이다. 좋은 품종의 양과 소를 복제하는 일은 인류의 식량 문제를 해결하는데 큰 도움을 줄 수 있는 것이다.

쥐는 실험실에서 질병 연구에 사용되는 가장 중요한 동물이다. 돼지는 인간과 비슷한 크기의 장기를 갖고 있어 면역 거부반응만 해결하면 부족한 인체 장기의 공급원으로 사용할 수 있을 것으로 전망되고 있다. 가우어의 경우는 복제가 멸종 위기에 처한 희귀 동물을 구할 수 있는 방법 중 하나라는 사실을 보여준다. 고양이 복제는 가족같이 지내는 애완동물이 죽을 경우에 복제하려는 수요를 반영하고 있다. 토끼는 젖을 통해 인간에게 필요한 유용한 단백질을 생산하는 공장으로 유용하다. 노새나 말의 경우는 경주마 등 명마의 대량 복제를 통해 산업적인 효과가 클 것으로 전망된다.

전 세계적으로 인간에게 유용한 다양한 동물을 복제하기 위해 치열한 연구를 진행되고 있다. 우리나라는 우수한 인력의 끊임없는 노력에 의해 동물 복제 분야에서 세계 최 선두권에 진입해 있다. 동물 복제란 유전형질이 완전히 같은 또 다른 개체를 만들어내는 것이다. 생명체 복제 기술은 생명공학의 발전에서 중요한 이정표가 됐다. 복제 기술이 개발되기 전까지는 암수 생식세포 사이의 수정에 의해서만 정상적인 개체가 발생하는 것으로 알려져 있었다. 그러나 최근 세포융합, 체세포 핵이식 기술이 발전하면서 생명체 복제가 본격적으로 이루어지고 있다.

동물 복제 방법은 생식세포 복제법과 체세포 복제법으로 구분할 수 있다. 생식세포 복제법은 수정란 분할법과 생식세포 핵 이식 법으로 나뉜다. 수정란 분할법은 수정란의 분할 과정에 있는 난세포를 분할하거나 분리하는 방법이다. 수정란이 4세 포기 또는 8세 포기 등으로 발육했을 때 예리한 도구를 이용해 물리적으로 2등분 혹은 4등분하거나, 수정란 속의 할구들을 효소를 이용해 화학적으로 분리한 뒤 이를 체외 배양해 정상적으로 발육했을 때 대리모에 이식하여 임신시키면 동일한 유전형질을 지닌 동물이 태어난다.

생식세포 핵이식 법은 수정란에서 핵을 분리한 후 미리 핵을 제거한 난자에 이식하는 방법이다. 복제 과정은 수 핵 세포질(난자) 준비, 공여 핵 세포의 준비와 핵 이식, 난자 활성화와 리 프로그래밍, 복제 수정란 배양, 대리모 이식 단계를 거친다. 체세포 복제 법은 생명체의 몸을 구성하는 체세포를 떼어내 이를 공여 핵 세포로 이용하는 방법이다. 이와 같은 체세포 복제는 정자와 난자가 결합하는 수정 과정 없이도 생명체를 탄생시킬 수 있다. 이 방법에 의한 복제는 1997년 영국에서 양의 유방세포에서 분리한 핵을 이용해 복제 양 돌리를 탄생시킨 것을 시작으로 국내에서는 99년 복제 젖소, 복제 한우가 만들어졌다. 체세포 복제 법의 일반적인 과정은 생식세포 핵이식 방법과 같지만 공여 핵 세포로 생식세포가 아닌 체세포에서 얻은 핵을 이용하는 점이 다르다.

세계 각국은 서둘러 인간 복제를 금지하는 법안을 마련했다. 세월이 지나면서 일반인들은 혹시라도 불법으로 복제인간이 태어나지 않을까 하는 호기심 어린 우려를 갖는 정도로 무덤덤해지는 듯하다. 공상과학 영화에서 복제된 인간이나 동물이 종종 등장하지만 그야말로 영화 속 얘기로 받아들일 수 있다. 그러나 돌리가 태어난 후 복제동물의 종류는 꾸준히 늘어났다. 현재 세계적으로 20종 넘는 동물이 복제됐다. 한편으로 과학자들은 생명 출생의 원리를 탐색하고 인간의 난치병을 치료하는 유용한 도구로 복제 기술을 활용하고 있다. 그리고 다른 한편으로 당장 시장 진입에 성공할 수 있도록 여러 응용방법을 모색하고 있다. 그 결과 소비자가 매력을 느끼고 기꺼이 구매할 수 있는 첨단 생명공학 상품이 등장하고 있다. 이미 실현된 상품은 복제 애완동물이다. 1억 원 정도를 내면 자신이 애지중지 아끼던 동물이 죽어도 복제 기술로 다시 태어날 수 있다. 당연히 복제된 애완견이 원래의 애완견과 동일할 수 없다. 다만 원리적으로 99% 이상의 유전자가 서로 동일하기 때문에 외모가 거의 같은 애완견을 얻을 수 있다. 성격도 같기를 기대할 수 있겠지만 알 수 없는 일이다. 그래도 이 정도면 만족스럽다고 느끼며 고가의 비용을 지불하려는 고객은 적지 않은 것 같다. 일반인의 욕구와는 다소 동떨어진 특별 상품으로 마약을 탐지하거나 인명을 구조하는 특수견의 복제

역시 이미 실현됐고 그 규모가 확대되고 있다.

조만간 소비자에게 가장 실감나게 다가올 상품은 복제 식품이다. 국내에서는 몇 년 전부터 지자체의 지원 아래 특산 한우의 복제 성공 소식이 계속 전해졌다. 과거 임금님 수라상에 올랐을 만큼 고품질의 한우를 복제하거나, 그 정자나 난자를 이용해 인공수정을 시킴으로써 대량의 소비상품을 저렴하게 공급할 수 있다는 기대감이 담겨 있다. 미국에서는 2008년 식품의약국(FDA)이 복제소의 고기와 우유가 안전하다고 밝혔다. 무려 10여 년간 과학계, 축산업계, 시민단체 등으로부터 의견을 수렴하는 과정을 거쳤다.

❷ 동물생명공학 🐾

동물 복제 기술이 생물의약, 생물농업 분야에 어떻게 응용되는가?

첫 번째로 유전적으로 유사한 동물을 증식하고 개량할 수 있다. 우수한 동물 개체를 선발해 복제하면 이론적으로는 우수한 개체를 단시간에 대량 생산할 수 있다. 유량이 많은 젖소, 고품질의 육우, 양질의 양모를 생산하는 면양의 개량과 같은 예가 있다.

두 번째로 동물 생체반응기(animal bioreactor)의 개발이다. 의약용 단백질은 상당히 비싼 동물의 체액에서 정제하거나 세균, 효모를 이용해 대량 생산된다. 그러나 전자의 경우 체액이 유해 성분에 오염될 가능성이 있으며, 후자는 생성된 단백질의 정제가 쉽지 않다. 체세포 복제 기술로 만들어낸 형질전환 동물을 단백질 생산용 생체반응기로 이용하면 동물의 젖, 소변, 혈액 등에서 의약용 단백질을 대량 생산할 수 있다. 이를테면 체세포에 유용한 유전자를 도입해 형질전환을 시킨 뒤 체세포의 성을 미리 판별하여 암컷 젖소만 생산함으로써 조기에 대량의 유용단백질을 얻을 수 있다.

세 번째로 인체질환 모델을 개발할 수 있다. 인체질환 모델이란 인간에게 발생하는 질환에 대한 연구를 위해 사용되는 동물을 말한다. 생쥐나 토끼 같은 동물은 해부 및 생리학적 측면에서 인체와 구조적으로 다르기 때문에 인체질환 연구를 위한 모델로는 적합하지 않다. 그러나 세포단위에서 유전자 조작으로 특정한 유전형질을 보유한 개체를 체세포 복제 방식을 이용해 대량 복제하면 인체질환 모델 실험동물을 생산할 수 있게 된다. 이는 인간의 의료기술 발전에도 크게 기여할 뿐만 아니라 실험의 질적 향상과 부가가치의 창출까지 가능하게 한다.

네 번째로 대체 장기 생산용 동물을 개발할 수 있다. 형질전환 동물로 대체 장기를 생산하기 위해서는 면역학적 거부 반응, 종 특이성과 같은 해결해야 할 문제가 있다. 그러나 유전자 조작기술을 이용해 돼지를 인체 장기와 해부학적 유사성, 생리학적 적합성 등의 조건에 맞는 동물로 복제할 수 있게 되었다. 돼지의 세포에 인간의 면역체계를 삽입해 형질 전환된 돼지를 복제하면 인간에게 알맞은 장기 제공용 돼지를 대량 생산할 수 있을 것이다.

복제 양 돌리와 돌리를 만든 영국은 276번의 실패 끝에 '돌리'를 탄생시켰다. 먼저 여섯 살짜리 핀란드 양의 체세포를 스코틀랜드 양의 난자와 인공 수정했다. 그런 다음 수정란을 암컷 양의 자궁에 착상시켜 그 안에서 5개월을 자란 뒤 탄생했다. 수정란 착상에 276번이나 실패했고 277번째 시도 끝에 마침내 성공했다. 사람들은 돌리를 최초의 복제동물로 알고 있는데, 사실은 1952년에 미국에서 개구리 수정란 세포를 난자에 이식해 올챙이를 만들었고, 1981년에 미국에서 생쥐를, 1986년 영국에서 양을 복제했다. 차이점이 있다면 체세포 복제로 만들어진 돌리와는 달리 앞서 복제된 동물들은 수정란을 이용하는 '생식세포 복제'라는 과정을 거쳤다. 체세포 복제 기술은 체세포 하나로 똑같은 유전정보를 지닌 개체를 만들어낼 수 있다는 점이 높이 평가받았다. 이후 전 세계에서는 소, 돼지, 개, 고양이 등 20종이 넘는 동물 복제가 이뤄졌다. 복제 소는 1998년 일본에서 탄생했다. 체세포 복제 기술은 현재 나날이 발전하며 불치병 연구나 불임 치료 등에 큰 기여를 하고 있다.

❸ 개 복제 🐾

새로운 산업이 등장했다. 사랑하는 개를 복제하고 싶어 하는 반려동물 주인들을 위한 서비스가 시작되었다. 개 복제에 5만 달러에서 10만 달러가 들지만, 수요가 있다. 동물복제 회사들은 공식적으로 복제한 반려동물의 숫자를 공개하지 않는다. 처음 시작한 이래로 반려동물 복제는 많이 성장했고, 매년 점점 더 많은 반려동물이 복제되고 있다. 매주 강아지들을 탄생시키고 있고 광고를 많이 하지 않지만, 입소문을 타고 있다. 개의 경우 전체 과정이 6개월에서 8개월이 걸린다. 비싼 이유는 과정 전체가 너무 복잡하기 때문이다. 반려동물을 복제하려는 고객에게는 분명 감정적인 이유가 있다. 반려동물과 맺어온 강한 감정적 유대감을 지속할 수 있기를 원하기 때문이다. 이 산업은 세계의 여러 곳에서 확대되고 있다. 한국의 수암바이오텍, 미국의 비아젠펫츠(VIAGEN PETS), 중국의 시노진 등이 개 복제를 사업화하고 있다.

복제 개를 만드는 과정에는 또 다른 개가 필요하다. 사망한 반려견의 살아있는 체세포에서 유전정보가 들어간 핵을 빼낸다. 대리모가 되는 암캐의 난자를 꺼내 난자의 핵을 제거한다. 이 자리에 사망한 반려견의 핵을 넣는다. 복제하고자 하는 개의 유전 정보만 가진 배아가 탄생한다. 이 배아를 대리모가 되는 개의 자궁에 넣어 착상시키고 착상을 확인한 후 한 달 후에 초음파로 확인한다. 개의 임신 기간은 63일이다. 제왕절개를 통해 대리모가 된 개의 배에서 의뢰인이 의뢰한 개와 유전정보가 동일한 태아가 탄생한다.

의뢰인의 입장에선 사망한 내 개의 강아지 적 모습과 똑같은 개를 두 달 만에 만날 수 있다. 사업은 번창하고 있다. 수암바이오텍은 복제 개 사업을 시작한 지는 벌써 오래되었다. 2008년부터 반려견 복제 사업을 시작해, 주인이 의뢰한 반려견의 유전자를 복제한 '클론 개'를 제공하고 있다. 우리나라의 동물 복제 기술은 세계 최고 수준이다.

❹ 멸종위기동물 복제 🐾

인간 배아 복제는 2013년 성공했지만, 대중의 항의로 인해 인간을 창조하는 과정은 시도된 적이 없다. 중국 과학자들은 2018년 첫 번째 영장류인 긴꼬리원숭이를 복제했다. 하지만 이 연구가 다른 영장류의 복제로 이어질 것이라는 계획은 아직 없다. 대신 대부분의 자금은 멸종된 종의 부활 혹은 멸종 위기에 처한 동물들을 살리기 위한 복제 사업에 쓰이고 있다. 자이언트 팬더와 지구상에 단 두 마리만 남은 북부 흰 코뿔소를 복제하려는 노력이 진행 중이다. 멸종 위기에 처한 검은 발 족제비와 몽고말은 이미 복제되었다.

코끼리와 매머드의 가장 좋은 특성 일부를 가진 북극 코끼리를 왜 만들어내려 할까? 이 프로젝트는 아시아 코끼리의 피부 세포를 편집해 매머드 유전자를 운반할 수 있도록 하고, 어미 코끼리를 찾아서 배아를 새끼로 만들게 해야 한다. 많은 동물 종들이 생존과 관련된 어려움에 직면해 있다. 하지만, 기후와 생태계가 근본적으로 21세기와 근본적으로 달랐던 시기에 살다가 멸종된 매머드를 복원하는 게 과연 적절한가라는 의문도 제기되고 있다.

멸종 위기에 몰린 우리나라 토종 단모종인 바둑이 삽살개가 복제되었고, 멸종 위기의 제주흑우도 씨수소를 체세포 핵이식 방법으로 복제되었다. 흑우는 온몸이 검은 한우의 한 품종이다. 복제 수정란 배양과 이식 시스템 확립을 통해 멸종 위기에 처한 토종 제주흑우의 종 보전과 상품화가 가능하게 됐다. 마지막 야생마로 불리는 중앙아시아 대초원의 멸종 위기 종 프르제발스키(Przewalski)의 복제 망아지도 탄생되었다.

🌐 핵심 쟁점

● ◦ 실험동물의 동물복지를 고려한 동물실험의 기본원칙인 '3R 원칙"

　동물실험 윤리에는 '3R 원칙'이 있는데 영국의 동물학자 윌리엄 러셀과 미생물학자 렉스 버치가 '자비로운 실험 기법의 원칙(The principles of humane Experimental Technique, Methuen, London, 1959)'을 출간함으로 주창한 것이 시초이며, 3R 원칙이란 비 동물 실험으로 대체(Replacement)하며, 동물 실험의 숫자를 줄이고(Reduction), 고통을 최소화(Refinement)하자는 것이다. 첫째, Replacement(대체)는 동물실험을 다른 방법으로 대체하자는 것이고, 둘째, Reduction(감소)는 사용되는 실험동물수를 통계적으로 유의한 수준까지 줄이자는 것이며, 세째, Refinement(개선)은 실험 방법을 정교화하고 필요 수단과 시설을 갖추어 실험동물에게 불필요한 고통을 주지 말자는 것이다. 동물보호법은 동물실험에 대한 일반적 원칙인 3R 원칙(replacement, reduction, refinement)을 명시하고 있다.

Chapter 3

제5장 함께 집안에서 거주하는 반려동물

  1. 반려견(Dog)
  2. 반려묘(Cat)
  3. 기니피그(Guinea Pig)
  4. 토끼(Rabbit)
  5. 앵무새(Parrot)
  6. 페렛(Ferret)
  7. 골든 햄스터(Golden Hamster)

제6장 인간의 즐거움을 위해 살아가는 애완동물

  1. 애완견
  2. 애완돼지

제7장 인간의 부족을 채워주는 특수목적동물

  1. 시각장애인 도우미견
  2. 청각장애인 도우미견
  3. 지체장애인 도우미견
  4. 노인 도우미견

제8장 인간을 치료해 주는 치료도우미동물

  1. 치료 도우미견
  2. 치매 도우미견
  3. 당뇨병 경고견
  4. 자폐증 도우미견
  5. 발작 경보견
  6. 암 진단 도우미견

제9장 인간을 위해 일하는 사역동물

  1. 사역견
  2. 비둘기
  3. 돌고래
  4. 코끼리

제10장 인간을 위해 산 채로 전시되어 있는 동물원동물

  1. 동물원 유지론
  2. 동물원 폐지론
  3. 동물원의 방향성 개념 '4R'
  4. 원숭이쇼 폐지
  5. 돌고래쇼 폐지

인간과 동물이 유대관계를
유지하며 살아가는 동물

이들 동물들은 인간과 유대관계를 유지하면서 살고, 인간을 돕기도 하는가 하면 인간에 의해 도움을 받기도 하며, 때때로 인간을 위해 일하고, 인간을 위해 자신의 목숨도 동물 스스로 버리기도 하는 참으로 귀한 인생들의 친구들이고, 일군들이며, 동반자이다. 대부분 자기 수명을 다할 때까지 살아가고, 때로는 야생에서 사는 동물들보다 더 오랫동안 살아가기도 하는데 그 이유는 치료도 받고 예방접종도 받으며, 스트레스를 받지 않고 약육강식의 먹이사슬에 구애되지 않고 살아가기 때문이다. 때때로 인간보다 더 나은 성품을 가지기도 하고 인간보다 더 소중함을 느끼도록 해 주기도 하는 동물의 입장에서 본다면 행운의 동물들이다.

제5장

함께 집안에서 거주하는 반려동물

반려동물(Companion Animal)은 사람과 더불어 사는 동물로 동물이 인간에게 주는 여러 혜택을 존중하여 더불어 살아가는 동물이라는 의미로 불리는 동물들을 말한다. 반려견, 반려묘, 기니피그, 토끼, 앵무새, 페렛, 햄스터 등이 해당된다. 반려동물이란 용어는 1983년 오스트리아 빈에서 열린 인간과 애완동물의 관계를 주제로 하는 국제 심포지엄에서 처음으로 제안되어 사용되고 있다.

현대 물질문명 사회가 가져온 폐해 중 하나로 인간들은 자기중심적이 되고 인간성이 고갈되어 가는 반면 동물들은 항상 천성그대로 순수하기 때문에 이런 동물과 접함으로써 상실되어가는 인간본연의 성정을 되찾으려는 노력으로 볼 수 있다. 반려동물 관련 문화는 급속도로 발달되어 1인가구의 증가와 고령화 등 세계 인구 구조의 변화와 맛 물려 반려동물 양육 인구가 증가하였고, 반려동물을 가족처럼 생각하는 문화가 확산되면서 반려동물 산업의 양적, 질적 성장과 함께 지속적으로 발전하고 있다. 위축된 경기 상황에도 불구하고 반려동물 관련 시장은 지속적으로 성장하였다.

① 반려견(Dog)

사람이 개인마다 가장 편안한 장소가 있듯이, 개도 안심하고 지낼 수 있는 자신만의 장소가 필요하므로 거실 한 구석에 케이지나 전용 쿠션, 침대 등을 두어 공간을 만들어 주어야 한다. 개한테 기분 좋고 편안한 장소는 가족들의 모습이 보이거나, 가족의 목소리가 들리는 범위 내에서 문을 열고 닫는 데 불편하지 않은 안정된 곳이다. 밖에서 기를 경우에도 가족의 목소리나 모습을 확인할 수 있는 장소여야 개의 마음을 안정시키는 데 매우 중요하다.

마음에 드는 장소

개는 항상 새로운 장소에 오면 집 안 냄새를 맡으면서 돌아다니다가 자신에게 편안하고 기분 좋은 장소를 찾는다. 가능하면 그때 개 스스로 발견한 장소를 개만의 공간으로 만들어주면 좋다. 개가 어떤 장소를 마음에 들어 할 때 소파 위나 방 전체를 바라볼 수 있는 높은 장소는 피한다. 원래 높은 장소는 외부의 적으로부터 무리를 지키고, 사냥감을 보다 빨리 발견하기 위한 리더의 거처이기 때문에, 개가 '자신이 리더'라고 착각할 가능성이 있다.

아직 용변 가리기가 안 되는 강아지 시기에는 집 안에 서클 등을 설치하여 개의 거처를 제한하는 것이 좋다. 어느 정도 걸어 다닐 공간이 있는 서클이면 강아지도 스트레스를 받지 않고 그 안을 자신의 장소로 받아들여서 안심하고 지낼 수 있다. 그러나 어느 정도 길들이기가 된 성견인 경우에는 서클이 아무리 넓어도 그곳에 있는 것만으로도 스트레스의 원인이 된다. 래브라도 리트리버(Labrador Retriever) 정도의 큰 개가 갑갑하지 않게 느끼는 공간 넓이는 약 3평인데 적어도 그 정도의 개가 자유로울 수 있는 공간을 만들어주어야 한다.

🐾 피해야 할 장소

문을 열고 닫거나 사람의 출입이 많은 장소는 개도 안정하지 못한다. 소파 위처럼 높은 곳은 개의 우위성을 높이고, 언젠가 주인의 말을 듣지 않는 개가 될 수 있다.

🐾 영역을 지킴

영역을 지키는 것은 개의 타고난 본능의 하나이다. 출입국 관리관과 같은 개의 영역은 자신의 집을 지켜야 한다거나 내 생활권을 지켜야 한다는 영역 의식이 때문이다. 그런 영역 의식을 가장 강하게 나타내는 것이 경계선이다. 가족 이외의 사람이 개가 생각하는 경계선은 다음과 같다. 예를 들어, 대문을 열고 들어올 때, 현관을 열고 안으로 들어올 때, 문을 열고 거실로 들어올 때, 자신의 침대나 서클 가까이에 다가왔을 때 등이다. 경계선을 넘는 순간 개의 영역 의식은 강하게 자극되어 짖거나 으르렁거리거나 때로는 공격적인 태도를 나타내기도 한다. 이미 영역 안에 들어와 편안하게 앉아 있는 손님에게 그 정도로 적대심을 보이지는 않는다. 그러나 그 손님이 화장실에 가거나 돌아가기 위해 방의 경계선을 넘으려고 하면, 개는 무슨 일을 당할지도 모른다는 불안함 때문에 다시 공격적인 태도를 보이는 경우도 있다.

원래 영역 의식이 강한 개는 집을 지키는 번견(a watchdog ; a house dog)이다. 손님에게 짖지 못하게 할 때는 엄하게 꾸짖지 말고, 손님이 방을 출입할 때만 개를 다른 방에 옮기는 방법으로 대처한다. 또, 매일 같은 산책길을 걸으면 개한테는 그 코스의 지역 범위가 또 다른 자기만의 영역이 될 수도 있다. 산책이 단지 순찰이 되지 않게 하기 위해서도 코스는 적절히 변경하는 것이 좋다. 영역 의식은 지켜야만 하는 범위가 좁아질수록 강해지는 경향이 있다. 마당에 있는 개라도 마당이 넓은 경우에는 그다지 지역방어본능을 발휘하지 않는다. 반대로 마당이 좁으면 개는 열심히 그 마당을 지키려고 흥분한다. 영역 의식은 암캐보다 수캐가 더 강하다.

🦊 식사에 대한 생각

개의 식사에 대한 자제심은 제로 상태이다. 일단 있으면 있는 만큼 먹는다. 고양이의 경우 사냥감은 쥐 따위의 작은 동물이고 자주 잡을 기회가 있어서 굶주림에 대한 두려움이 거의 없으며 배가 부르면 도중에 사냥을 그만두거나 먹이를 남기는 경우도 많다. 하지만, 개의 경우 사냥감이 대부분 큰 짐승이라서 무리를 짓는 것조차도 힘을 합쳐 큰 동물을 잡기 위한 지혜이다. 그러나 큰 동물을 쉽게 잡을 수 있는 것도 아니고, 때로는 며칠씩 굶는 것을 각오해야 한다. 개는 굶주렸던 기억이 잠재되어 있어서 먹이에 대한 자제심이 없다. 먹을 수 있을 때는 먹을 수 있는 만큼 먹어 두는 습성이 있다.

먹이의 주도권을 잡는 것이 주인의 리더십을 올리는 길이다. 개를 키울 때 주인이 먼저 먹이를 먹지 않으면 리더십을 잡을 수 없다. 무리의 멤버가 전부 어른이고, 먹이가 충분하며 위기감이 없다면 리더가 먼저 먹는 경우도 있다. 그러나 그 무리에 새끼가 있으면 우선 처음에는 새끼들을 먼저 먹인다. 주인과 개의 먹이를 생각할 때 먹는 순서에는 그다지 의미가 없다. 그것보다 주인이 주도권을 잡고 먹이를 주는가가 문제다. 예를 들면, 그릇에 언제나 건식 사료가 들어있거나 개의 재촉에 응해서 먹이를 주면 개는 '먹이를 주는 것은 주인'이라는 의식이 점점 없어져 주인의 주도권도 약해진다.

개는 평소 작은 행동에서 가족 중 누가 리더십을 장악하고 있는지를 관찰한다. 개의 눈에 황급하게 먹이를 먹고 있는 모습은 어떻게 보일까? 주인은 느긋하게 천천히 자신의 식사를 즐겨야 한다. 먹이를 재촉하며 짖을 때 대응방법으로 냉정하게 한 번만 '안돼'라고 주의를 주고 잠시 무시한다. 조용히 안정된 목소리로 한 번만 '안돼' 하고 주의를 준 다음에는 개를 무시하고 자신의 일을 계속한다. 개가 짖는 것을 그만두고 진정된 후에 '앉아', '기다려' 등을 지시하고, 그 포상으로 먹이를 준다.

🐾 산책

즐거운 산책은 개에게 기다려진다. 하지만, 산책만으로는 운동 부족을 해결할 수 없다. 산책은 개의 운동 부족을 해결하기 위해서라는 생각이 많지만 평소에 하는 산책 정도로 개의 운동 욕구를 충족시킬 수는 없다. 치와와(Chihuahua) 등 애완용으로 개량된 견종은 그다지 운동량이 필요하지 않지만, 원래 사냥개나 양치기 개로 활약하던 견종은 상당한 운동량이 필요하다. 예를 들어, 조렵견(gun dog)으로 개량이 되었던 래브라도 리트리버(Labrador Retriever)는 하루에 약 1.5km의 운동량이 필요한데, 이것을 산책만으로 충족시키려면 하루에 시속 4km로 3시간 15분 산책해야 한다. 운동량이 많은 견종의 경우, 때로는 자전거로 개와 나란히 달리거나 맘껏 놀게 하는 등 산책 외에도 가능한 운동할 기회를 많이 만들어준다.

🐾 견종에 따른 필요한 운동량

- 래브라도 리트리버(Labrador Retriever) -------- 13km

- 그래이트 데인(Great Dane) -------------- 10km

- 골든 리트리버(Golden Retriever) ------ 3~5km

- 토이 푸들(Toy Poodle) ------------ 1.6km

- 치와와(Chihuahua) ----------- 0.8km

여러 가지 운동을 권할 때, 사람의 스포츠처럼 준비운동(Warming-up)과 정리운동(Cool-down)이 꼭 필요하다.

- 산책할 수 없을 때에는 실내에서 개의 두뇌를 이용하는 놀이를 시키는데 실내 놀이로 가장 간단한 것은 콩(kong, classic rubber red dog toy), 트리트 큐브(treat cube, food cube dog toy), 트리트 볼(treat ball, doggy treat dispenser ball) 등 머리가 좋아지는 장난감을 이용하는 놀이다. 개는 장난감 속에 감추어진 먹이를 꺼내려고 1시간, 2시간 장난감하고 씨름한다. 개가 혼자서는 놀 수 있는 머리가 좋아지는 장난감은 집을 비우고 개 혼자 집을 보게 할 때도 이용 가치가 크다. 개에게 스트레스를 주지 않고 혼자 있는 외로움 때문에 장난치는 것도 잊게 하는 최선의 도구라고 할 수 있다.

🐾 용변

소변을 보는 것은 기분 좋은 일이다. 강아지는 소변이 마려우면 바닥 등의 냄새를 맡기 시작하고 안절부절 못한다. 빙빙 그 자리에서 돌기 시작하는 경우도 많다.

🐾 마킹(marking)

마킹(marking)은 정보를 교환하는 중요한 일이다. 다른 개의 냄새가 나는 장소에는 철저하게 마킹한다. 산책을 나가면 개는 전봇대나 나무, 담, 표시가 되는 바위 등 산책 코스의 포인트마다 조금씩 소변을 누면서 걷는다. 이 행동을 마킹(marking)이라고 하며, 다른 개에게 내가 여기에 왔다!, 여기는 나의 영역이다! 는 명함 교환과도 같은 의미다. 개가 특히 마킹하고 싶어 하는 곳은 다른 개의 냄새가 남아 있는 장소이다. 동물의 소변이나 땀에 포함된 지방산을 잘 맡도록 후각이 발달한 개는 개의 소변 냄새를 구별하여 여기 누구누구가 왔었구나, 내 냄새도 남겨두자!라고 냄새로 소통을 하는 것이다.

한쪽 발을 들고 소변보는 것은 자신을 강하다고 생각하는 개다. 마킹 행동은 드물게 암캐가 하는 경우도 볼 수 있지만, 주로 수캐 그것도 거세하지 않은 수캐가 많이 한다. 대부분의 수캐는 한쪽 발을 들고 소변을 보지만, 계급의식이 강한 개나 자신의 서열이 상위라고 생각하는 개일수록 높은 위치에서 소변을 보려고 한다. 수캐라도 복종심이 강한 개나 겁 많은 개는 암캐처럼 엉덩이를 내리고 소변을 본다. 반대로 암캐라도 자신의 서열이 상위라고 느끼는 개, 기가 센 개는 수캐처럼 한쪽 발을 들고 소변을 본다. 또, 때로는 마킹을 다하지 못했는데 소변이 안 나오는 경우도 있다. 그때 기가 센 개가 멀리 있는 다른 개를 발견하면 소변이한 방울도 나오지 않아도 발을 드높이 든 자세를 계속 취한 채 자신의 우위성을 과시하는 경우도 있다.

🐾 수명과 숙면

개가 안심하고 잘 수 있는 것은 주인의 보호가 있기 때문이다. 기르는 동물은 야생 동물보다 오래 산다. 동물원에서 사육되는 늑대와 야생 늑대를 교배했을 때 분명하게 다른 점이 수명이다. 수명은 안정된 식생활과 수의사에 의한 건강관리 등으로 영향을 크게 받지만, 외부의 적에 두려워할 일도 없고, 매일 숙면할 수 있는 생활로 사육되는 늑대가 오래 사는 이유 중 하나라고 할 수 있다.

일반적으로 개의 수면시간은 하루에 12~15시간이고, 남은 시간의 반은 서서, 반은 앉거나 엎드려서 지낸다. 자유롭게 행동할 수 있는 개는 오전 중에 가장 활발하게 돌아다니는데 음식을 찾거나 마킹 행동을 하지만, 애완견으로 기르는 개는 주인 생활에 맞추어 아침 형 개부터 저녁 형 개까지 그 리듬이 다양하다. 대부분의 개는 주인의 귀가 후에 같이 놀기 위해서 주인이 외출했을 때 혼자 집에 있으면서 충분히 자는 경우가 많다.

개의 수면의 20%는 램 수면(REM sleep, rapid eye movement sleep, 숙면) 상태이고 그 때 개도 꿈을 꾼다. 개의 수면 시간 중 약 80%는 몸도 뇌도 자고 있는 논 램(Non REM) 수면상태, 이 논 램 수면상태는 몸을 만지거나 소리가 나면 바로 눈을 뜨는 상태이다. 남은 20%는 작은 소리에는 일어나지 않는 램 수면상태이다. 이 사이에 뇌의 일부분은 활발하게 활동하는데, 남은 정보를 제거하거나 뇌 속의 신경전달물질을 보급하는 등의 활동을 한다. 이 램 수면상태에서는 사람처럼 개도 꿈을 꾼다. 자고 있는 개가 갑자기 발버둥치는 것은 램 수면상태에 들어가 있다는 증거이다. 어쩌면 꿈속에서 사냥감을 몰고 있거나 초원을 뛰어 다니고 있을지도 모른다.

🐾 브러싱(brushing)

반려동물의 주인은 매일 브러싱을 하여 개와 소통을 한다. 브러싱(brushing)은 개의 구루밍(grooming, 몸 손질)의 기본이다. 몸에 붙어 있는 먼지를 털어내고, 빠진 털을 제거하며, 털의 뭉침을 막고, 피부의 신진대사를 촉진하고 털의 재생을 활성화하며, 피부병을 예방하고, 기생충을 제거한다. 마사지 효과로 피부나 근육의 혈액순환을 좋게 하기도 하고, 개와 주인과의 스킨십과 소통으로 건강을 체크할 수 있다.

② 반려묘(Cat) 🐾

고양이도 사람처럼 포유동물이므로 살아가는 것은 대략 유사하다. 그러나 몸의 구조나 능력에는 큰 차이가 있다. 또 고양이는 개와 동일한 육식성 동물이지만 개는 집단행동을 좋아하고, 고양이는 단독 행동을 좋아한다. 고양이의 독특한 습성이나 몸의 구조를 잘 이해하는 것은 고양이와의 생활을 즐겁게 하는 데 대단히 중요한 요인이다.

🐾 시각

고양이의 눈은 구조적으로 약한 빛도 모을 수 있게 되어 있어서 어두운 곳에서도 사람의 6~10배 정도 물체를 잘 볼 수 있는 능력을 갖고 있다. 또 좌우 눈이 전방에 위치하고 있어서 원근을 잘 알 수 있고 쥐 등을 정확히 잡을 수 있게 된다. 색은 청색과 녹색을 조금 느낄 수 있으나 색깔의 구별은 잘 못한다. 시력은 사람의 10분의 1 정도에 불과하다. 시력을 가장 잘 이용할 수 있는 거리는 1~2m 정도로 6m를 넘게 되면 시력을 발휘할 수 없어 먼 곳의 쥐 등을 잡는 데는 적합지 않다. 그러나 움직이는 것에는 민감하게 작용하여 30m 정도에 있는 것도 알 수 있다.

청각

집음 마이크처럼 귀를 세우고 있고, 이개(auricular tubercle)의 각도를 변화시킬 수 있으므로 소리를 잘 들을 수 있으며, 인간의 2배 정도의 능력이 있다. 또 털이 백색이고 눈이 청색인 고양이는 소리를 들을 수 없는 경우가 많아서 교통사고 등에 주의가 필요하다.

촉각

수염은 좌우 20~24개 정도 있고 레이더 역할을 한다. 수염과 눈은 연동하여 수염을 만지게 되면 눈을 감아 보호하며, 가까운 거리에 있는 쥐 등은 전방으로 향하게 함으로서 소재를 알 수 있게 되므로 수염을 자르지 않도록 하는 이유를 알 수 있다. 상순의 수염은 여러 가지 동작이나 감정의 작용에 응하여 전방이나 측방으로 움직인다.

🐾 다리

사지는 짧으나 관절은 부드럽고 발목을 들어 올려 발가락으로서 걷는 모습을 하는데 발창은 부드러워서 소리를 내지 않고도 쥐 등에 접근할 수 있게 된다. 전족에는 5개, 후족에는 4개의 발톱이 있다. 보통은 숨겨져 있는데 달려 나갈 때 나이프처럼 신속히 뻗어 쥐 등을 잡거나 영역 표시를 하거나 나무로 오를 때에 중요한 도구가 된다. 근육이 발달하고 있어서 체고의 5배 정도 점프할 수 있다. 높은 곳에서 뛰어 내렸을 때 생존 가능한 한계는 딱딱한 지면에서는 18m로 알려져 있으나 일반적으로 건물 3층 높이 정도라면 대개 무사히 착지할 수 있다.

🐾 성격

고양이는 자존심이 강하고, 사람의 말을 잘 듣지 않는 경향이며, 집단생활을 싫어한다. 단독 수렵성이 남아 있으며, 간섭받는 것을 싫어한다. 청결한 것을 좋아하고, 스스로 몸 손질을 한다. 피모를 청결히 하고 외부 기생충을 잡고, 빠진 털을 제거하며, 몸을 핥아줌으로써 체온조절 효과도 얻고 있다.

③ 기니피그(Guinea Pig) 🐾

세상에는 사람들에게 위로가 되고 행복과 웃음을 주는 다양한 반려동물이 있다. 기니피그(Guinea pig)는 무리지어 생활하는 동물이기 때문에 2마리 이상을 키우는 것이 좋지만 다루기 힘들다면 한 마리를 키우는 것도 좋으며, 성격이 온순한 편이라 사람들에게 인기가 많지만 그렇지 않은 경우도 있다.

강아지나 고양이 외에 반려동물로 자리매김한 기니피그는 기르는 아이들의 정서에도 좋고, 수명이 짧지 않아 오래도록 마음을 주며 키울 수도 있다. 처음 기를 때에는 기니피그가 잘 적응할 수 있도록 일주일 정도는 만지거나 건들지 않는 게 좋다. 그러지 않을 경우 스트레스로 빨리 죽을 수도 있기 때문이다. 케이지를 자주 청소해 깨끗하게 해줘야 하며, 건강에 유익한 온도는 18~23℃다.

기니피그는 먹이지 말아야 할 음식이 있다. 생선, 소고기, 돼지고기, 닭고기 할 것 없이 기니피그에게는 육류를 주면 안 된다. 기니피그는 초식동물 소화시스템을 가지고 있기 때문에 일단 육류를 소화를 시킬 수 없다. 위장장애를 비롯한 심각한 부작용과 함께 질병은 물론 사망에 이를 수 있다. 유제품도 똑 같은 이유로 인해 소화시킬 수 있는 효소가 없어 장애를 일으킨다. 증상 발현에 시간이 걸리기 때문에 간혹 유제품을 먹고 정상적으로 보이더라도 오해를 하면 안 된다.

감자도 기니피그에게 주면 안 되는데 감자의 주 영양분인 탄수화물은 소화도 어렵거니와 기니피그를 비만으로 유도하고 혈당을 증가시킬 수 있다. 그리고 정작 비타민과 미네랄은 필요한 수준에 못 미치기 때문에 기본적으로 도움이 되지 않는다. 감자에 있는 칼슘은 비뇨기 계열 문제를 일으킬 수도 있다. 또한, 감자껍질에 많은 알칼로이드 성분은 독성으로 기니피그에게 질병과 설사를 일으킬 수 있으므로 여러모로 감자는 기니피그에게 위험하다.

견과류와 일부 씨앗들도 높은 칼로리와 많은 지방을 함유하고 있어서 매우 작은 동물인 기니피그에게 필요한 영양소는 거의 없는 상태에서 체중 증가와 혈관 문제를 일으킬 수 있다. 기니피그는 이빨이 꾸준히 자라며, 이로 인해 단단한 것을 갉는 습관이 있다. 그래서 장난감이나 나무 블록을 넣어주는데 이때 원목 형태의 삼나무나 소나무는 피해야 한다. 삼나무와 소나무에서 발생하는 휘발성 화합물인 탄화수소, 페놀 등이 기니피그에게는 유해하기 때문이다. 기니피그는 사교적인 동물이다. 대체로 조용하지만 때때로 시끄럽게 소리를 지르기도 하고 밤낮으로 활동적으로 지낼 수 있다. 어린 아이의 경우 부드럽게 대할 수 있도록 주의를 주어야 한다.

기니피그(Guinea pig)

④ 토끼(Rabbit) 🐾

토끼(Rabbit)는 대, 소변 냄새가 심해서 꺼려하는 경우가 많지만 제때 용변을 치우고 냄새 제거에 좋은 스프레이를 뿌리면 냄새를 잡을 수 있으며, 여름엔 야외에서 키워도 되지만 겨울엔 보온에 신경을 써야 하고, 초식동물이라고 아무 야채나 준다면 생명에 위험이 있다. 특히 상추, 배추 등의 채소는 먹으면 안되며 씨앗 종류도 좋지 않고, 과일 같은 경우도 극소량으로 주되 가끔씩 주는 것이 좋다.

토끼는 손꼽히는 반려동물로 자리 잡았다. 큰 눈과 복슬복슬한 털이 귀여운 데다 '관리가 쉽다'는 입소문을 타고 반려용 토끼 기르기는 인기다. 반려용 토끼의 평균 수명은 4.3년이며, 최대 사망원인은 '구더기 증'이고 가장 흔한 증상은 '웃자란 어금니'이다. '구더기 증'이란 쇠파리 등이 토끼의 습기 차고 더러운, 또는 상처 부위에 알을 낳으면, 12시간 이내에 알에서 깨어난 구더기가 토끼 피부 속으로 파고들어 조직을 먹어치워 죽음으로 이끄는 것을 가리킨다. 집 밖에서 토끼를 키울 때, 또는 엉덩이를 깨끗하게 관리하지 않을 때 자주 일어나는 감염이다. 토끼는 사회성 동물이어서 적어도 한 쌍을 함께 길러야 하는데 외톨이로 기르는 것도 동물복지 측면에서 문제가 많다. 또 기본적으로 먹이동물인 토끼는 아파도 공연히 포식자의 눈길을 끌 아픈 내색을 전혀 하지 않는다. 따라서 겉으로 건강해 보여도 진료해 보면 여러 건강문제가 드러나기도 한다. 토끼에 대한 무지와 부실한 관리로 인해 토끼의 평균 수명은 4.3년에 그치는데, 토끼 가운데 14.4년까지 산 기록에 비추어 매우 짧은 편이며, 잘 기르면 10년까지도 살아갈 수 있다.

토끼는 환경 변화와 스트레스에 민감해 생활온도는 18~24도 정도로 일정하게 유지해 주는 게 좋다. 온도 편차가 크면 스트레스를 많이 받기 때문이다. 임신 기간은 28~36일 정도이며 평균 7마리 가량의 새끼를 낳는다. 토끼의 귀는 혈관이 매우 발달해있고 열 발산을 하는 중요한 역할을 한다. 토끼의 귀를 잡아서는 안 되는데 귀 연골을 손상 입힐 수 있기 때문이다. 토끼의 변은 2cm 정도 크기로 원형의 흑색에 가깝다. 정상 변보다 크기가 작으면서 점액으로 싸인 변을 설사로 오인하는 경우도 있는데, 이는 맹장 변으로 주로 새벽에 스스로 먹게 된다. 반추동물의 되새김질과 비슷한 행동으로 이해하면 되고 비타민과 단백질의 공급원이 된다.

토끼(Rabbit)

⑤ 앵무새(Parrot) 🐾

앵무새(Parrot)는 날개가 있고 날 수 있는 새이기 때문에 강아지와 고양이처럼 생각하면 안 되고, 말도 하며 자주 짹짹거리기 때문에 시끄러운 것이 싫다면 키우지 않는 것이 좋고, 자기가 살고 있는 케이스가 더럽거나 무언가 바뀌었다면 예민하게 반응하기 때문에 제때 깨끗하게 치워주고 정리 정돈을 해줘야 한다. 반려동물 시장에서 '앵무새 시장'이 '다크호스'로 떠오르고 있다. 이는 앵무새 카페와 실내 동물원의 신규 업종의 등장으로 일반 대중의 앵무새에 대한 관심이 증가함에 있다. 앵무새는 집에서 키우며 관리하기 쉽고, 반려견과 반려묘를 뛰어넘는 훈련 습득과 교감 능력, 수명이 길어 노령 시기에도 말동무가 될 수 있는 특별함으로 일반 대중의 관심을 사로잡았다. 또 노령 시기에도 함께 한다는 특별함은 우울증보다 무섭다고 평가되는 '펫로스 증후군'으로부터 자유로울 수 있다는 특별함을 주고 있다.

반려견, 반려묘에 비해 국내에선 접하기 쉽지 않은 '반려조' 특히 앵무새는 지능이 2~3살 아이만큼 좋아서 주인을 알아보고 잘 따라 사람들이 많이 키우고 있는 반려조 중 하나이다. 앵무새의 매력에 한 번 빠지면 헤어 나올 수가 없다. 앵무새는 종류마다 다르지만 평균 50~70년까지 사는 앵무새도 있다. 하지만, 반려동물로 앵무새를 많이 찾는 않는 이유는 고가의 가격대 영향도 있다. 또 앵무새 특징 때문이기도 하다. 크기가 작은 앵무새라도 소음이 감당하기 힘든 경우가 많다. 앵무새는 지능이 좋은 만큼 정서도 발달했다. 앵무새에게는 꼭 함께 있어 줄 존재가 필요하다. 여건이 안 될 경우 앵무새는 외로움을 느껴 자해할 수도 있다. 앵무새는 사람의 말을 따라하는 유일무이한 동물이다. 때문에 의도치 않게 사건의 실마리가 되기도 한다.

앵무새(Parrot)

6 페럿(Ferret)

페럿(Ferret)은 야생성이 매우 희미해 인간의 보호 없이는 야생에서 생존할수 없고, 하루 중 약 15시간의 시간은 잠을 자며, 야행성이지만 환경의 리듬에 따라 주행성이 되기도 한다. 조용하고 호기심 많으며 친근감을 느끼게 하는 외모와 장난스런 행동으로 무언가 파고드는 것을 좋아하기 때문에 터널류의 장난감 등을 마련해 주면 좋다.

페럿의 이름은 작은 도둑이라는 의미를 가진 라틴어인 furittus에서 유래했다. 페럿은 고양이처럼 유연하고 날쌔기도 하지만, 강아지처럼 사람과의 교감 능력이 있어 고양이와 강아지의 매력을 모두 갖고 있다. 하지만 냄새 관리가 쉽지 않고 개나 고양이보다는 훨씬 작기 때문에 주의가 필요한 반려동물이기도 하다. 작은 머리에 긴 몸통, 귀여운 외모를 지닌 페럿은 골격구조상 유연성이 좋아 높은 곳에 올라가거나 터널과 같이 구석진 곳을 파고들며 돌아다니는 것을 좋아한다. 페럿은 친근하고 활발한 성격에 영리하고 활동량도 무척 많아서, 반려동물과 함께 놀며 시간을 보내는 것을 좋아하는 사람들에게 안성맞춤인 반려동물이다. 하지만, 외로움을 잘 타기 때문에 두 마리의 페럿을 같이 기르는 것이 좋다. 페럿에게 가장 좋은 먹이는 페럿 전용사료이고, 육식동물이기에 닭 가슴살, 양고기, 달걀노른자 같은 단백질 식품 조금씩 여러 번 나눠서 먹이는 것도 나쁘지 않다. 페럿은 항문분비샘이 있어서 특유의 냄새를 풍기지만, 반려동물용 페럿은 중성화 수술이 필수적이기 때문에 키우는데 큰 문제가 없다. 또한 페럿 특유의 냄새는 커가면서 점점 줄어들게 되는데 완전히 없어지지는 않는다. 페럿의 평균 수명은 7~10년 정도로 오랜 세월 정을 쌓으며 함께 지낼 수 있다는 것도 반려동물로 페럿이 사랑받고 있는 이유이다.

페렛(Ferret)

⑦ 골든 햄스터(Golden Hamster) 🐾

아이를 둔 부모라면 아이가 개나 고양이를 키우고 싶다고 생떼를 쓰는 상황을 겪어봤을 것이다. 그러나 생명을 가족으로 들이는 것은 결코 쉬운 일이 아니다. 이런 상황에서 많은 부모들은 개나 고양이를 대체할만한 생명체를 찾게 되고 결국 제일 작은 설치류인 '골든 햄스터'를 선택한다. 사육하기 편할 것이라고 생각하지만 골든 햄스터 역시 절대 사육하기 편한 동물이 아니다. 아이들에게 사탕 하나 쥐어주듯이 햄스터를 구입해 안겨준다면 골든 햄스터에게도 아이에게도 불행한 기억만 남길 수 있다.

골든 햄스터는 단독생활을 하며 야행성에 외부온도가 15도 미만이 되면 동면을 취하기도 하는 잡식성 동물이다. 골든 햄스터의 습성을 충족시켜주는 것이 중요하다. '한 마리는 외로우니까 두 마리 이상 키워야지'라는 마음으로 여러 마리를 한 사육장 안에 두면 서로 간에 싸움을 유발시키는 일이 되기도 한다. 낮 동안에는 굴이나 통 속에 숨어서 잠을 자는 것을 선호하는데 숨을 공간도 제공해주지 않고 여러 차례 사육장에서 꺼내 만지고 귀찮게 굴면, 골든 햄스터는 지나친 스트레스로 쉽게 아프거나 예민해져서 사람을 물 수도 있다.

  인위적인 사육장 안에서 살고 있는 암컷 골든 햄스터가 자신의 새끼를 죽이거나 먹는 행위의 원인은 대부분 사람에게 있다. 새끼를 키울 수 있는 환경이 조성되었는지 살펴보는 게 중요하다. 햄스터의 수명은 2~3년 정도로, 골든 햄스터는 유순한 성격을 갖고 있다. 골든 햄스터는 성격과는 달리 탈출의 명수이다. 밤새 이빨로 박스를 갉아서 구멍을 내서 탈출을 시도한다. 집에는 톱밥을 깔아 줘야 되며, 쳇바퀴 및 물통을 설치해줘야 된다.

골든 햄스터(Golden hamster)

제 6 장

인간의 즐거움을 위해 살아가는 애완동물

애완동물(Pet Animal)은 인간이 주로 가까이 두고 귀여워하거나 즐거움을 위해 사육하는 동물을 말한다. 이 용어는 인간의 즐거움을 위한 소유물이라는 뜻, 혹은 장남감이라는 뜻이 포함되어 있어서 최근에는 반려자로서 대우하자는 의미로 반려동물(Companion Animal)이란 표현을 더 선호하지만 여전히 동물을 반려동물이 아닌 애완동물로 여기는 사람들도 많이 있는 것이 사실이다. 결국 반려동물이냐, 애완동물이냐는 인식 차이이며 문화 차이라고 볼 수 있다. 애완동물은 강아지가 대표적이지만 고양이나 새, 햄스터, 파충류, 곤충류, 물고기류 등을 애완동물로 키우는 이들도 많다.

사회가 고도로 발달되면서 물질이 풍요로워지는 반면, 인간은 점차 자기중심적이고, 마음은 고갈되어간다. 이에 비해 동물의 세계는 항상 천성 그대로이며 순수하다. 사람은 이런 동물과 접함으로써 상실되어가는 인간 본연의 성정을 되찾으려 한다. 이것이 즉 동물을 애완하는 일이며, 그 대상이 되는 동물을 애완동물이라고 한다.

동물에 대한 태도는 나라마다 차이가 많다. 인도에서는 소가 신성한 동물로 여겨져 도살이나 식용으로 사용되는 것이 금지되어 있으나 우리 사회에서는 우유와 고기 등 식량자원으로 이용된다. 동물은 장식용에서부터 지위의 상징, 그리고 사람을 도와주는 역할에서 친구가 되어주는 역할에 이르기까지 다양한 기능을 수행한다. 열대의 새나 물고기들은 단순히 장식용의 역할을 하고, 노래하는 새들은 집 밖의 새장에서 장식적인 가치로 사육되고 있다. 개 품종을 고르는 데 있어서 사나운 개를 기르는 것은 사회에 대한 적대감을 표현하는 것이다. 또한 진기하거나 위험한 동물 즉, 독사, 독거미 등을 키우는 사람들은 아마도 자신의 지위를 나타내거나 그런 동물처럼 독립적이고 특별하다는 것을 나타낸다.

애완동물을 사육하는 목적 중의 하나는 애완동물 사육이 청소년의 정서 함양에 도움이 되기 때문이다. 정서 함양의 여러 요소 중에서도 가장 큰 장점은 첫째, 사랑에 대한 이해이다. 청소년은 자신의 감정 상태에 관계없이 항상 같은 상태로 맞이해 주는 애완동물을 통하여 진실한 사랑의 진면목을 배울 수 있다. 둘째, 올바른 생활 태도와 성적 향상에 긍정적인 영향을 미친다. 애완동물과 사람 사이에는 감정의 이전이 가능하며 사랑을 주고받음으로써 정서적인 안정감을 가져다 준다. 셋째, 생명의 경외심을 갖게 한다. 애완동물도 인간과 마찬가지로 생로병사를 경험한다. 이러한 과정을 지켜봄으로써 생명 탄생의 신비를 이해하고 애완동물의 늙음과 죽음의 경험을 통하여 인생의 의미를 이해할 수 있는 기회를 가질 수 있다. 다섯째, 애완동물과 생활함으로써 사회에서 얻은 스트레스를 해소해 주며, 애완동물에게 먹이를 공급하고 주위 환경을 청결하게 해주는 행동은 이타주의를 배양하고 자아존중과 자립 의지를 함양할 수 있다. 여섯째, 말 못 하는 애완동물과의 접촉에서 그들의 표정이나 행동을 통해 애완동물의 생각을 유추해내는 능력이 길러짐으로써 복잡한 대인 관계에서 사회성을 높이는데 기여한다. 이

외에도 노령자와 애완동물의 상호관계는 소외감을 극복해주며 노년의 질병 예방에도 영향을 미쳐 사망률 감소에 도움을 주는 등의 여러 가지의 장점 등이 있다. 애완동물을 이용한 새로운 의료서비스, 즉 동물 매개 요법이 세계적으로 실행되고 있으며 일부 병원에서는 어린이 정서 안정이나 심장병 수술 환자의 생명 연장 등에 애완동물을 이용하여 치료하는 단계에 이르고 있다.

❶ 애완견

개는 온몸으로 이야기한다. 개가 인간의 말을 할 수는 없지만, 인간의 말을 이해할 수 없다고 단정 지을 수도 없다. '착하다', '아주 잘했어'라는 칭찬의 말에 개가 기쁘게 반응하는 것은 개를 키워 본 사람이면 누구나 경험한다. 반대로 '바보 같은 녀석' 등의 말을 들을 때에는 토라지거나 으르렁거리는 개가 있다. 개가 이해하는 것은 말 자체가 갖는 의미보다 그 말에 담긴 인간의 감정이다. 말할 때 주인의 태도나 목소리의 상태에서 그 말이 애정이 담긴 말인지, 악의가 있는 말인지를 판단하여 그것에 반응한다.

🐾 카밍 시그널(calming signal)

개의 또 하나의 언어로서 상대를 진정시키는 행동 신호인 카밍 시그널(calming signal)이 있다. 카밍 시그널이란 상대를 온화하게 하고, 진정시키며, 조용하게 만드는 신호를 말한다. 개는 자신이 공포를 느끼거나 스트레스나 불안함을 느꼈을 때, 여러 가지 다양한 신호를 이용하여 자신은 물론 주위의 동료들을 진정시키고 무리를 안정시킨다. 예를 들어 상대를 진정시키는 신호로 '하품'

또는 '등 돌리기' 등의 행동을 하는데 만약 이 신호를 주인이 알아차리고 그것을 응용하여 개에게 답 신호를 보낼 수 있다면 훨씬 간단하게 애완견의 불안함을 살펴서 그 불안을 없애주고 진정시킬 수 있다.

🐾 얼굴을 돌린다

다른 개나 사람이 가까이 다가올 때 너무 빠르거나 정면에서 직선으로 다가올 경우에 자주 볼 수 있는 행동이다. 사람이 위에서 덮치는 듯 행동을 한다고 생각할 때 이 행동을 보인다. 이것은 정면에서 시선을 받는 것을 위협받는다고 느낀 개가 불안하다는 것을 표현하는 행동이다. '나는 적대감이 없다'는 의사표시이다.

🐾 시각(light sense)

개는 눈앞의 것은 잘 못 보지만, 넓은 시야로 멀리 볼 수 있다. 개는 초점 맞추기가 어렵다. 사람의 시력은 얼마나 작은 것까지 볼 수 있는가이다. 사람의 표준 시력을 1.0으로 한다면 개는 0.3 정도 된다. 이 의미로 보면 개는 근시이다. 개는 초점을 맞추는 조절 능력이 사람의 15분의 1 정도 밖에 안 되기 때문에, 사람이 눈앞 7cm 정도까지 초점을 맞출 수 있는 것에 비해 개는 최단거리라도 33~50cm 정도의 거리가 필요하다. 즉 아무리 눈이 좋은 개라도 33cm 보다 가까이 있는 것은 흐리게 보인다. 그렇기 때문에 눈앞에 있는 장난감을 못 찾아 주인은 생각지도 못한 개의 행동에 웃음을 자아내는 경우도 많다. 단, 바로 눈앞에 있는 것은 잘못 보지만, 멀리 있는 것을 보는 능력은 비교적 높아 수백 m 앞에 있는 것을 알아볼 수 있다.

개는 멈추어 있는 것을 식별하는 정적 시력은 사람보다 뒤떨어지지만, 움직임이나 빛을 감지하는 능력은 사람보다 앞선다. 시야의 넓이도 개가 더 넓은데, 사람의 시야가 약 180도인 것에 비해, 개의 시야는 220~290도나 된다. 단 두 눈으로 볼 수 있는 시야인 양안 시력의 범위는 사람보다 좁기 때문에 거리를 정확하게 판단하는 것은 어렵다. 종합적으로 시력의 좋고 나쁨을 판단한다면, 개의 시력이 사람의 시력보다 뒤떨어진다고는 말할 수 없다.

개는 사람을 훨씬 뛰어넘는 동체 시력과 야간 시력이 있다. 개는 움직이는 것일수록 잘 보고 어둠 속에서도 시력이 뛰어나다. 다른 동물의 눈도 그렇지만 개의 눈은 멈추어 있는 사물보다 움직이는 것에 민감하게 반응한다. 경찰견을 이용한 실험에서 멈추어 있는 표적은 약 500m 보다 더 떨어진 곳에서는 보지 못했는데, 움직이는 표적은 810~900m 떨어진 거리에서도 구별할 수 있었다고 한다. 깜박거리는 빛을 어느 정도의 속도까지 식별할 수 있는지의 실험에서, 사람보다 4배나 높은 능력을 개가 가졌다고 한다. 그렇다면, 사람에게는 끊어지지 않고 연결되어 움직이듯이 보이는 TV나 영화의 영상도, 개한테는 한 장 한 장 끊어진 화면으로 보일지도 모른다. 숲에서 사냥하던 개들은 '야간 시력'도 발달하는데, 개의 커다란 각막과 망막 뒤 쪽에 있는 반사층(tapetum) 덕분에 반사효과를 높이는 기능이 있어, 사람이 사물을 식별할 수 있는 밝기의 3분의 1 조도에서도 사물을 구별할 수 있다고 한다. 이는 고양이도 마찬가지이다.

개가 살고 있는 세상은 파랑과 초록으로 칠해진 온화한 세계이다. 지금까지 개가 보는 세상은 흑백 세계라고 알고 있었다. 확실히 개의 시세포에는 색을 구별하는 추상체가 적은 것이 사실이고, 그래서 특히 적색에 대해 민감하다. 그러나 조도 혹은 명암을 감지하는 세포로 눈의 망막에 있는 막대기 모양의 세포인 간상체(rod)나 그 외 세포의 움직임에서 파랑이나 초록을 구별하는 능력이 있다는 것을 알게 되었다. 개는 파랑, 초록, 흰색, 검정 등의 색깔이 어우러진 온화하고 평화로운 색의 세계에 살고 있는 것이다.

강아지 때 다양한 것을 보면 시력이 좋아진다. 시력의 좋고 나쁨에는 유전적인 요소도 크게 영향을 미치지만, 그보다 더 중요한 것은 생후 6개월까지 망막의 감수성 시기에 다양한 것을 보여주는 것이다. 그것이 뇌의 시각신경회로를 자극하여 '사물을 보는 힘'을 자라게 한다. 또한, 강아지는 태어나서 2주 정도에 눈을 뜨지만, 이 단계에서는 아직 망막이 완전히 성장하지 않아서 흐리게 보일 뿐이다. 완전하게 보이는 시기는 생후 6개월 이후부터이다.

개의 시선 속에는 위협하는 마음, 존경하는 마음이 담겨져 있을 수 있다. 개는 상대에게 적대감이 없어도 계속 노려보면 무서움을 느낀다. 사이좋은 개끼리 놀면서 서로 마주보는 일이 많다. 또 주인이 이름을 부르면 보통 개는 주인 쪽을 뒤돌아보고 '무슨 일이에요?'라든가, '놀아주려고요?'라는 마음을 갖고 주인을 올려다 볼 뿐이다. 그러나 낯선 사람이 정면으로 가까이 다가오거나, 계속 노려보면 개는 위협받는다고 느껴서 무서워하거나 공격적으로 나오는 경우가 있다. 이것은 원래 계속 노려보는 행동 속에 서열이 높은 개가 자신보다 낮은 개에게 우위성을 나타내는 의미가 들어있기 때문이다. 예를 들어, 사람 입장에서는 적의가 없어도 개는 직선적인 시선에서 공포를 느낀다.

개를 길들이는 첫걸음은 주인이 부르면 개가 주인을 돌아보거나, 주인을 마음에 두고 올려다보는 시선 맞추기(eye contact)라고 할 수 있다. 이것은 똑바로 노려보는 시선이 위협의 의미인데 반해, 올려다보는 시선에는 존경이나 신뢰의 의미가 담겨 있기 때문이다. 반대로 사람이 개의 눈을 들여다보는 행위는 결코 시선 맞추기라고 할 수 없다. 개와 눈이 마주친 순간 이름을 부르고, 포상하거나, 칭찬하는 것으로 개는 점점 '주인이 이름을 불렀을 때 주인의 눈을 보면 좋은 일이 있다'고 기억하게 된다. 이름을 부르면 주인을 쳐다보는 시선 맞추기는 길들이기의 첫걸음이다.

- 적은 양의 음식을 준비해서 개의 코앞에 가져간다.

- 그 음식을 주인의 턱이 가까이 댄다.

- 개와 눈이 마주친 순간에 이름을 부르고 곧 바로 음식을 주면서 동시에 칭찬한다.

🐾 청각(auditory sense)

개는 작은 소리, 높은 소리를 절대 놓치지 않는다. 개는 아주 작은 주인의 발소리에도 현관까지 마중 나간다. 사냥감이 내는 아주 작은 소리를 듣고 사냥하는 개들은 조그만 소리에도 매우 민감하다. 그 능력은 인간이 들어 구별할 수 있는 소리의 6분의 1 정도 되는 작은 소리도 알아들을 수 있을 정도이다. 소리를 느끼는 범위도 사람의 4배다. 그렇기 때문에 멀리서 가족이 돌아오는 아주 작은 발소리도 듣고 구별하여, 다른 누구보다 먼저 현관으로 달려가 맞이할 준비를 하는 것이다. 그런 개는 불꽃놀이나 천둥소리, 자동차 클랙슨 소리, 빈 깡통이나 식기가 높은 곳에서 떨어지는 소리 등 예기치 못한 큰 소리에 약하다. 하지만 같은 크기의 소리도 지속성 있게 계속 나면 그다지 공포를 느끼지 않는다. 언제나 큰 소리로 음악을 듣는 주인과 생활하는 개는 그것을 일상적으로 받아들여, 특별히 '시끄럽다'고 느끼지 않는다.

개는 사람이 들을 수 없는 고주파 소리에도 반응한다. 개는 사람이 들을 수 없는 고주파의 소리를 들을 수 있는 능력도 뛰어난데 사람이 들을 수 있는 주파수는 20~2만Hz인데 비해, 개는 15~5만Hz이다. 즉 사람이 들을 수 있는 소리의 2배 이상 높은 음도 개한테는 확실히 들린다. 이것을 이용한 것이 '애견용 호루라기'로 사람에게는 거의 들리지 않지만 개는 이 소리를 듣고 멀리 떨어진 장소에서 주인이 있는 곳으로 돌아온다. 어느 범위까지의 주파수를 들을 수 있는지는 고막 표면적에 따라 영향을 받는다고 하지만, 몸집 크기가 뚜렷하게 차이 나는 치와와(Chihuahua), 세인트 버나드(Saint Bernard)도 모두 들을 수 있는 주파수의 범위는 거의 같다고 한다.

개는 여러 방향에서 나는 소리를 구별할 수 있는 능력이 우수하다. 작은 소리, 넓은 범위의 소리, 높은 주파수의 소리를 들을 수 있는 능력과 더불어 어느 방향에서 소리가 나는지, 32방향을 소리를 구별할 수 있다고 한다. 개는 소리의 고저와 장단을 구별하여 주인의 마음을 헤아린다. 개가 감지하는 것은 주인의 목소리에 담긴 기분 상태이다. 강아지는 전혀 들을 수 없는 상태로 태어나지만, 생후 7~8주가 지나면 청력이 성견처럼 사람의 몇 배가 된다. 귀가 들리기 시작하면 강아지들은 '킁킁' 코로 소리를 내기도 하고, '컹컹'하고 짖거나, 멀리 길게 짖는 흉내를 내는 등 소리를 이용하여 소통을 하고, 주인의 소리에도 반응을 보이기 시작한다. 이때 개가 이해하고 있는 것은 주인이 '무엇을 말하고 있는가'가 아니고, '어떤 식으로 말하고 있는가'이다. 예를 들어, 같은 '이리와!'도 사람들은 무의식중에 호의를 갖고 있을 때는 빠르고 높은 목소리로, 화가 났을 때는 천천히 낮은 목소리로 말한다. 개는 그 소리의 빠르기와 높고 낮음을 분간하고 주인의 목소리에 숨겨진 기분을 감지하며, 빠르고 높은 목소리일 때는 기뻐하면서, 느리고 낮은 목소리일 때는 '주인이 화를 내면서 나를 부르는구나'라고 경계하면서 주인에게 다가간다.

고음은 개를 움직이게 하고 저음은 개를 멈추게 한다. 소리의 빠르기와 높낮

이에 대한 감지 방법은 주인의 목소리만이 아니다. 일반적으로 개는 고음을 들으면 흥분이 상승한다. 그것은 강아지끼리 놀 때 '깽깽'하는 울음소리와 비슷하기 때문이다. 게다가 이 높고 짧은 소리를 반복하는 것은 개에게 다음 행동을 하도록 부추기는 작용을 한다. 반대로 낮고 느린 소리는 개의 움직임을 억제하는 작용을 한다. 그러므로 단 한 번의 낮고 긴 소리는 움직임을 늦추거나 멈추게 하는 효과가 있다.

🐾 후각(olfactory sense, sense of smell)

개는 사람의 1,000~1억 배 놀랄만한 후각을 갖고 있다. 안도감이나 공포의 감정까지 냄새가 영향을 미친다. 발자국 냄새를 쫓아 범인의 냄새를 추적하는 경찰견이나, 생매장 당한 사람을 찾는 재해 구조견 등 개는 발달한 후각을 이용하여 여러 방법으로 사람에게 도움을 주고 있다. 또한, 특별히 훈련 받은 개뿐만 아니라, 일반 개도 후각이 발달해 있다. 이것은 코 속에 있는 후각상피 표면적이 사람이 3cm인데 비해, 개는 그것의 6~50배인 18~150cm나 되기 때문이다. 후각 세포의 수도 사람이 약 500만 개인데 비해, 개는 그 44배인 2억 2,000만 개나 되기 때문이다. 원래 개의 뛰어난 후각은 숲속에서 사냥감의 흔적을 찾거나, 적의 존재를 알아차리기 위해 필연적으로 발달한 능력이다. 그 결과, 자신이나 주인의 냄새를 확인함으로써 안정을 찾거나, 낯선 사람이나 동물의 냄새를 맡고 공포감을 느끼거나, 발정 중인 암캐 냄새에 성적으로 흥분하는 등 개는 감정까지도 냄새에 영향을 받는다. 시각이나 청각은 태어나서 몇 주일 지나야 제 기능을 할 수 있는데, 후각은 태어난 순간부터 늙을 때까지 계속 능력을 높게 유지한다. 그 정도로 개는 강아지 때부터 후각을 가장 의지하고 있다.

개가 가장 자신 있는 것은 동물의 소변이나 땀 냄새를 맡는 것이다. 일반적으로 개의 후각은 사람의 1,000~1억 배라고 한다. 숫자의 폭이 크게 차이가 나는 것은 사실은 냄새에 따라 자신 있는 냄새와 그렇지 못한 냄새가 있기 때문이다. 예를 들어, 꽃향기 등은 사람의 1,000배 정도이지만, 동물의 소변이나 땀에 포함된 지방산 냄새는 사람보다 100만~1억 배나 감지력이 더 높다. 그렇기 때문에 개는 전봇대 등에 남아 있는 여러 마리의 소변 냄새부터, 어떤 개가 그곳을 지나갔는지 까지도 구별할 수 있다. 또한, 개끼리 만났을 때 서로의 냄새를 맡는 것도 각각의 냄새로부터 보다 많은 정보를 얻으려는 이유 때문이다.

이러한 예민한 후각을 이용하여 인간사회에 도움을 주는 개들이 있다. 경찰견은 예민한 후각을 살려 감시활동을 하거나, 범인이나 행방 불명자를 수색하는데 활약한다. 경찰서에서 직접 관리하는 개 외에, 경찰 요청으로 출동하는 민간에서 훈련시킨 개도 있다. 또한, 재해 구조견이 있는데 지진이나 건물 붕괴 등의 재해 현장에서 매몰된 사람을 수색하여 발견한다. 피해자가 생존했는지 사망 상태로 매몰되어 있는지 까지도 냄새로 구별하여 각각 발견 신호를 명령자에게 표현한다. 인명구조견으로 119구조견이 있다.

냄새를 느끼는 것 외에 코에는 온도를 감지하는 중요한 기능이 또 하나 있다. 그것은 코에 온도를 감지하는 적외선 리셉터(receptor)를 갖추고 있기 때문이다. 또한, 눈을 못 뜬 신생아 강아지가 방황하지 않고 어미의 젖을 찾아가는 것은 젖의 냄새 정보와 더불어 이 리셉터로 어미의 체온을 느끼기 때문이다. 눈도 귀도 들리지 않는 신생아를 한 마리씩 조금 떨어진 장소에 놓아두어도 어느새 형제가 포개어지듯이 모여 있다. 이것도 리셉터 작용에 의한 것이다. 야생 상태에서는 신생아의 체온이 급격히 떨어지면 생명이 위험하기 때문에, 리셉터 또한 개가 스스로의 생명을 지키기 위해서 몸에 지닌 능력 중 하나이다.

개는 앞니 옆에 서골비기관 또는 서비기관 또는 보습코 연골 기관 (vomeronasal organ) 또는 야콥슨 기관(Jacobson's organ)이라고 불리는 많은 동물들에게서 발견되는 보조적인 후각 기관이 있다. 페로몬(pheromone) 의 수용기관으로 알려진 이 기관은 1813년에 루트비히 야콥슨에 의해 발견되었다고 하여 야콥슨 기관이라고도 한다. 개의 후각과 관련된 행동은 화학적 소통 (chemical communication)이라고 불린다. 즉, 말을 못하는 개에게 후각은 몸 언어처럼 중요한 소통 수단의 하나이다. 앞니 안쪽에 개구부가 있어 여러 화학물질, 특히 암캐의 소변 냄새에 반응하여 수캐가 '벌룽벌룽' 입을 움직이는 것은 바로 이 페로몬 냄새를 수집하는 동작이다. 최근에는 출산 후 3~5일이 되면 어미의 유선 부근의 피지선에서도 '진정 페로몬'이 분비된다고 한다. 진정 페로몬이란, 어미 자신도 포함하여 개의 감정을 안정시키는 화학물질이다. 그 때문에 강아지는 태어나는 순간부터 어미에 대해 애착을 갖게 되고, 아장아장 걸으면서 받는 새로운 자극으로 감정이 흔들리면 감정을 안정시키기 위해 어미와 접촉하려고 한다. 강아지는 새로운 자극을 받으면 어미가 있는 곳으로 되돌아오고, 또 다시 다른 자극을 받으면 어미 쪽으로 되돌아오고, 또 다시 자극을 받으면 어미 쪽으로 되돌아오는 '별 모양'의 탐색 행동을 반복하면서 건강하게 성장한다. 한편, 태어난 지 몇 주 안 되어서 어린 나이에 어미와 떨어진 강아지는 진정 페로몬과 접촉할 기회가 없어져 스트레스를 받게 된다. 이 진정 페로몬은 성견에서도 안도감을 준다고 알려져 있다. 그 때문에 최근에는 이 개의 진정 페로몬 작용을 하는 전용 합성 페로몬도 판매되고 있는데, 불안이나 스트레스에 관한 여러 문제행동을 줄이는데 도움이 된다고 한다.

- 냄새로 여러 가지 정보를 수집한다.

- 항문 부근에 있는 항문선은 그 개 특유의 냄새를 배출한다. 개가 그 냄새

를 맡게 하는 것은 자기를 소개하는 표현, 즉 인사이다.

• 발정 중인 암캐는 페로몬 냄새로 수캐를 유혹한다.

• 공포를 느낀 개는 항문 샘에서 분비물을 배출하여 주위에 위험을 알리기도 한다.

🐾 미각(taste sense)

개는 음식을 냄새로 선택한다. 개의 미각은 조금 둔감하다. 강하게 느끼는 것은 단맛, 신맛, 짠맛인데 개가 좋아 하고 싫어하는 음식은 맛 보다 냄새에 따라 순위가 정해진다. 그래서 개는 일반적으로 마른(dry) 타입의 개 음식보다 냄새가 강한 젖은(wet) 타입의 음식을 좋아한다. 동물은 혀에 분포한 미뢰(taste bud)라는 기관에서 맛을 느끼지만, 개는 이 미뢰의 수가 사람의 5분의 1 밖에 안 된다. 게다가 사람의 미뢰가 혀 전체에 분포한 것에 비해, 개는 혀 앞쪽에 집중되어 있다. 그렇기 때문에 단맛, 신맛, 짠맛은 어느 정도 느껴도, 쓴맛이나 맛있는 느낌 등은 거의 느낄 수 없다. 또한, 개의 침에는 소화효소가 없어서 모든 음식을 위에서 소화시킨다. 이의 구조도 음식을 씹기 위한 구조라기보다 사냥한 먹이를 갈기 갈기 찢는데 유리한 구조로 되어 있어서 먹이가 매우 크지 않는 한 무엇이든지 삼켜버리려고 한다.

주의할 점은 개가 침이 나오는 것은 배가 고플 때만이 아니라는 점이다. 식사 전에 '기다려'라는 지시를 받은 개 가운데는 많은 침을 흘리는 개가 있다. 그 모습은 어떻게든 '빨리 먹고 싶다'는 의사표시처럼 보인다. 물론 가까이 음식이 있는 경우는 냄새 때문에 개의 식욕중추가 자극되어 침의 분비가 활발해진다. 그러나 식사시간이 아닌데도 항상 침을 흘리는 경우에는 주의가 필요하다. 침은 긴장감이 높아지면 많이 분비되는 게 특징이다. 즉 항상 침을 흘리는 개는 심한 스트레스를 받고 있을 가능성이 있다. 또 치주염이나 구강 속에 종양 같은 문제가 있는 것도 생각할 수 있다. 수의사에게 상담하는 것이 좋다.

촉각(tactile sense)

개는 주인이 쓰다듬으면 마음이 행복해진다. 부드럽게 쓰다듬으면 주인도 개도 마음이 편안해 진다. 개는 몸을 부드럽게 쓰다듬어주는 것을 매우 좋아한다. 어미는 갓 태어난 강아지의 온몸을 사랑스럽게 핥아주는데, 개 입장에서는 사람이 쓰다듬어주는 것과 어미가 핥아주는 것은 같은 감각으로 느낀다. 신뢰하는 주인이 쓰다듬어 주는 것만으로도 마음이 안정되고, 심장 맥박수와 혈압이 내려가는 개가 있을 정도이다. 또, 최근 연구에서는 쓰다듬는 사람도 정신적으로 진정되어 심장 맥박이 안정되고 혈압이 내려간다는 것도 입증되었다.

그런데 쓰다듬으면 좋아하는 부위와 싫어하는 부위가 있다. 개는 쓰다듬어주면 기뻐하는 부위와 싫어하는 부위가 몸에 있는데 싫어하는 곳은 외부의 적에게 공격받았을 때 제일 먼저 겨냥되어 상처받기 쉬운 곳으로 신경이 예민한 곳이다. 그러나 매일 몸을 손질하거나 동물 병원에서 손쉽게 진찰받기 위해서도, 또한 여러 사람과 사이좋게 지낼 수 있는 사회성 측면에서도 만질 수 없는 부위가 있는 것은 곤란하다. 그런 것을 없애기 위해서는 강아지 때부터 놀이를 통해 조금씩 신체의 여러 부위를 만지는 데 익숙해지도록 길들여야 한다.

만지면 좋아 하는 부위에는 귀가 시작되는 부위, 머리 뒷부분부터 등허리까지 부위, 가슴뼈가 튀어 나온 부근 등이고, 만지면 싫어하는 부위에는 코 끝, 앞발 끝 부분, 꼬리 끝, 안쪽 허벅지 부근인 서혜부(inguinal region) 등이다. 강아지 때부터 몸 만짐(body touch)을 습관들여야 한다. 개는 몸의 말단 부분을 쓰다듬는 것을 싫어한다. 성견이 된 다음에 몸을 만지는 훈련을 시작할 수는 있지만, 시간이 많이 걸리고 끈기도 필요하다. 그러므로 강아지 때부터 서서히 습관을 들이는 것이 좋다.

- 온몸 만짐은 개도 주인도 마음이 편안할 때 한다. 개가 싫어하는 경우에는 구태여 무리하게 만지거나 억지로 하지 말고, 개가 안심하고 몸을 맡길 때까지 기다린다. 강아지의 경우는 피곤해서 졸고 있을 때 만지는 것이 가장 좋다. 강아지는 스스로 쉽게 배를 보여준다.

- 머리 부분부터 꼬리 쪽으로 등을 부드럽게 쓰다듬는다. 강아지의 경우는 무릎 위에 편안하게 앉혀서 쓰다듬어도 좋다.

- 발끝이나 꼬리 등 싫어하는 부분을 만질 때에는, 부드럽게 한 번 쓰다듬고 적은 양의 간식으로 보상하여 준다. 부드럽게 두 번 쓰다듬고 간식을 주고, 부드럽게 세 번 쓰다듬고 칭찬하고, 이런 방법으로 하면 조금씩 개의 몸을 자연스럽게 만질 수 있게 된다.

🐾 사회화

개가 인간사회와 융화하는 데 중요한 것은 사회화 교육이다. 개의 일생을 좌우하는 것은 14주까지의 사회화 기간이다. 세살 버릇 여든까지 라는 속담이 있다. 이 말은 개에게도 꼭 들어맞는 말이다. 강아지가 인간사회의 규칙을 받아들여서 인간사회와 융화할 수 있는가는 생후 14, 15주까지의 사회화기라고 불리어지는 시기를 어떻게 지내느냐에 달려 있다. 이 시기의 개는 어미견이나 형제들과 놀이를 통해 개의 인사 방법이나 몸 언어, 지나친 성격 태도는 안 된다는 것 등 여러 가지 개 사회의 규칙을 배운다. 또한, 인간과 접촉하는 것, 사람과 인사하는 방법이나 노는 법, 초인종이나 청소기 소리에 익숙해지는 것, 산책 방법 등 사람과 어울리는 사회화의 규칙도 배운다. 그렇지만 사회화기가 지나면 개는 새로운 것을 받아들이는 데 오랜 시간이 걸린다. 개의 사회화는 14, 15주까지의 사회화기가 큰 영향을 미치지만 그 후에도 계속적인 사회화가 필요하다는 것도 또한 사실이다.

강아지의 성장과정은 신생아기, 이행기, 사회화 전기, 사회화 후기, 사회화 완료기로 나누는데, 신생아기(생후 1~2.3주)는 눈도 뜨지 않고, 귀도 아직 들리지 않으며, 냄새와 온도 촉각에 의지하여 어미젖을 찾는다. 이행기(생후 2.3~3.5주)는 오감이 서서히 발달하고 아장아장 걷기 시작한다. 사회화 전기(생후 3.5~7주)는 주위 사물이나 사람, 형제 견에게 흥미를 갖고 개의 규칙도 서서히 배우기 시작한다. 사회화 후기(생후 8주~14.5주)는 아직 산책은 이르지만 주인의 가슴에 앉은 상태로 베란다에서 거리의 소리나 바람, 정원의 흙이나 풀의 감촉 등을 기억시키는 시기이고, 가족 외의 사람을 만나게 하여 편히 받아들이는 연습을 시작한다. 사회화 완료기(생후 14.5~16주)는 다른 개나 동물, 가족 이외의 낯선 사람과도 무리 없이 친해지는 시기인데 처음 산책도 이 시기에 시작하고 처음에는 실내에서 걷는 연습을 한다.

강아지를 데려올 시기는 8~10주 사이인데 7주 이전이면 개 동료끼리의 사회화가 충분하지 못한 시기이다. 사회화가 충분히 이뤄져 있으면 11주 이후에 데려와도 문제는 없다. 개는 일상적인 여러 경험을 통해 무리 즉, 가족 속에서 누가 리더십을 장악하고 있는지를 관찰하고, 리더십을 인정한 사람의 말을 잘 듣는다. 그러나 리더십을 인정하지 않은 사람의 말은 안 듣는 경우도 있다.

가족 모두가 개한테 리더십을 발휘한다. 개한테는 자기가 리더십을 인정하지 않은 사람에게 명령받는 것이 커다란 스트레스이며, 가족 또한 개가 말을 듣지 않는 것은 짜증나는 일이다. 이렇게 되지 않으려면 강아지 때부터 대하는 방법이 중요하다. 개를 지나치게 귀여워해서 식사를 조르면 밥을 주고, 놀자고 졸라대면 놀아주고, 가족 모두가 개의 요구를 전부 들어주면 개는 점차 '주인은 무엇이든지 원하는 것을 해주니까 내가 최고야'라고 생각해 버린다.

계급의식의 강약은 견종이나 개성에 따라 다양하다. 그럼 모든 개가 항상 리더의 위치를 노리는 것일까? 그렇지 않다. 사람도 높은 지위를 갖고 사회적으로 활약하고 싶은 사람이 있는가 하면, 즐겁게 마음 편히 살아가는 그것으로 충분하다는 사람이 있듯이, 모든 개가 리더가 되고 싶은 것은 아니다. 또한 견종에 따라서도 계급에 대한 사고방식에는 차이가 있다. 테리어(terrier) 그룹, 스피츠(spitz) 그룹 등은 상하관계를 확실하게 구분하고 싶어 하는 타입이지만, 리트리버(retriever) 계통의 개는 '모두 사이좋게 즐겁게 지내면 서열은 별로 상관없다'는 관대한 사고방식을 가진 타입이 많다.

주인의 바른 리더십을 몸에 익히게 하려면 다음과 같이 해야 한다.

■ 주도권을 잡는다.

놀자고 조를 때도, 식사나 산책도 항상 주도권을 잡는 것이 중요하다. 예를 들어, 소파에 앉는 것은 결코 허락하면 안 되지만, 개가 아무렇지도 않게 앉아 있을 때는 반드시 내려오게 하고, 주인이 앉은 다음에 올라와 앉는 것을 허락한다.

■ 일관성을 갖는다.

개를 대할 때는 일관성을 갖는다. 예를 들어, 어느 날은 식탁에서 음식을 주고, 다른 날에는 식탁에 발을 올려놓는 것만으로도 야단치는 일을 하지 않는다. 가족 모두가 규칙과 지시어를 통일하여 개를 대하는 것이 중요하다.

■ 개에게 알기 쉽게 대하고, 바람직한 행동을 가르치며 포상을 준다.

개가 바람직하지 않는 행동을 못하게 환경을 정리하고, 바람직한 행동을 했을 때는 상을 준다. 예를 들어, 사물을 갉는 개의 정상적인 행동인데 이를 야단맞으면 어떻게 하면 좋을지 몰라 혼란해할 뿐이다. 그럴 때는 갉으면 안 되는 물건을 잘 치우고, 갉아도 좋은 장난감을 주어 환경정리를 하고, 또 갉아도 좋은 장난감을 갉는 바람직한 행동에 대하여 개를 칭찬해 주므로 포상을 한다. 자신에게 좋거나 즐거운 일이 있으면 개는 그 행동을 반복한다.

🐾 '실직 상태' 놀이

대부분의 개는 '실직 상태' 놀이로 본능을 만족시킨다. 개가 가장 좋아하는 것은 사냥과 비슷한 체험 놀이이다. 개는 인간생활에 도움을 주도록 다양하게 견종이 개량되어 왔다. 그러나 오늘날에는 사냥용으로 기르거나, 양치기, 목축, 수레 끌기 등에 사용되는 개는 드물다. 대부분의 개가 우리 가족의 일환으로서 온화한 일상생활을 보내고 있다. 그러나 이것은 개 입장에서 보면 해야 할 일이 주어지지 않은 '실직한 상태'이다. 타고난 수렵 본능이나 작업 의욕을 배출하지 못하고 무료한 시간을 보내는 것이다. 그런 개에게 놀이는 스트레스를 발산하는 절호의 기회다. 특히 개는 움직이는 것을 쫓아 달려가면서 노는 것을 매우 좋아한다. 주인이 공이나 원반을 던지면 곧장 쫓아 달려가 점프해서 입으로 잡는 것에 보람을 느끼고, 잡은 것을 기쁜 듯이 주인에게 가져온다. 이 일련의 행동은, 사냥감을 쫓아가고, 포획하며, 회수하고, 동료와 사냥감을 배분하는 바로 사냥의 유사 체험이다. 바닥에 떨어진 타월이나 주인이 벗어던진 양말을 입에 물고 흔들면서 돌아다니는 것도 잡은 사냥감의 목 부위를 물어서 보다 깊은 상처를 입히려는 행동에서 비롯된 것이다. 또 '앉아', '엎드려', '기다려' 등의 지시에 따르거나 여러 재주를 익히는 것도 개의 작업 의욕을 충족시키는 것과 연결된다.

꼬리

개 꼬리의 원래 역할은 몸의 균형 조절이다. 예를 들어, 달리는 도중에 급히 방향을 전환할 때 꼬리는 이미 목적지를 향하는 상반신과 관성의 법칙에 따라 그때까지 달리던 방향으로 계속 유지되는 하반신의 균형을 잡고, 속도를 늦추거나 넘어지지 않도록 하는 역할을 한다. 또 좁은 외나무다리를 건널 때에도 몸이 기우는 반대 방향으로 꼬리가 휘어져 재빠르게 걸을 수 있게 한다.

어미나 형제들과의 관계에서 소통을 배운다. 그러나 평소에 바닥을 걸을 때에는 꼬리 역할이 그다지 특별한 게 없다. 그래서 개들은 꼬리를 소통의 도구로 아용하게 되었다. 개는 말할 수는 없지만 꼬리의 위치나 움직임으로 말처럼 마음을 나타낸다. 강아지가 꼬리를 흔들기 시작하는 것은 생후 6~7주, 그 후 여러 종류의 개들과 관계를 맺으면서 꼬리를 이용한 소통을 배워나간다.

꼬리 움직이는 모양과 의미를 살펴보면, 꼬리를 빠르게 흔든다면 흥분 즉, 기쁨과 경계의 2가지 의미가 있고, 꼬리를 느긋하게 크게 흔든다면 친근함 즉, 좋아한다거나 자신 있다는 의미가 있으며, 꼬리와 동시에 허리도 크게 좌우로 흔든다면 행복 즉, 사랑한다거나 기쁘다는 의미가 있고, 꼬리를 조금 올려서 천천히 흔든다면 망설임 즉, 무엇을 하면 좋지? 라는 의미가 있다.

발바닥

발바닥 쿠션이 담당하는 중요한 역할은 충격 흡수와 땀 발산이다. 개의 네 발바닥에는 '발바닥 쿠션'이라는 불리는 물렁물렁한 부드러운 조직이 있다. 이것은 원래 피부의 각질층이 두꺼워진 것으로 피하조직은 일정하게 딱딱함을 유지하는 교원섬유, 신축성 있는 탄성섬유, 지방 등 3가지 조직으로 형성되어 있다. 주요 역할은 강한 탄력성을 이용한 다리와 허리의 충격 흡수이다. 4개의 발가락 쿠션과 발바닥 쿠션으로 나누어져 있어서 강한 힘으로 땅을 힘껏 밟아도 힘이 5방향으로 분산되기 때문에 발에 미치는 충격이 적다. 또, 발바닥 쿠션은 개의 몸에서 유일하게 땀이 나는 곳, 체온조절이 어려운 개한테는 발바닥 쿠션이 없어서는 안 될 중요한 곳이다.

발바닥 쿠션은 견종이나 털 색깔에 따라 분홍색에서 검정까지 다양한 색을 띠는데, 어릴 때 분홍색이었던 개도 성견이 되어 다양한 곳을 걷게 되면 색소 침착이 일어나 서서히 색깔이 변하고 표면도 단단해진다. 이곳은 한번 상처 나면 치료하기 어려운 까다로운 부분이다. 몸을 지탱하기 위해 항상 바닥에 접촉하고 있는 쿠션은 이물질을 밟는다든가 여름에 뜨거운 아스팔트에 화상을 입는 등 다치기 쉬운 곳이다. 그리고 발바닥 쿠션 주변에는 많은 신경이 집중되어 있기 때문에 다치면 상당한 통증을 느낀다. 그런데 안타깝게도 이 발바닥 쿠션은 다른 피부조직만큼 재생능력을 갖추고 있지 않다. '작은 상처니까 괜찮겠지'라고 방치하면 아무리 시간이 지나도 상처가 낫지 않는다. 상처가 났을 때, 빨리 동물 병원에서 치료를 받아야 한다.

개의 발바닥 쿠션 마사지는 개의 건강을 증진시킨다. 발바닥 쿠션은 건강의 기준이기도 하다. 겨울도 아닌데 표면이 꺼칠꺼칠해졌을 때에는 비타민이나 아연 등 미네랄 부족일 수 있다. 또 발바닥 쿠션이 지나치게 연한 것도 면역계통의 질병을 의심할 수 있다. 이렇게 건강검진도 할 겸 가끔은 발바닥 쿠션을 마사지해주면 좋다. 개의 발가락 끝은 많은 신경이 집중되어 있기 때문에 매우 민감해서 개가 만지는 것을 싫어하는 부분 중 하나다. 단, 발바닥 쿠션 주변에는 한의학에서 말하는 경락 즉, 급소도 집중되어 있어 마사지 효과가 높이 기대되는 곳이기도 하다. 발가락 끝을 부드럽게 마사지하고, 발바닥 쿠션과 발바닥 쿠션 사이를 부드럽게 주물러 풀어주는 것으로 경락을 자극시켜 개의 긴장을 풀어주는 효과도 높아지고, 마사지하면서 주인과의 관계도 깊어진다.

발바닥 쿠션이 상처를 입는 주요 원인은 한 여름 뜨겁게 달구어진 아스팔트에서의 화상, 눈이나 얼음에서의 동상, 풀이나 나무 조각 때문에 찢어지거나 찔린 상처 등이고 그 외, 유리조각이나 조개껍질, 바위가 많은 곳이나 자갈이 붙은 콘크리트 바닥에서 상처를 입는 경우도 있다. 야외에 나갈 때에는 시판되는 개 신발을 이용하는 것도 좋다. 야외에서 돌아오는 발바닥도 체크한다.

🐾 이빨(tooth)

개가 이를 가는 시기에는 이가 쑤셔서 안절부절 못한다. 생후 5개월경에는 영구치가 나온다. 갓 태어난 강아지는 이가 전혀 나지 않았다. 생후 3주가 지난 후부터 이가 서서히 나기 시작하고, 생후 2개월경에는 모두 28개의 유치가 난다. 다시 생후 3개월부터 영구치로 이갈이를 시작하여, 5개월까지 42개의 영구치가 모두 나온다.

강아지가 응석으로 깨무는 것을 그냥두면 무는 버릇이 생긴다. 유치가 나오는 시기나 영구치로 이갈이를 하는 시기에는 턱 주위가 쑤셔서 강아지는 그 불쾌감 때문에 안정하지 못하고 안절부절 못한다. 그래서 쑤시고 아픈 통증을 달래기 위해서 응석으로 깨물거나 주위의 여러 물건을 갉는 행동을 한다. 강아지 때는 턱의 힘이 발달하지 않았기 때문에 팔이나 손가락을 물어도 큰 상처가 나지 않는다. 그러나 그때 응석으로 깨무는 것을 그냥 내버려두면 개는 '사람의 손을 물어도 괜찮은 것'이라고 기억하고 그대로 무는 버릇으로 굳어질 수가 있다. 강아지는 응석으로 깨물기 전에 물어도 되는 장난감을 주어 개의 불안정한 마음과 불쾌함을 풀어주도록 한다.

물어도 되는 것과 안 되는 것을 구별해 준다. 개의 습성을 알며, '아무거나 깨물지 말라'고 야단치는 것은 무리한 요구이다. '갉는' 것은 개한테 정상적인 행동이다. 단, 집안 물건을 함부로 갉지 못하도록, 물어도 되는 것과 안 되는 것을 강아지 때부터 분명히 가르치는 것이 중요하다. 물면 안 되는 중요한 물건이나 가구 등에는 개가 싫어하는 타바스코(Tabasco, 고추로 만든 매운 소스)나 쓴 맛이 나는 무는 버릇 방지용 스프레이 등을 발라두면 좋다.

🐾 애완동물 산업

인간사회 속의 동물은 식품의 원천, 노동력 제공, 운송의 수단, 종교적 대상, 교감의 대상이 되고 있는데 애완동물 산업은 교감의 대상인 동물에 대한 산업을 말한다. 애완동물 산업은 엄청나게 큰 시장을 형성하고 있고 미래에는 더욱더 크게 형성될 추세이다. 애완동물 관련 사업의 형태들은 다음과 같은 것들이 있다. 사료 및 관련 용품을 생산하는 산업이 있고, 동물 분양이나 동물 교배 그리고 동물용품을 판매하는 애완동물센터가 있으며, 동물 병원, 애견미용실, 동물훈련소가 있다. 장시간 동물을 보관하여 숙식 서비스를 제공하는 애완동물 호텔이 있고, 고객의 집을 방문하여 동물을 돌봐주는 애완동물 돌봄이, 돌보면서 동물의 사회성을 길러주는 서비스를 하는 애견놀이방, 애완동물과 애완동물 애호인의 만남 장소를 제공하는 동물카페, 애완동물의 장례용품을 판매하고 애완동물의 장례를 도우며 반려동물용 공동묘지를 설치 운영하는 애완동물 장례관련 직업도 있다. 애완동물 관련 잡지사, 애완동물 사진촬영 전문점, 영화, CF, 방송 프로그램에 필요한 애완동물을 섭외하는 프로덕션 회사, Dog show에 참가하는 개들을 관리하는 전문가인 애완동물 조련사, 동물 정자은행, 동물 유전자은행, 애완동물 관련 보험사, 신용카드사, 그리고 애완동물 관련 행사의 기획, 주관을 맡아서 하는 애완동물 관련 이벤트사업 등이 있다.

애완동물 산업은 꾸준히 성장하였고, 애완동물 진료 동물 병원은 대형화추세이며, 애견미용은 유망 직업으로 자리매김하고 있다. 대형의 애완동물 전문 쇼핑몰이 등장하였고, 애완동물 전용 인터넷 쇼핑몰이 운영되고 있으며, 애완동물 훈련소들이 운영되고, TV 방송사에서는 동물 프로그램이 경쟁적으로 기획되어 방송되고도 있다. 대학에 수의사를 양성하는 수의과대학뿐만 아니라 애완동물 관련 전문학과들이 계속 신설되고 있다.

애완동물 이벤트가 증가하고, 어린이들이 어린이날 받고 싶은 선물로 애완견이 상위 순서에 들어가고 있으며, 애견카페는 계속 확산되고 있고, 애완동물의 수입은 증가하고 있다. 애완동물 관련 테마파크의 출현도 현실이 되고 있는 실정이다. Pet 호텔, Pet shop, 미용실, 애완동물 숙박시설, 애완동물 장의 직업, 애완동물 화장, Locker 방식의 애완동물 납골당, 애완동물 묘지, 애견테마파크, Dog show, Dog racing, Petting zone, 애견의 품종별 전시, 동물 병원, 애견 대여, 애완동물 기념품점, Kennel Club 등은 이제 낯설지 않다.

애완동물 산업의 전망을 보면, Pet 시장은 성장세가 지속되고 있고, 사료는 프리미엄급과 기능성 신제품으로 성장이 주도되고 있으며, Moist에서 Dry 형태로 점차 전환되고 있다. 용품은 인간의 모든 생활용품들이 애완동물용품으로 전환 적용되는 현상 humanisation이 현실화되고 있다. 개뿐 만 아니라 고양이도 애완동물로 선호되고 있는데 이는 도시생활에 적합한 고양이의 습성 때문이기도 하다.

식견문화와 애견문화가 공존하는 특이적인 현상 가운데 고양이 사육의 증가 경향, 사료 및 용품 시장의 고성장 지속 가능성은 얼마든지 있다. 애완동물 산업 발전에 대하여 긍정적으로 바라보는 이유는 경제의 지속적인 성장을 이루고 핵가족화, 개인화, 디지털문화 확산이 특징인 우리 사회에서 애완동물이 가족의 일원이라는 통념인식 즉 humanisation이 확산되고 있기 때문이다.

애완동물의 사육 장점

애완동물의 사육 장점은 어린이에게는 안정감을, 환자에게는 쾌유를, 노인에게는 충실한 친구를 제공하고, 죄수에게는 사회성을 배양시키고, 장애자에게는 희망을, 현대인에게는 정서 안정과 수명연장을 도와주고, 친구가 있게 하여 주며, 책임감을 배양하고 협동심을 길러주기도 한다.

② 애완돼지

흔히 돼지라고 하면 삼겹살을 먼저 떠올리고 그 다음으로 더러운 돼지우리 안에서 꿀꿀거리는 냄새나는 돼지를 떠올리게 된다. 돼지를 집에서 키운다는 개념 자체를 생각해보지 않은 사람들도 많겠지만, 사실 돼지는 매우 사교적이고 믿을 수 없을 정도로 청결한 편이다. 윈스턴 처칠은 돼지에 대해 다음과 같은 유명한 말을 남겼다. "고양이는 사람을 깔보고, 개는 사람을 존경한다. 하지만 돼지는 사람을 동등하게 본다." 집에서 애완용으로 기르는 돼지는 애교도 많아서 주인을 잘 따라다닌다.

생명공학적인 목적으로 개발된 소형 돼지가 미국, 독일, 일본 등의 나라들에서 개발되었고, 미니돼지, 미니피그(mini pig), 미니어처 피그(miniature pig), 마이크로 피그(micro pig) 등으로 불리면서 조그마한 돼지 품종이라 사랑을 받기 시작하였다. 하지만 원래 개발 목적과는 별개로 애완용 돼지로 퍼지게 되면서 새로운 품종인 것처럼 애완돼지, 반려돼지 등으로 불리어지기도 하고 있다. 재래토종의 소형 돼지도 이에 가세하면서 애완돼지의 인기가 급상승하고 있는데 아직까지는 반려돼지라고 부를만한 정도는 아닌 것으로 보인다. 애완돼지를 키우는 인구도 증가 추세로, 미국과 캐나다의 애완돼지 수는 꾸준히 증가하고 있다.

애완돼지는 잡식성이라 먹이에 대한 부분은 크게 신경 쓰지 않아도 되지만 춥거나 더운 날씨에 영향을 잘 받는다. 왜냐하면 땀샘이 없어서 더운 날씨에는 체온 조절이 힘들기 때문에 항상 기온에 신경을 써야 한다. 애완돼지는 소형 돼지이고, 미니피그로 알려진 동물로 보통 돼지에 비해 코가 짧고 꼬리는 직선형이다. 일반적으로 돼지는 바깥에서 흙을 파헤치며 다니던 습성이 있기 때문에 이런 것들이 충족이 안 되면, 가정에서 기르는 애완돼지의 경우 집안 물건들을 망가트릴 가능성이 높다. 그래서 실내에서 키우게 될 경우 돼지가 적절하게 놀 수 있는 환경이 만들어져야 된다. 애완돼지는 호기심이 많고 노는 것을 엄청 좋아한다. 애완돼지를 집안에서 키우면서 지내는 이유는 그나마 냄새가 많이 나지 않기 때문이기도 하다.

애완돼지 역시 대부분의 개나 고양이와 마찬가지로 번식을 통해 품종이 다양하게 발전되어 왔다. 애완돼지로 널리 사랑받고 있는 소형 돼지는 평균적으로 약 40~70kg 정도의 체중과 40~76cm 가량의 체고를 유지한다. 보통 3~5년이 되면 전반적인 성장 크기가 나오는데, 어떤 경우에는 정상 범위보다 더 적거나 커질 수도 있다. 기대 수명은 유전적 요소와 길러지는 환경에 따라 다르지만, 보통 12~20년가량으로 볼 수 있다. 물론 잘 관리해줄 경우 더 오래 살 수 있다.

애완돼지로 사랑 받는 이와 같은 소형 돼지 혹은 미니피그는 보기와는 다르게 지능이 높고, 지적인 동물로서 머리가 명석한 편이라 빨리 배우고 사물을 이해하는 능력도 뛰어나다. 행동을 한 번 배우면, 배운 것을 까먹지 않는다. 또한, 긍정적이고 부정적인 강화를 기억하고, 자신이 원하는 결과를 얻기 위해 어떻게 행동해야 하는지를 안다. 개나 고양이처럼 훈련도 물론 가능하다. 호기심이 많은 성격을 잘 활용할 수 있는 훈련을 받으면 모험심이 강해질 뿐더러 새로운 음식이나 즐거운 놀이 등에 자극을 받게 되고 주의력도 높아진다. 화장실 훈련 역시 가능해, 야외나 화장실에서 볼일을 보게 하는 것도 어렵지 않다. 다만 먹는 것을 보상으로 활용하는 것보다, 칭찬을 활용하는 것이 더 좋다.

호기심 많은 성향으로 인해 장난스럽고 쾌활하면서도, 지루해지면 파괴적인 행동을 보일 수 있어 주의가 요구된다. 후각 역시 탁월한데, 약 7~8m 아래의 지하에 있는 음식 냄새를 맡을 수 있을 정도다. 청력 역시 뛰어나지만 시각은 좋지 못하다. 애완돼지는 개인 공간을 주고 음식을 통제하면 잘 성장할 수 있다. 돼지의 습성 때문에 주둥이로 땅이나 박스 등의 바닥이나 측면을 파는 행동을 보이는데, 이는 돼지의 정상적인 활동 가운데 하나이다. 땀을 흘리지 않기 때문에 자신의 온도를 조절하는 것은 건강에도 도움이 된다. 또한, 상자 안의 흙과 진흙은 태양 광선으로부터 몸을 보호하는데도 매우 훌륭한 성분이 된다.

돼지 식단은 돼지를 기르는데 매우 중요하게 작용한다. 수의사가 권고한대로 음식을 줘야 하는데, 만일 특별히 고안된 균형 잡힌 식단이 있다면 그대로 지켜서 건강에 무리가 없도록 해야 한다. 하루에 두 번 가량 음식을 주는 것이 좋고 정해진 일정에 따라 영양가 있는 식단으로 먹여야 한다. 신선하고 딱딱하지 않는 채소의 경우 매일 식단에서 25%를 차지할 수 있도록 해야 하는데, 그 가운데서도 알팔파 건초는 돼지에게 여분의 섬유질을 제공하는 매우 좋은 원천이 된다. 그러나 이렇게 통제를 하더라도 종종 더 많은 식탐을 보일 수가 있다. 이에 냉장고나 식기장, 식료품 저장실 등 소형 돼지가 접근할 수 있는 곳도 제대로 통제할 수 있어야 한다. 고단백 식품 보다는 저 설탕과 고섬유질의 과일 및 채소를 주는 것이 좋다.

기르고 싶은 애완돼지를 선택할 때는 일단 평판이 있는 브리더나 농장을 찾아가는 것이 좋다. 물론 가격은 비싸지만 그만큼 건강이나 습성 및 기타 조건이 우수한 애완돼지를 고를 수 있다. 물론 동물 보호소에서 어느 정도 사회화 과정을 거친 애완돼지가 있다면 입양할 수 있어 더욱 좋다. 다만 입증되지 않은 개인이나 단체를 통해 저렴한 비용으로 애완돼지를 구매하는 것은 향후 문제를 일으킬 소지가 있어 좋지 않다.

애완돼지

제 7 장

인간의 부족을 채워주는 특수목적동물

특수목적동물(Special Purpose Animal)은 식용, 실험용, 반려용, 애완용 등의 목적이 아닌 특수한 활동 목적에 사용하기 위해 훈련된 동물을 말한다. 주로 인간과 친숙하고 주인에게 충성하는 개가 대부분 훈련되고 있는데 이에는 시각장애인 도우미견, 청각장애인 도우미견, 지체장애인 도우미견, 치료 도우미견, 노인 도우미견 등이 해당된다.

신체적, 정신적으로 불편한 장애인들의 불편한 부분을 대신해주고 도와주도록 훈련된 개를 장애인 도우미견이라 한다. 타인의 도움을 받지 않고 보다 독립적으로 생활할 수 있도록 보조하여 장애인이 사회의 당당한 일원으로 살아갈 수 있도록 한다. 소외되고 외로운 장애인들에게 인생의 동반자로서의 역할과 비장애인과의 사이에서 가교적인 역할은 한다.

장애인 도우미견에는 시각장애인 도우미견(guide dog)이 있는데, 시각장애인의 눈을 대신해 보행 중에 장애물을 피해가도록 하며 위험을 미리 알려 막아주고, 주인을 가고자 하는 목적지까지 안전하게 안내한다. 맹인 안내견이라고도

했었으나 일본식 표현이라 시각장애인 도우미견이라 한다. 청각장애인 도우미견(hearing dog)은 청각장애인과 함께 생활하면서 일상의 여러 가지 소리 중에 주인이 필요로 하는 초인종, 팩스, 자명종, 아기 울음, 압력밥솥, 물 주전자, 화재 경보 등의 소리를 듣고 주인에게 알려주며 주인을 소리의 근원지까지 안내한다. 보청견이라는 용어보다는 청각장애인 도우미견이라 한다. 지체장애인 도우미견(service dog)은 지체장애인의 휠체어를 끌어주고 신문이나 리모컨 등 원하는 물건을 가져온다. 전깃불을 켜주기도 하고 출입문을 열고 닫으며 여러 가지 심부름을 한다.

치료 도우미견은 정신지체, 발달장애, 우울증 등 정신적인 장애인들에게 정서적인 안정을 주고, 도우미견과의 상호작용을 통해 사회화 능력을 향상시키고 심신회복의 동기를 부여하여 재활과 치료적인 자극이 되도록 한다.

노인 도우미견은 고령화 사회에 거동이 불편한 노인들의 시중을 들어주고 심부름을 하며 외로운 노인들에게 인생의 동반자 역할을 한다.

❶ 시각장애인 도우미견 🐾

시각장애인 곁에서 늘 도와주는 개를 안내견이라고 하는데 이 표현은 잘못된 것으로 장애를 가진 분들의 일상생활을 돕는 모든 견들은 통칭하여 장애인 도우미견이라고 불리고 있고, 그 중에서도 시각장애인을 돕는 종은 시각장애인 도우미견이라고 한다. 시각장애인 도우미견(guide dog)은 시각장애인을 안전하게 인도하도록 특별한 훈련을 받은 개이다. 셰퍼드 종이 주로 사용되며, 이밖에 리트리버 종 등 지능이 뛰어난 개가 이용되는데, 대부분은 암컷이다. 시각장애인에게 길 안내를 하거나 위험을 미리 알려 시각장애인을 보호하도록 훈련되어 있으며, 횡단보도를 함께 건너고 열차 등의 교통기관에도 함께 탄다. 시각장애인은 개의 동체에 매단 유도 고리의 자루를 잡고 걸으면 된다. 시각장애인 도우미견은 시각장애인의 사회복귀에 크게 공헌하고 있다. 주로 옥외에서의 보행을 도와주는데, 좌로, 우로, 똑바로, 천천히 등의 지시에 따라 움직이고, 구부러진 모퉁이길 또는 보도나 차도의 경계에서 높이 차이가 있는 곳에서 멈춘다.

시각장애인 도우미견

장애물을 피하고, 계단이나 문을 찾으며, 위험을 피하게 한다. 예를 들면, 달리고 있는 자동차에 가까이 가지 못하게 하거나 전철역 플랫폼에서 철길 쪽으로 가지 못하게 몸으로 막는 등의 역할을 한다. '시각장애인 도우미견 양성'이라는 목적을 띄고 본격적으로 이루어진 결정적인 계기는 엄청나게 많은 사람들의 눈을 일순간에 앗아갔던 전쟁이었다. 1차 세계대전 이후 수없이 많은 군인들이 시력을 중도에 상실함에 따라 이러한 군인들의 사회 복귀를 위한 여러 교육과 재활훈련이 시도되었는데 그런 과정에서 1916년 독일 폴텐부르크에 맹인 시각장애인 도우미견 학교를 개설한 것에서 비롯된다. 당시 독일 국견으로 유명세를 떨치던 세퍼드(Shepherd)가 시각장애인을 인도할 수 있다는 사실에 관심을 가지게 되었다.

1923년 독일 포츠담(Potsdam)에 독일훈련학교(the German Training School)가 세워진 것이 체계적인 시각장애인 도우미견 양성의 시작이었다. 시각장애인 도우미견에 대한 인식을 세계로 확산시킨 것은 미국에서 1929년, 'The Seeing Eye'라는 세계 최초의 전문 시각장애인 도우미견 학교가 설립되고부터이다. 그해 훈련받은 시각장애인 도우미견으로 인해 독립을 되찾은 시각장애인은 모두 17명이었다.

한편, The Seeing Eye는 국제적인 활동을 활발하게 전개하여 영국에서의 시각장애인 도우미견 훈련학교 설립의 기틀을 마련하기도 하였다. 현재 세계 최고 수준을 자랑하게 된 영국의 체계적인 시각장애인 도우미견 훈련은, 1931년 왈라시(Wallasey, Cheshire)의 클리프(The Cliff) 훈련센타에서 시작되었으며, 제2차 세계대전 이후 1940년대부터 일대 부흥기를 맞는다. 영국에 시각장애인 도우미견 전문훈련학교가 세워지고 여러 유럽 국가들도 시각장애인 도우미견 학교를 건립하게 되었다. 70년대에는 시각장애인 도우미견에 대한 개념이 유럽 외지역 국가들에게 전파되어 일본(1970), 뉴질랜드(1973) 등에 최초의 시각장애인 도우미견 학교가 탄생했다.

세계 어느 나라나 시각장애인 도우미견은 사회봉사 차원에서 수요자에게 무료로 제공하는 것이 원칙이며, 시각장애인 도우미견 양성기관은 비영리 사회단체나 유력인사들의 기부금으로 운영된다. 우리나라의 경우에도 이삭도우미개학교(1992), 삼성시각장애인 도우미견 학교(1994년)가 시각장애인 도우미견을 훈련, 무상 보급하고 있다.

시각장애인 도우미견으로 사용될 수 있는 개는 영리하고 침착하며 사납지 않아야하고, 시각장애인이 개 끈을 잡았을 때 편안함을 느낄 수 있는 크기이며, 위험에 처했을 때 사람을 밀어내거나 잡아 다녀서 주인을 위험으로부터 구할 수 있는 힘이 있어야 한다. 이런 조건에 적당한 품종인 라브라도 리트리버, 골든리트리버, 세퍼트 등이 많이 활용되고 있다.

자질이 우수한 강아지를 선별하여 생후 60일경에 도우미견을 이해하고 잘 길러 줄 수 있는 사육봉사자 가정에 보내어 1년간 키워지게 하는데 이를 '퍼피워킹(puppy working)'이라고 한다. 퍼피워킹을 마친 후보견은 도우미견 학교에서 본격적인 훈련을 받게 된다. 훈련은 도우미견으로서 주인에게 요구되는 '진행상의 장애물피해가기', '교통신호, 교차로, 문을 발견해 주는 것' 그리고 '비록 주인의 명령이 있다 해도 위험이 있을 때는 명령에 따르지 않을 것' 등 대단히 복잡하고 다양한 고도의 훈련을 받는다.

또한 식사와 배변 등 규칙적인 생활 기초 훈련 이외에 주인으로부터의 요구와 여러 가지 상황을 설정하여 복종훈련, 유도훈련, 그리고 자율훈련인 불복종훈련 등이 담당 도우미견 훈련사에 의해 실제 도로에서 약 7~12개월간 실시한다. 이 훈련을 극복한 개는 후보견의 50~70% 정도가 된다. 기초훈련을 마친 개에 대하여 지도원은 자신의 눈을 가리고 실제로 걸어본다. 그리고 세심하게 최종적인 평가를 한다. 이런 최종 평가에 합격한 개가 시각 장애인과 함께 공동훈련에 들어가게 되는데 이 공동훈련을 보행지도라고 한다. 시각장애인이 안내견 학교에서 숙식을 하는 경우인 4주간 교육과, 출퇴근 하는 경우인 5~6주간 훈련이 각각 실시된다. 이 기간을 통해서 시각장애인은 안내견 사용법과 사육법을 배우게 된다.

❷ 청각장애인 도우미견 🐾

청각장애인 도우미견은 청각장애인에게 생활에 필요한 소리나 정보를 구분해서 알려준다. 초인종, 자명종, 타이머, 팩스, 주전자 끓는 소리 등 정해진 소리가 들리면 주인에게 알린다. 군가가 부를 때, 아기가 울고 있을 때 등 누군가에게 불리어지고 있음을 알려준다. 비상벨, 뒤에서 차가 다가오는 소리, 주변 소란스러울 때 등 위험하다고 생각되는 소리나 정보를 알려준다.

청각장애인 도우미견

미국은 1975년, 영국은 1982년부터 청각장애인 도우미견이 훈련되기 시작하여 1987년 국제도우미견협회가 설립되었고, 매년 수백 마리의 청각장애인 도우미견이 훈련되어 청각 장애인의 삶을 돕고 있다. 우리나라는 1997년부터 이삭도우미개학교에서 청각장애인 도우미견을 훈련하기 시작하였으며 1999년 청각도우미견 1호가 분양되었다. 이후 삼성 도우미견 센터에서 2001년부터 훈련하기 시작하여 현재 국내에 청각도우미견이 활동 중이다.

외국에서는 중대형견도 활용을 하지만 우리나라의 애견문화를 고려할 때 청각도우미견으로는 소형견이 바람직하다. 사람에게 우호적이고 명랑한 성격으로 냄새보다는 소리에 민감하며, 낯선 소리에 관심을 나타낼 정도로 호기심이 강하고, 반응하도록 훈련하는 소리를 구별할 수 있을 만큼 영리한 요크셔테리어, 말티즈, 코커스파니엘, 발바리, 푸들, 슈나우져 등의 개라면 품종이나 성별에 관계없이 가능하다. 위와 같은 조건의 개를 뜻 있는 분들로부터 기증을 받든가, 동물고아원 같은 곳에서 선별하여 활용한다.

실내생활에 익숙하지 않은 개라면 파피워커(puppy workr)의 가정에 보내져서 약 1개월 정도의 실내생활에 대한 적응훈련을 한다. 청각장애인 도우미견의 훈련은 일반적인 가정집 환경과 유사한 환경에서 한다. 기초적으로 사람과의 공동생활에 필요한 에티켓과 사회성을 배우게 되며 앉기, 엎드리기, 기다리기, 부르기, 따라다니기, 변 가리기 등의 복종훈련을 받고 일상의 여러 가지 소리 중에서 주인이 필요로 하는 초인종, 팩스, 아기울음, 자명종 시계, 압력밥솥, 조리기구 타이머, 화재경보 소리 등을 구별하여 개의 발로 주인을 건드려서 주인에게 알려주고 주인을 소리가 나는 곳으로 안내하는 법을 배운다.

기초훈련과 복종훈련, 소리 반응 훈련 등을 약 4개월 정도 받고 실생활의 응용 훈련 등을 거쳐 훈련이 마무리되면 종합적인 테스트를 하게 된다. 공동훈련 테스트에 합격한 개에 한하여 사용자로 선정된 청각장애인과 함께 약 1주일간의 청각장애인 도우미견 관리 및 활용하기 등의 교육을 받게 된다. 이 기간 동안에 활용될 현장 적응훈련도 받게 되며 그 후 사용자가 청각장애인 도우미견을 데리고 집으로 가며 담당자가 방문을 해서 청각장애인 도우미견과 사용자를 돌보아 주게 되며 1달 후 최종 평가를 하여 청각장애인 도우미견을 증명하는 목걸이와 증서 등을 준다.

③ 지체장애인 도우미견 🐾

지체장애인 도우미견(service dogs)은 지체장애인의 휠체어를 끌어주고 신문이나 리모컨 등 원하는 물건을 가져온다. 전깃불을 켜주기도 하고 출입문을 열고 닫으며 여러 가지 심부름을 한다. 거동이 불편한 지체장애인의 일상생활 동작을 보조하는 역할을 하고, 떨어진 물건, 지팡이, 전화, 약, 리모컨 등 필요한 물건을 가져온다. 문을 여닫고 전등 스위치를 조작한다. 침대에서 상체를 일으킬 때, 보행 시 균형을 맞출 때 등에 신체를 일으키거나 지탱하는 것을 도와준다. 주로 상의나 양말 같은 옷을 갈아입는 것을 도와준다. 차도와 보도의 경계에서, 혹은 언덕길에서 휠체어의 이동을 밀거나 끌어서 도와준다.

지체장애인 도우미견

활동적인 지체장애인을 위한 도우미견은 일반적으로 골든리트리버나 래브라도리트리버 종이며, 지체장애인들의 활동을 적극적으로 돕고 있고, 활동적이지 않은 지체장애인을 위한 도우미견은 코커스파니엘 등이며, 이러한 소형 견종을 활용하여 집안에서 관리 등의 부담을 갖지 않고 장애인들을 돕도록 하고 있다. 중증장애인이나 복합장애인을 위하여 기존의 도우미견를 먼저 교육시켜놓고 사용자를 선정하는 방법과 함께 장애인을 먼저 선정하고 그 장애인이 필요로 하는 서비스의 내용을 도우미견에 교육시키는 맞춤 서비스 도우미견도 교육한다.

자질이 우수한 강아지를 선별하여 생후 50일경에 퍼피워킹(puppy working) 기간을 정하여 도우미견을 이해하고 잘 길러 줄 수 있는 사육봉사자 가정에 보내어 1년간 키워지게 한다. 퍼피워킹을 마친 후보견은 도우미견 학교에서 본격적인 훈련을 받게 된다. 7~12개월 동안 휠체어 끌어주기, 물건집어주기, 전기스위치 조작 등의 훈련과 복종훈련, 실내 적응훈련을 받게 된다. 훈련 내용은 아침에 신문 가져다주기, 주인의 지시에 의해 TV 리모콘 가져다주기, 전기 스위치 켜고 끄기, 문고리에 매달려 있는 끈으로 문 닫기, 옆으로 열리는 문(슬라이딩 도어) 열기, 가까운 슈퍼마켓에서 물건 사오기, 집안에 널려있는 인형 주워 담기, 바닥에 있는 물건 집어주기, 지갑 가져다주기, 비활동적인 지체장애인에게 소형 도우미견이 신문 가져다주기 등이다.

④ 노인 도우미견 🐾

노인 도우미견은 고령화 사회에 거동이 불편한 노인들의 시중을 들어주고 심부름을 하며 외로운 노인들에게 인생의 동반자 역할을 한다. 몸과 마음이 불편한 노인들에게 동반자로서의 역할을 감당해주는 노인 도우미견들은 모든 도우미견들과 마찬가지로 법적으로 이동 장애 없이 대중교통 이용이 가능하고, 공공장소에도 출입할 수 있지만 실제로는 출입을 제지당하는 경우가 많다. 주변에서 혹시 대중교통이나 공공장소 출입의 제지를 당하는 도우미견을 보게 된다면, 출입할 수 있도록 도와주어야 하고 해당 도우미견들에게는 먹을 것을 주거나 만져서는 안 되는 점들도 기억해야 한다.

노인 도우미견

제8장

인간을 치료해 주는 치료도우미동물

치료도우미동물(Treatment Animal)은 인간을 치료해 주는 동물들을 말하는데 동물 매개치료(Animal Assisted Therapy)를 담당하는 동물들이다. 동물 매개치료란, 정신적으로나 심적으로 고통 받고 있는 인간들이 동물들과 접촉함으로써 치료를 받는 심리 치료 기법이다. 치료도우미동물도 특수목적동물과 마찬가지로 주로 인간과 친숙하고 주인에게 충성하는 개가 대부분 사용되고 있는데, 최근에는 귀뚜라미 등 곤충류도 이용되고 있다. 치료도우미동물에는 치료 도우미견, 치매 도우미견, 당뇨병 경고견, 자폐증 도우미견, 발작 경보견, 암 진단 도우미견 등이 해당된다.

❶ 치료 도우미견 🐾

치료 도우미견은 정신지체, 발달장애, 우울증 등 정신적인 장애인들에게 정서적인 안정을 주고, 도우미견과의 상호작용을 통해 사회화 능력을 향상시키고 심신회복의 동기를 부여하여 재활과 치료적인 자극이 되도록 한다. 우리와 가장 가까이 생활하는 개를 교육하여 정상적인 사회생활에 문제가 있는 사람들에게 지속적이고 조건 없는 사랑을 주는 동물을 통하여 재활과 치료적인 자극이 되도록 한다.

음악치료, 미술치료, 작업치료 등과 같이 동물 매개치료의 방법으로 정신보건 장애인 정신발달 장애인, 정서불안, 자폐증, 우울증, 심한스트레스, 치매환자, 수감자, 정신질환자 등과 정상적인 사회생활에 문제가 있는 사람들에게 목적에 맞게 잘 교육된 개와의 접촉을 통하여 정서적인 안정과 사회화 능력의 향상, 병원과 연계한 정신관련 환자들의 치료의 수단으로의 활용, 사회복지기관에서의 동물 매개치료 활동으로 복지 서비스 제공을 목적으로 한다.

방법으로는 AAA(Animal-Assisted Activities) 동물 매개 활동이 있는데 이는 클라이언트와 도우미견에 대한 지식을 갖은 사람이 도우미견을 데리고 함께 방문하는 활동이고, AAT(Animal-Assisted Therapy) 동물 매개치료 활동은 치료 목적에 맞도록 특별히 교육된 동물을 전문가가 클라이언트에게 적용하여 구체적인 치료의 효과를 도모하는 치료방법이며, CAT(Companion Animal Therapy) 반려동물치료는 반려동물과 함께 생활하거나 상호작용을 통한 클라이언트의 치료 효과를 내게 하는 것이다.

기대되는 효과는 다음과 같다.

① 정서적인 안정

② 신체기능의 회복과 안정

③ 도구적 영향으로 사회생활에 도움

④ 스트레스 감소

⑤ 자신의 정신적 회복과 사회복귀

⑥ 상심, 고독감 등의 해소와 생활리듬화로 사회적응

⑦ 삶의 의욕 상실자에 대한 삶의 의욕 회복

⑧ 반사회적인 사람의 갱생과 사회의 적응

⑨ 노인성 치매증의 지연

⑩ 건강아 및 장애아의 건전한 마음의 발달

한국의 현황

1990년 한국동물병원협의회가 도입한 '동물은 내 친구'에서 협회 직영 이삭 도우미개학교와 자원봉사자들과 함께 보육원 등을 방문하여 활동을 한 것이 시작이라고 볼 수 있다. 그 후 삼성에버랜드에서 치료 도우미견 기증사업과 방문활동을 하기 시작하였으며 한국 삽사리 보존협회에서 삽사리를 활용하여 활동을 하고 있으며 동물 매개치료에 대한 학자들의 연구가 진행되고 있으며 심리치료와 사회복지 현장에서 많은 관심을 갖고 아직은 초보적인 단계이지만 활발히 시행되고 있다

해외의 현황

IAHAIO(International Association of Human Animal Interaction Organization)는 AAA(Animal-Assisted Activities) 동물 매개 활동, 해외의 동물 매개치료(Animal-Assisted Therapy, AAT) 활동과 관련되어 1990년에 발

족된 국제기구이고, 인간과 동물의 상호작용에 관한 연구를 하며 실생활에 도움이 되도록 적용하는 일을 하며, 매 3년 마다 회의 개최하며, 탁월한 업적을 남긴 단체 또는 개인에 시상을 한다. 미국, 영국, 일본을 포함한 15개국이 정회원으로 가입, 준회원, 제휴회원으로 구성된다. 미국은 1977년 설립된 미국 내 대표적인 AAA/AAT 단체로 Delta Society가 있으며 IAHAIO의 본부이다. 영국은 1976년 설립된 PRO DOGS라는 National Charity 단체가 있으며 1985년부터 본격적인 AAA/AAT 활동을 하였다. 일본은 1986년 사단법인 일본동물병원협회 소속의 수의사들을 주축으로 하여 활동하고 있다. 미국 Delta Society의 AAA/AAT 활동을 일본 내에 적용하여 CAPP(Companion Animal Partnership Program) 활동을 한다.

🐾 치료 도우미견의 역사

1792년 영국의 요크 수용소에서 동물을 보조치료로 사용한 기록에서 그 근원을 찾아볼 수 있다. 18세기 말에는 정신장애인 수용시설이었던 영국의 요크 수용소에서 정신 장애인들을 콘트롤하기 위하여 동물을 사용하였는데 이 프로그램이 오늘날 치료 형태의 모델로 간주되고 있다. 인간의 장애를 돕는데 처음 사용했던 동물은 말이었다. 고대 로마제국시대까지 그 기원을 거슬러 올라가는데 전쟁에서 부상당한 병사들의 재활치료 기법으로 승마가 이용되었다. 19세기에는 프랑스에서 승마가 마비를 동반한 신경장애에 유효한 치료였다는 보고도 있으며 그 이후 치료법의 하나로서 의식적으로 이용되기 시작하였다. 승마요법은 완성된 치료 시스템으로 인정받고 있으며 미국, 영국, 독일, 오스트리아, 일본 등 세계 각국에서 주로 신체적인 재활을 돕는 치료로 이용되고 있다.

미국에서는 1942년 파울링 공군 회복기환자 요양병원에서 동물을 보조치료의 수단으로 공식적으로 처음 사용하였다. 휴식과 긴장완화가 필요한 환자들에게 다양한 종류의 농장동물들과 일하게 하는 프로그램을 실시하여 환자들에게 경쟁 정신을 일깨워주고 교육적인 경험을 제공해 주었다.

사람과 가장 가까운 관계인 개를 활용하기 시작한 것은 1919년 미국의 당시 내무부 장관이 제1차 세계대전으로 인하여 정신질환을 앓게 된 군인들이 개와의 놀이와 관계를 통하여 치료 효과를 보았다는 것을 발견하고, 워싱턴 D.C에 있는 St. Elizabeth 병원에 개를 환자들의 놀이 상대로 소개할 것을 제안한 것이 받아들여져 치료에 활용되었다. 하지만 본격적인 연구가 시작된 것은 1964년 미국에서 'Pet Therapy'라는 말을 사용해 본격적인 연구를 최초로 시작했다.

진료를 받기 위하여 대기실에서 기다리던 아동들이 진료를 기다리고 있는 동안 개와 놀면서 치료를 받지 않고도 저절로 회복되는 놀라운 사실을 목격하게 되었으며 이후 개의 치료적인 효과에 대한 신념을 가지고, 여러 영역에서 개 매개치료를 활발히 실시하여 그 효과성을 입증하였다. 그 후, 1981년에는 호주에서 노인복지시설에 있는 노인들을 상대로 행복감과 도덕심에 대한 치료 도우미견에 대한 효과 연구가 이루어졌는데 60%의 노인들이 '보다 행복하다고 느낀다' '활발하게 되었다' '더 웃음이 늘어났다'라고 답하였다. 1975년에는 교도소의 죄수들을 상대로 치료 도우미견의 효과 연구가 이루어졌는데 흉폭성의 저하, 책임감 증가, 고립감의 감소가 보고되었다. 말기 암 환자에게서는 죽음에 대한 공포, 절망감, 고립감의 저하 등의 효과가 있었다. 1999년 3세에서 13세까지의 자폐증 아이들을 상대로 한 연구에서는 개 때문에 웃음이 늘었다. 그 장소에서 관계없는 것에 주목하지 않고 개 그 자체만을 주목했다. 그리고 개가 일상 대화에 포함되어 개를 필요한 존재로 생각하게 되었다. 그 외에도 많은 연구가 공통적으로 보고하고 있는 것은 개와 같이 생활함으로서 마음을 진정시키고 혈압이나 심장박동 수를 떨어뜨리는 효과가 있다는 것이다.

치료 도우미견의 훈련과정

외국에서는 중대형견도 활용을 하지만 우리나라의 애견문화를 고려할 때 소형견이 바람직하다. 퍼피워킹(puppy working) 기간은 생후 50일경부터 6개월까지이고 자원봉사자의 가정에서 사람들과의 사회성과 환경적응교육 및 인간과의 공동생활에 필요한 에티켓을 학습한다. 도우미견 교육 기간은 4~6개월로서 기본적인 복종훈련과, 낯선 사람에게 적응하기, 서투르고 심한 쓰다듬기, 고통 주는 끌어안기, 비틀거리는 몸짓 적응하기, 갑작스런 자극에 적응하기, 군중 속에서 적응하기 등의 심한 장애인과의 사회성 훈련을 받게 된다. 기초훈련과 복종훈련, 소리반응 훈련 등을 약 4개월 정도 받고 실생활의 응용 훈련 등을 거쳐 훈련이 마무리되면 종합적인 테스트를 하게 된다. 공동훈련인 분양교육 기간은 1개월로서 종합적인 테스트를 하여 합격한 개에 한하여 자폐증이나 정신지체 장애인과 보호자와 공동훈련을 하면서 도우미견의 관리 및 활용법에 대하여 교육을 받게 되며 약 1주일 정도의 현지 적응훈련과 사후관리를 한다. 합숙은 4주간이고, 출퇴근은 6주간이 된다.

❷ 치매 도우미견 🐾

　치매 도우미견을 양성하기 위한 실험적 프로젝트가 큰 성공을 거두고 있다. 치매 도우미견이 치매 환자들의 삶을 현격히 향상시킨 것으로 결론 내려졌다. 프로젝트를 통해 치매 환자들의 삶의 활력소를 불어 넣어줌과 더불어 성취감, 지역 사회와의 교류 확대를 비롯해 다양한 개인적 도움이 제공된 것으로 평가됐다. 혜택을 받은 치매 환자는 '삶의 전환점'이었다고 주저 없이 고백하고 있다. 치매 도우미견은 치매를 겪고 있는 환자나 그 가족들의 삶의 질을 향상시킬 것이고, 거동이 불편한 신체 장애인들에게도 향후 커다란 삶의 변화를 안겨준다. 치매 도우미견이 활성화되면 아마도 환자나 간병하는 가족들에게 자립심과 여유로움을 선사하는 등 커다란 도움이 될 것으로 기대된다.

　설거지 등 기본적인 집안 살림을 해야 할 때도 치매환자에게서 눈을 뗄 수가 없는데 도와줄 수 있는 도우미견이 있다면 얼마나 좋을지 겪어보지 않으면 그 상황을 모른다. 가정에서 치매 환자가 생겨 간병에 어려움을 겪게 되면 대부분 가정은 해당 치매 환자를 요양원 등 상주 치료소에 입주시키려는 경향이 뚜렷해진다. 이런 점에서 치매 도우미견은 치매 환자들의 가족들과의 동고동락 기간을 연장하게 만든다는 기대감이 커지고 있다. 치매 도우미견은 치매가 있는 환자가 방황 후 안전하게 집으로 돌아오거나 약을 복용하도록 상기시키는 등 일상적으로 직면할 수 있는 문제를 극복하도록 돕게끔 훈련받는다.

❸ 당뇨병 경고견 🐾

혈당 수치를 계속 모니터해주는 혈당측정기(continuous glucose monitor)나 당뇨병 도우미견을 마련하고 싶지만, 둘 다 고가라서 일반적으로 엄두를 내지 못한다. 당뇨병 도우미견 몸값은 6,000달러 정도이다. 뛰어난 후각으로 당뇨병 환자의 혈당 변화를 감지하는 의료견이 당뇨병 도우미견인데 혈당 변화에 따른 냄새 변화를 감지한 의료견은 발을 주인 가슴에 대며, 얼굴을 정면으로 바라보면서 당뇨병 발작을 경고하도록 훈련받는다. 당뇨병을 앓고 있는 환자는 의료견의 도움으로 목숨을 구할 수 있다. 당뇨병 증세가 나타날 것을 미리 경고함으로 당뇨병 경고견이라고도 하는데 경고견은 환자의 매우 미세한 변화도 감지할 수 있다.

당뇨병 경고견

당뇨병에 걸리면 인슐린 생산이 안 돼 혈당치가 비정상적으로 높아지는데 이 같은 혈당 변화가 진행되면 환자는 외부자극에 대한 반응이 줄게 되고, 수면에 빠지는 기면 상태에 이어 다시 혼수상태로 발전돼 사망에 이른다. 환자들이 발작 또는 혼수상태로 접어들기 전 개가 행동으로 알려줘서 환자들은 더 살아있을 수 있다. 당뇨병 경고견 덕분에 당뇨병을 앓아도 충실하게 살고 있는 셈이다. 경고견은 당뇨병 발병을 주인에게 알려주는 대신 보상으로 먹이를 제공받는다. 의료견으로 활약할 수 있는 종은 후각 능력이 탁월한 래브라도 리트리버나 스프링어 스패니얼 등의 수렵견이다.

④ 자폐증 도우미견 🐾

자폐증이 있는 어린이에게 어려울 수 있는 일상적인 사건을 처리하도록 돕게끔 자폐증 도우미견은 훈련받는다. 또한 자폐증 도우미견은 자폐증 환자를 케어하는 사람에게 자폐증이 있는 사람을 진정시키는 데 도움을 준다. 도우미견은 자폐증이 있는 사람들에게 편안함과 예측 가능성을 제공하는 동시에 정서적 통제력을 향상시켜 자신감을 높일 수 있다.

자폐증 환자는 집 밖으로 나가지도 못하고 심지어 정원에도 들어가지 못한다. 침묵에 빠져 사람들에게 말도 하지 않는다. 외부 세계는 자폐증 환자에게 두려운 곳이다. 도우미견은 자폐증 환자의 인생을 바꾸어 바깥 세상에 자신감을 가지게 해주고 가족들과 야외 활동을 할 뿐 아니라 야외에서 놀 수 있게 된다. 자폐증을 앓는 어린이의 경우, 자폐증 도우미견과 공놀이를 위해 스스로 밖으로 나가기도 한다. 둘이 함께 외출도 하고 나들이도 즐기는 경우가 있다.

자폐증이 있는 환자 학생으로 하여금 인파 속에서 침착함을 유지하고, 올바른 장소를 찾아가고, 학교수업이 시작되기 전에 교실의 자리에 앉도록 도와주는 자폐증 도우미견은 학교의 붐비는 복도를 걸어가게도 한다. 자폐증이 있는 환자가 포함되어 있는 한 가족이 방문한 식당에서 자폐증 환자의 발 앞에 참을성 있게 누워 있는 도우미견이 대기한 상태에서 가족은 편안히 저녁 식사를 즐긴다. 자폐증 증상이 있는 한 명의 젊은 사람이 의자에 앉아 머리를 양손으로 잡고 앞뒤로 흔들고 있는데 도우미견이 환자의 무릎에 앞발을 놓고 환자의 몸이 긴장을 풀고 생활을 계속할 수 있을 때까지 깊은 압력을 가하는데 이 또한 자폐증 도우미견의 모습이다.

자폐증 도우미견

자폐증 도우미견은 인간 동반자가 세상을 탐색할 수 있도록 특정 작업을 수행하도록 훈련되었다. 자폐증 도우미견은 환자의 인생을 바꾸는 파트너가 될 수 있고 자폐증이 있는 사람들이 자신감과 독립성을 얻도록 돕는다. 자폐증은 스펙트럼 장애이며 성격과 심각성이 크게 다를 수 있으므로 자폐증 도우미견은 스펙트럼에서 사람이 속하는 위치에 따라 다르게 훈련될 수 있다. 자폐증 도우미견의 고유한 작업 중 하나는 사람의 감각 수준 변화를 감지하고 이에 대응하는 것이다. 자폐증은 감각 시스템에 영향을 미치며 많은 자폐증이 있는 사람들은 불편한 감각으로 스트레스를 받는다.

특히, 자폐증이 있는 어린이는 다른 사람과 이야기하는 데 어려움을 겪을 수 있지만 도우미견에게는 기본적으로 대화 주제가 있고 어려운 순간에 의지할 친구가 된다. 자폐증 도우미견은 또한 일부 자폐증 어린이의 물리적 연결 고리 역할을 하는데 목줄로 어린이를 도우미견에 연결하는 것은 자폐아가 방황하는 것을 방지하는 데 사용된다.

자폐증이 있는 성인의 경우, 도우미견은 독립적인 생활을 위한 중요한 다리가 될 수 있다. 하지만 자폐 도우미견을 훈련하고 지원하는 대다수의 조직이 어린이와 그 가족에게 봉사하기 때문에 자폐증 성인이 도우미견과 짝을 이루는 것이 어려울 수 있다. 그래서 성인의 경우 도우미견을 찾는 과정이 더 길고 비용이 많이 들 수는 있지만 많은 시간과 많은 비용을 들여야 할 가치는 충분히 있다.

⑤ 발작 경보견 🐾

발작 전 증상에 반응하고 발작이 일어나기 전에 환경 및 신체 신호를 사용하여 발작 환자를 케어하는 사람에게 경고하거나 보호하도록 훈련되었다. 발작을 일으키고 있음을 감지하면 환자 주위를 빙빙 돌게 된다. 환자가 눕기 전까지 도우미견의 앞발을 환자의 어깨에 올려놓게 된다. 발작이 느려지면 도우미견은 비상경보 버튼을 발로 두드리고 구조대가 올 때까지 마이크에 대고 짖는다. 그런 다음 도우미견은 환자의 약을 가져와 환자 앞에 놓는다.

간질이나 다른 발작으로 고생하는 사람들에게 네 발을 가진 가장 친한 친구인 발작 경보견은 도움을 준다. 간질은 전 세계에서 가장 흔한 신경계 질환 중 하나이고, 이 상태를 가진 많은 사람들은 발작에 대한 두려움 때문에 특정 일상 활동을 피한다. 발작의 시작에 대해 발작 경보견은 그의 주인인 발작 환자에게 경고하도록 훈련을 받는다. 즉, 집에서 일하는 것부터 식료품 쇼핑에 이르기까지 일상적인 작업을 수행하는 동안 안전에 대해 발작 환자가 스스로 자신감을 느낄 수 있게 된다. 발작이 발생하기 전에 주인이 발산하는 향기의 변화를 감지 할 수 있다. 발작 환자인 도우미견의 주인은 발작 관련 부상을 예방할 수 있는 안전한 장소와 위치를 찾아갈 준비를 할 수 있다. 또한, 발작이 이미 발생한 후에도 주인 옆에 서서 약물을 구하는 것까지 다양한 행동을 수행하도록 훈련받는다.

⑥ 암 진단 도우미견 🐾

암 진단 도우미견을 통해 개 후각으로 암 진단을 하는 경우는 때때로 정확도가 100%인 경우도 있다. 냄새로 암을 찾는 이른바 '암 탐지견'을 사용한 암 검진을 검증하는 시험이 영국에서 승인되었다. 훈련받은 개들이 전립선암을 감지하는 성공률이 90%가 넘는다. 전립선암 검사 방법인 '전립선 특이항원' 방식보다 훨씬 높은 확률로 암을 감지해낼 수 있다. 채혈을 통한 전립선 특이항원 검사는 정확도가 낮은 단점이 있어 직접 전립선 조직을 떼어내 분석하는 조직 생체검사법이 사용된다. 이 방법은 환자의 몸과 마음에 큰 부담이 되므로 '암 탐지견' 검사가 효과적인 해결책이 될 것으로 기대를 모으고 있다. 개들이 전립선암을 감지해낼 수 있는 이유는 환자 소변에 특이한 휘발성 유기화합물이 있어 개들이 이 물질이 증발할 때 발생하는 냄새를 구분해낼 수 있기 때문이다.

프랑스에서는 훈련받은 개가 유방암에 걸린 여성의 가슴에 접촉했던 붕대를 정확하게 구분할 수 있다는 것을 보여주는 진단 시험 결과를 발표했다. 개는 뛰어난 후각을 지니고 있어 유방암 세포가 갖는 독특한 냄새를 판별할 수 있다. 미국에서는 개들에게 폐암 환자의 혈청을 구분시키는 훈련을 시켰다. 개의 후각능력이 사람보다 1만 배가 뛰어나므로 가능한 일이다. 암 진단 훈련을 받은 개들의 도움을 받아 97% 정확도로 폐암 진단에 성공했다. 개들은 인간의 진보된 기술보다 더 나은 자연적 암 검진 능력을 갖고 있다. 이러한 개들의 능력을 잘 활용하면 앞으로 저렴하면서도 기계보다 더 높은 정확도로 암을 초기에 발견해 환자의 생존률을 높일 수 있을 것으로 기대하고 있다.

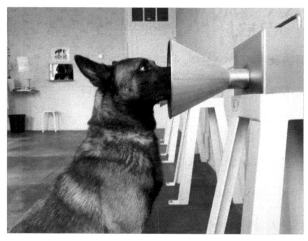

암 진단 도우미견

제 9 장

인간을 위해 일하는 사역동물

사역동물(Working Animal)은 인간을 위해 일하는 동물을 말한다. 인간을 위해 노동하는 동물들에는 경찰견이나 군용견과 같은 사역견이 있고, 통신 업무에 활용되는 비둘기가 있으며, 음파 탐지 능력을 발휘하는 돌고래, 벌목장에서 벌목된 나무를 나르는 일을 하는 코끼리 등이 있다.

인간이 농사를 짓기 시작하면서 소와 강아지, 돼지와 같은 가축을 길렀는데 일하는 동물은 이때부터 시작되어 쭉 인간과 가까이 생활하고 있다. 오래 전부터 소를 많이 길러왔는데 그것은 밭을 가는데 소가 쓰였기 때문이다. 중동이나 중국, 유럽, 캐나다, 동남아 등에서 운송수단으로도 쓰이는데 주로 말과 낙타, 소, 순록, 당나귀를 포함해서 코끼리와 타조, 라마 등이 쓰인다. 현재에는 지뢰를 찾는데 쥐가 큰 활약을 하고 있다. 지뢰를 찾는 데에는 쥐뿐만 아니라 돼지와 돌고래도 쓰인다. 돼지와 개는 이전부터 트리플 즉, 송로버섯을 찾는데 쓰이기도 했다. 콜리, 셰퍼드와 같은 개들은 양치기 역할, 사냥개와 페럿, 고양이는 수렵용으로 쓰인다. 일본에서는 가마우지를 물고기를 잡는데 쓰기도 한다.

❶ 사역견 🐾

사역견들은 경찰견, 군용견, 탐지견, 목양견, 썰매견 등 다양한 분야에서 인간의 일을 대신하고 있다.

🐕 경찰견

경찰견종합훈련센터는 체계적인 훈련을 통해 다양한 방면에서 경찰견이 활동할 수 있도록 교육하고 있다. 경찰견은 폭발물 탐지, 실종자 수색 등 다양한 치안 업무에 나서고 있다. 경찰견은 업무 소화를 위해 특수한 방법으로 훈련받고 있으며, 이런 경찰견을 다루는 경찰관을 경찰견 운용요원이라고 한다. '경찰견종합훈련센터'는 경찰견과 경찰견 운용요원이 국민의 곁을 든든히 지킬 수 있도록 교육하는 곳으로 대전광역시 유성구 세동에 위치한다.

경찰견

경찰견은 1971년에 수사견이라는 이름으로 최초로 도입된 후 점차 그 활동 범위를 넓혀가며 현재는 다양한 경찰 업무에 활용되고 있다. 우리나라에서는 경찰견들의 뛰어난 폭발물 탐지능력을 활용한 사전 테러 예방 덕분에 수많은 국제 행사를 무사히 치러왔다. 경찰견은 널리 알려져 있는 반려동물 훈련법과 달리 특수한 방법으로 훈련되어져 경찰관이라도 경찰견에 대해 이해하기 어려운 경우가 많다. 경찰견의 업무는 대테러 업무 수행을 위한 폭발물 탐지와 실종자 수색, 마약 탐지, 증거물 수색, 범인 추적, 흉악범 제압 등이다.

군용견

군용견은 군용으로 사용할 목적으로 사육하여 훈련시킨 개이다. 군견이라고도 부른다. 군대의 대표적인 가축으로서 동물로서는 군대에서 가장 많은 재산이다. 통신이 발달하여 군대에서 사용되지 않게 된 군용비둘기와 교통이 발달하여 사용빈도가 줄어든 군마와 달리 군용견의 후각을 대신하는 물품이 아직 없고 인간에 대한 충성심이 강하여 아직도 군용비둘기와 군마에 비하여 군대에서 널리 사용되고 있다.

국내 최초의 군견은 1954년 공군에서 시작되었으며 1966년 처음으로 군견대가 생겼다. 군견은 육군, 해군, 해병대, 공군에서 활동하고 있다. 군견은 고대 로마, 페르시아, 이집트 등에서 경비를 하고 전투에 참여하기도 하여 경비, 보급품 운반, 전령 등의 역할을 했다. 1942년부터 미국에서 본격적으로 군견 훈련을 시작하며 더 다양한 역할을 하게 되었다. 군견마다 주특기가 모두 다른데, 가장 잘하는 임무를 수행하게 된다. 탐지 탐지견은 주로 후각을 통해 폭발물이나 함정을 찾는 역할을 하고, 폭발물을 발견하면 그 자리에 앉아서 폭발물이 있다고 알려준다. 기계보다 더 빠르고 정확해서 군대에서 정말 중요한 역할이다. 수색견은 후각을 통해 적의 침입 흔적을 찾는다. 적이 설치해놓은 함정과 땅굴을 찾아내기도 한다. 추적견은 침입한 적을 쫓아가는 역할을 하는데 뛰어난 후각과 청각을 통해 도주한 적을 빠르게 찾아낸다. 경비견은 군 시설에서 보초를 서 군인들의 안전을 위해 일하며 침입자를 찾아내기도 한다. 탐지, 수색 그리고 추적 임무가 없을 땐 경비견 역할을 많이 한다.

군견을 훈련시키고 관리하는 군견병의 역할이 아주 중요하다. 아무나 할 수 없기 때문에 군견병은 면접을 통해 선발한다. 대표적인 군견 견종으로는 저먼 셰퍼드, 래브라도 리트리버, 벨기에 말리노이즈가 있으며, 도베르만 핀셔, 핏불테리어 등도 활동하고 있다. 은퇴한 군견은 일반인에게 반려견으로서 입양을 보내게 되는데 함께 생활했던 군견병이 제대하면서 반려견으로 맞는 경우도 있다.

❷ 비둘기

'전서구'라고 불리는 비둘기는 통신에 이용하기 위해 훈련된 비둘기를 말한다. 자신이 원래 있던 곳으로 돌아올 수 있는 비둘기의 귀소본능을 이용한 것이다. 유럽·아시아 및 아프리카에서 야생으로 서식하는 양비둘기의 자손이다. 약 3,000년 전 고대 이집트와 페르시아에서 소식을 전달하는 데 이용된 것을 시작으로 고대 그리스에서는 다른 도시에 올림픽 경기의 승전보를 알리는 데 이용했다. 로마인들은 군사 연락을 하는 데에 이용했고 프로이센-프랑스 전쟁 중에 프랑스군이 전쟁 통신으로 이용했다. 또 제1차 세계 대전과 제2차 세계 대전, 한국 전쟁에서도 미국 통신부대가 전서구를 이용한 기록이 있다. 요즘은 통신보다는 비둘기 경주에 많이 이용된다. 전서구는 먹거나 마시지 않고 하루에 1,000km까지 계속 비행할 수 있다.

통신에 이용하기 위해 훈련된 비둘기인 '전서구'

❸ 돌고래 🐾

돌고래(dolphin)는 수생 포유류의 한 종류로, 바다에 사는 매우 영리한 포유동물이다. 돌고래는 아가미로 숨을 쉬는 물고기와는 달리 허파로 숨을 쉬기 때문에 숨을 들이쉴 때마다 물 위로 나와서 허파에 공기를 가득 채운다. 돌고래는 주로 새우나 멸치, 정어리 같은 작은 물고기를 먹는다. 돌고래의 몸은 유선형이어서 물속에서 재빠르게 잘 움직인다. 몸길이는 1.4~8m, 몸무게는 45kg~6t까지로 그 종류가 무척 다양하다. 20~50마리가 떼를 지어 서식한다.

대표적인 천적으로 상어와 범고래가 있다. 폐로 호흡을 하기 때문에 규칙적으로 물 위로 올라와 숨을 쉬어야 한다. 1분에 한두 차례 정수리에 있는 숨구멍인 분수 공으로 호흡한다. 분수공은 물속에 있을 때는 강력한 근육으로 닫혀 있어 물이 들어가지 않는다. 일반적으로 돌고래는 8시간 정도 잠을 잔다. 한 무리가 잠을 자는 동안 다른 무리들이 불침번을 본다. 돌고래는 잠을 잘 때 한쪽 뇌만 잠을 자고 다른 뇌는 숨을 쉬기 위해 잠을 자지 않는다. 양쪽 뇌가 번갈아 수면을 취한다. 청각이 매우 발달하여 음파 탐지 능력이 있다. 운동장 거리의 물체를 음파로 잡아내는데 많은 수가 있으면 더 넓은 거리의 물체들을 파악하게 된다. 또한 시력도 좋고, 피부의 촉각도 예민하다. 그리고 돌고래는 대부분 바다에서 출현하지만, 강돌고래의 경우, 큰 하천이나 강에서 나타난다.

2000년을 전후해서, 과학자들은 인간이 인간다운 조건으로서 갖는 감성과 지성으로 인해 인격체로 여겨지는 것처럼 돌고래의 지능에 대해 연구[8]를 한 결과 돌고래들도 이와 같은 감성과 지성을 갖춘 법인격체로서 여겨져야 한다는 것을 확인할 수 있었다. 인간과 동물의 의사소통에 대한 연구[9]도 돌고래를 통하여 수

---

8 돌고래의 지능지수는 인간 아이큐(IQ)로 측정해보면 70~80 정도로, 4세 유아와 비슷한 수준이다. 여느 동물들에 비해 월등한 지능을 갖춘 돌고래지만 인간의 생각을 뛰어넘어 더 똑똑해질 수도 있다는 가능성이 제기돼 관심이 집중되고 있다. '남방큰돌고래(Indo-Pacific Bottlenose Dolphin)' 무리 들을 관찰하던 중 한 가지 특이한 점이 발견되었는데 돌고래 무리 중 일부가 '천연해면스펀지'를 부리에 부착한 채 이동하는 모습이 관측된다. 해면스펀지를 사용할 경우 수영 중 마주치기 쉬운 날카로운 바위나 사냥하기 까다로운 생물체에 접근할 때 입 주변부를 보호해 줄 수 있다. 흥미로운 것은 해당 무리 수컷 돌고래의 50%는 태생적으로 '해면스펀지'를 활용할 줄 알았으며 암컷의 60%도 열심히 '스펀지 활용법'을 배우는 것으로 나타났다. 스펀지를 사용하는 돌고래와 그렇지 않은 돌고래의 생체구조가 완전히 다른 것으로 나타났다. 도구를 사용하는 포유류는 몇 종이 되지 않는다. 돌고래는 도구를 사용하며 인간과 비슷한 습성을 보이고 있다. 도구를 사용할 줄 아는 남방큰돌고래는 기존에는 존재하지 않았던 생태계의 새로운 지점을 개척하는 종이 된다.

9 인간과 동물의 의사소통 연구는 돌고래에서 역사가 깊다. 돌고래는 한때 지구에 사는 '지적 생명체'로 진지하게 받아들여졌고, 인간과 돌고래가 소통할 수 있다고 믿은 사람들이 있었다. 아마 사랑과 해방을 외치는 히피와 평화의 열망이 용솟음치던 시대 분위기가 아니었다면 이 실험은 진행되지 않았을 것이다. 이 실험을 주도한 이는 1961년 〈사이언스〉에 '돌고래끼리의 소리 교환'이라는 제목으로 글도 실었다. 이 보고서에서 돌고래가 휘파람 소리를 내는 것(휘슬음)과 딸깍거리는 것(클릭음)을 주고받으며 의사소통을 한다고 주장했다. 1963년에는 '돌핀하우스'라는 이름의 연구실도 열었다. 이곳에서 '인간 언어'를 돌고래에게 가르치고 나아가 인간과 돌고래 모두 쓸 수 있는 '종간 언어'(Interspeicies Language)를 개발하려 했다. 돌고래가 인간에 버금가는 '대뇌화지수'(EQ)를 지녔다며, 돌고래를 지구에 사는 또 다른 지적 생명체로 여겼다. 대뇌화지수는 몸의 크기를 바탕으로 예상되는 뇌 크기와 몸무게의 비율이다. 미국 항공우주국(NASA)이 이 실험을 후원한 것은 전혀 의외가 아니었다. 우주에서 외계의 지적 생명체를 만났을 때, 인간은 어떻게 그들과 소통할 수 있을까? 이 질문이 이들에게 놓여 있었다. 예행연습으로 지구의 또 다른 지적 생명체인 돌고래를 연구해볼 수 있었다. 돌핀하우스는 바닷물이 들어오도록 특수 설계된 풀장을 만들고, 사람 사는 집처럼 책상·전화기·의자·침대가 비치하였다. 유인원이 사람 사는

행되었다. 돌고래는 700종에 달하는 다양한 음절의 소리를 낸다. 때로는 사람을 구해주기도 하고, 암컷을 유괴하거나 구애를 위해 잡초나 진흙, 나뭇가지를 암컷에게 선물하기도 한다.

돌고래

수족관에서 복잡한 재주를 열심히 보여주는 돌고래를 보면 돌고래의 귀여운 행동과 비공격적인 행동이 사람들의 관심을 끌고 있음을 알게 된다. 돌고래의 뛰어난 모방 솜씨와 헌신적으로 보이는 행동, 지역마다 다른 언어관습 등의 다양한 행동을 보면 놀라지 않을 수 없다. 돌고래는 고래류 가운데 몸집이 가장 작은 종류이지만 모방능력이 뛰어나고 지능이 높은 영리한 동물로 알려져 있다. 잠수부가 해조류를 제거하러 들어갔을 때는 잠수부 흉내를 그대로 낸다. 돌고래는 잠수부가 산소 호흡기로 호흡할 때 밸브에서 나는 소리를 내기도 하고, 이때 부글부

집에 살면서 수화를 배웠듯이, 돌고래도 비슷한 환경에서 인간 언어를 배웠다. 입술에 검은 립스틱을 굵게 칠하고 또박또박 말했다. "원, 투, 스리" 하면 돌고래는 "끼욱, 끼릭, 끼리" 하고 따라 했다. 하루 두 번씩 교육이 이어졌다. 애초부터 이 연구가 잘될 리는 없었다. 돌고래는 인간의 성대 같은 발성기관이 없기 때문이다. 돌고래는 그저 숨구멍을 여닫으면서 소리를 흉내 냈을 뿐이다.

글 생기는 거품과 비슷한 거품도 내뿜는다. 잠수부가 기계로 수조의 물을 휘저어 해조류를 제거하는 모습을 관찰한 다음, 그 기계를 직접 조종하여 해조류를 충분히 흐트러지게 해서 그것을 먹기도 한다.

인간도 나라마다 언어가 다르듯 돌고래도 살고 있는 바다 위치에 따라 '언어'가 다르다. 그래서 다른 지역의 바다에서 태어난 돌고래와는 대화가 불가능해진다. 사람처럼 사는 지역에 따라 언어를 구사하는 동물은 돌고래와 앵무새와 같은 명금류 외에는 아직 없다. 돌고래는 상처를 입고 죽어가는 동료를 구출하기도 하는데 무리 가운데 한 마리가 사고를 당하면 다른 돌고래들이 떼를 지어 모여들어 상처 입은 돌고래가 계속 숨을 쉴 수 있도록 물 위로 들어 올리곤 한다.

④ 코끼리

코끼리(elephant)는 현생 육상동물 중 가장 몸집이 크다. 현재까지 확인된 현존하는 종은 총 3종으로, 아프리카 코끼리, 아시아 코끼리, 둥근귀 코끼리로 나뉜다. 이미 오래전 멸종한 매머드도 같은 과로 분류된다. 열대 및 일부 온대 기후를 보이는 사하라이남 아프리카·남아시아·동남아시아 등지에 걸쳐 서식한다. 코끼리의 몸 표면에는 굵은 털이 전체에 조잡하게 나있으며, 꼬리 끝에는 줄모양의 긴 털이 나 있다. 몸을 지탱하기 위한 다리는 굵은 원기둥 모양이며 특히 무릎이 아래쪽에 있기 때문에 무릎을 꿇고 앉을 수 있다. 발에는 두툼한 판이 있어서 쿠션 구실을 한다. 코끼리 발은 몸무게 때문에 디디면 펴지고, 들면 오그라든다. 그래서 진 흙 땅에서도 쉽게 발을 옮길 수 있다. 발굽의 수는 앞 뒷발 모두 5개의 발가락수와 일치하지 않아서 앞발이 4~5개, 뒷발이 3~4개이다.

코끼리의 코는 가장 활용을 많이 하는 수단이다. 코는 숨을 쉴 뿐만 아니라 물을 마시고, 나무 잎을 뜯고, 손과 같은 역할을 하여 동전까지 집을 수 있는 아주 예민한 것으로 손과 같다. 또 물속에서 숨을 쉴 수 있고 적을 물리칠 때 쓰기도 한다. 죽은 동료를 인식할 때도 동료의 뼈를 코로 더듬으면서 인식한다. 코끼리는 땀을 흘려서 높아진 체온을 조절할 수 있는 땀샘이 없어서 큰 귀로 부채질을 하거나 물을 몸에 뿌려서 식힌다. 코끼리의 코끝은 촉각이 예민한데, 물체의 모양을 알 수도 있고, 표면의 거친 정도나 온도도 느낄 수 있다. 또한 다른 코끼리와 의사소통을 할 때도 코를 사용한다. 귀는 크고, 모세혈관이 빽빽한 귓바퀴는 귀를 부채처럼 움직임으로써 귀에 흐르는 혈액을 냉각시키는 작용을 한다.

청각은 예민하여 3km나 떨어진 곳에서 나는 소리도 들을 수 있다. 시각은 둔하며 색맹이어서 적의 접근을 탐지하는 데는 주로 후각에 의지한다. 머리에 비해 눈은 작고 미각은 발달되어 있지 않다. 코끼리의 위턱에만 한 쌍 나있는 엄니는 일생 동안 계속 자라서 상아가 된다. 코끼리의 이빨인 상아의 2/3는 위턱에서, 1/3은 머리뼈에서 시작된다. 이 상아는 먹이를 파내거나 싸울 때 사용한다. 또 1,000kg 정도의 물체를 들어 올리고 운반할 수 있다. 이 상아로 사자나 호랑이를 도살시키는 일이 있으며, 코가 피곤하면 이 상아에 올려놓기도 한다. 새끼 코끼리는 젖 상아가 나지만, 5cm가 채 안 되고 두 살이 되기 전에 빠진다. 젖 상아가 빠지면 영구상아가 새로 나서 일생 동안 계속 자란다. 어금니는 아래위로 한 쌍씩 나 있는데, 새로운 이가 뒤에서 묵은 이를 밀어내는 형태로, 어릴 때 3회, 어른이 되어 3회 이갈이를 한다.

소화계는 비교적 단순한 구조로 소화기관이 약 16m이고 위와 장은 단순하지만 맹장과 대장이 무척 크다. 이 맹장에서 음식물의 발효가 이루어지며 셀룰로오스를 분해하나, 효율이 떨어져 40% 정도밖에 소화하지 못한다.

거기에 하루에 최대 300kg을 먹기에 배설량이 상당한데, 하루에 50kg 정도를 배출한다. 현재 지구상 코끼리들의 배설물은 세계에서 가장 큰 것이다. 뇌는 아시아 코끼리, 아프리카 코끼리 모두 5~6kg 정도로 머리 부분이 크며 머리를 받치는 목은 짧다. 대뇌는 비교적 작은 편이고 소뇌를 덮고 있지 않다. 코끼리는 뇌가 커서 동물 중에서는 지능이 가장 높은 편에 든다. 코끼리의 뇌는 인간 뇌의 2배 정도 된다. 코끼리는 매우 영리하고 기억력이 좋은 동물로 정평이 나 있다. 죽은 동료나 가족의 마른 뼈를 알아보고 코로 만지기도 하며, 수백 킬로미터에 떨어진 물가를 기억하며, 심지어 35년 전에 헤어진 인간을 다시 만나며 과거를 기억한 것으로 알려져 있다. 인간 목소리를 듣고 자신에게 위협이 되는지 판단하기도 한다. 아는 사람이나 여성, 어린이의 목소리에는 크게 반응하지 않지만, 낯선 성인 남성의 목소리를 들으면 후퇴하거나 경계태세를 취한다.

코끼리는 청각이 매우 뛰어나기 때문에 주변에 사자, 호랑이 등 맹수가 나타나면 다른 동료들에게 음파를 발사하여 신호를 보낸다. 먼 곳에 있는 동료들에게는 발로 신호를 보내어 수 km 밖에서도 음파를 감지할 수 있다.

코끼리는 일반적으로 30~40마리씩 무리를 짓고 산다. 암컷과 새끼로 구성되어 평균 10마리가 한 가족을 이룬다. 새끼는 갓 태어난 것에서 약 12살 된 것까지 있다. 수컷은 성체가 되면 가족과 떨어져 나가 다른 수컷들과 다소 자유로운 무리를 이루며 가끔 가족을 찾아올 뿐이다.

코끼리의 무리는 이른 아침과 저녁때 먹이를 구하며 이동하는데, 속도는 시속 4~6km이다. 그러나 위험을 느끼거나 공격할 때에는 시속 40km 정도로 달릴 수 있다. 낮에는 물에서 지내기를 좋아하고, 목욕이 끝나면 몸에 진흙을 묻혀 등에, 진드기, 침 파리 등으로부터 피부를 보호한다. 먹이는 나뭇잎, 나뭇가지, 풀, 대나무 잎, 과실 등인데, 어른 코끼리는 하루에 300kg을 필요로 한다. 물은 하루에 70~90리터가 필요하며 건기에는 물을 찾아서 이동한다. 보통 코끼리는 4년에 한번 임신을 하게 된다. 임신기간은 20~22개월이고, 보통 한배에 1마리를 낳지만, 드물게 쌍둥이를 낳는 경우도 있다. 코끼리는 죽을 때까지 임신을 할 수 있으며 심지어 죽은 암컷의 배에 새끼를 가진 것도 발견된다.

암컷은 9~12세까지 출산할 수 있고, 건강한 암컷은 일생 동안 6마리 정도 출산한다. 코끼리는 양 옆머리, 눈과 귀의 중간쯤에 한 개씩 측 두 샘이 있다. 수코끼리는 25년이 지나면 한 해에 한 번 정도 이 측 두 샘이 부풀어 올라 강한 냄새가 나는 검은 지방질 물질을 2~3개월 동안 분비한다. 이 기간이 수코끼리의 발정기이다. 평소에 60배에 달하는 호르몬의 분비로 눈물자국이 나타난다. 발정한 코끼리는 흥분해 있기 때문에 아주 위험하여 사람과 다른 동물들을 공격한다. 매년 500명이 코끼리에 의해 사망한다. 심리적으로 상처받은 젊은 코끼리들이 호르몬이 왕성한 상태에서 코뿔소 여러 마리를 죽이는 일이 보고되었다.

새끼는 100~145kg 정도이며 어깨높이는 85~95cm이다. 새끼는 태어난 지한 시간도 안 되어서 걸을 수 있다. 새끼는 처음에는 어미젖으로 살아가나 3~4개월이 지나면 풀을 먹기 시작한다. 코끼리는 일생 동안 계속 자라기 때문에 늙을수록 몸집이 커지고 수컷이 암컷보다 크다. 새끼는 3~4세까지 어미와 함께 지낸다.

코끼리는 덩치가 크고 피부가 두껍기 때문에 다른 동물에게 해를 입지 않는다. 주로 사자나 호랑이 등이 코끼리를 노리는데 큰 코끼리는 공격하지 못하고 어쩌다 새끼를 노릴 뿐이다. 무리가 위험에 처하면 큰 코끼리들은 둥글게 새끼를 둘러싼다. 코끼리는 몸을 실룩거리고 귀를 바짝 세워 적을 위협한다. 그러다가 적이 공격해오면 적을 밟거나 상아로 받는다. 코끼리는 잘 놀라는데, 총소리가 나면 집단 전체가 공포에 질려 소리를 낸 대상을 공격하거나 후퇴를 한다. 놀라거나 성이 나면 코로 나팔 소리를 낸다. 한편 이가 빠져 먹이를 씹을 수 없게 되면 굶어 죽는다. 코끼리가 죽으면 몸은 썩어 없어지고 상아만 남는다. 수명은 60~70년이다.

사람들은 수천 년 전부터 코끼리를 길들여 이용했다. 오늘날에도 아시아 몇몇 나라의 벌목장에서는 코끼리를 이용하는데, 차가 들어가기 힘든 곳에서 무거운 통나무를 들어 운반할 수 있다. 그러나 상아를 노린 코끼리 사냥과 농경지의 확대로 서식처가 감소해서 코끼리는 생존을 위협받고 있다. '벌목 노동자' 코끼리는 수 없이 많다. 멸종위기에 놓인 아시아코끼리의 최대 서식지는 인도이고 그 다음이 미얀마이다. 다른 멸종위기 대형 포유류처럼 아시아코끼리의 3분의 1은 동물원 등 인위 시설에서 살아간다. 그러나 특이하게도 사람이 기르는 가장 큰 아시아코끼리 집단은 유럽의 동물원이 아닌 미얀마에 산다.

벌목장 코끼리

미얀마의 국영 벌목장에서 5,000여 마리의 아시아코끼리는 중장비가 들어가기 힘든 산악지역에서 티크 원목 등을 나른다. 수 세기 동안 이런 일을 하면서 벌목장 코끼리는 국가로부터 정식 노동자 대접을 받는다. '미얀마 벌목 코끼리 프로젝트' 자료를 보면, 이들 코끼리는 몬순과 비교적 선선한 계절인 6월부터 이듬해 2월까지 하루 5시간만 일한다. 법정 공휴일엔 쉬고 출산휴가를 보장받는다. 국가가 파견한 수의사들이 주기적으로 건강검진을 하고 55살 은퇴 이후에도 건강을 돌본다.

벌목장 코끼리는 반 자연 상태로 운영된다. 일이 끝난 코끼리는 부근 숲으로 이동해 자유롭게 먹이활동을 한다. 다른 일터의 코끼리와 만나 사회적 관계를 맺고, 무엇보다 야생 코끼리 수컷과 만나 임신을 하고 새끼를 낳기도 한다. 이렇게 태어난 새끼는 자동으로 벌목 노동자가 된다. 모든 코끼리에는 고유번호가 매겨지고 평생 관리된다. 새끼를 낳은 어미는 1년간 '출산 휴가'를 얻어 쉬고 새끼가 따라다니는 4년 동안은 가벼운 일만 한다. 새끼는 5살부터 17살까지 훈련과 가벼운 일을 한 뒤 18살부터 본격적인 '벌목 노동자'가 된다.

벌목장은 동물원에 비하면 코끼리에게 훨씬 자연에 가깝다. 유아사망률을 비교하면 동물원이 벌목장보다 곱절이다. 코끼리의 수명 중간 값도 미얀마 벌목장이 41.7년인데 견줘 동물원은 18.9년에 지나지 않는다. 고도의 사회성 동물인 코끼리는 범고래 등과 마찬가지로 동물원에서 기르지 말아야 한다. 특히 동물원에서 코끼리는 번식이 힘들뿐더러 어렵게 태어난 새끼도 한 살을 넘기지 못하고 죽는 경우가 30%에 가깝다.

그렇다고 벌목장이 아시아코끼리의 천국은 아니다. 이곳에서도 자연적인 출산은 사망률을 따라잡지 못한다. 부족한 노동력을 메꾸기 위해 야생에서 새끼를 포획해 온다. 그 비율이 절반쯤 된다. 아시아에서는 사람 수가 증가하는 만큼 코끼리가 줄어들어 코끼리의 수가 4만 마리도 채 안 된다. 아프리카에서는 불법 사냥으로 1979년에는 130만 마리이던 것이 1990년대 초에는 겨우 60만 마리밖에 남지 않았다. 힘이 강해서 노동용으로 활용하기 좋지만 소, 돼지, 말 등의 동물들과는 비교도 안 되게 많은 양의 먹이를 먹기 때문에 가축용으로는 부적합하다. 동남아 일부 지역에서는 벌목꾼들이 합법적으로 코끼리와 협력해 목재를 얻는다.

제 10 장

인간을 위해 산 채로 전시되어 있는 동물원동물

동물원동물(Zoo Animal)은 인간을 위해 산채로 동물원에 전시되고 양육되는 동물들로서 펭귄, 물개, 돌고래, 얼룩말, 코뿔소, 하마, 원숭이 등이 해당된다. 동물원에 사는 외래 야생동물을 원래 서식지로 돌려보내는 것은 현실적으로 거의 불가능하다. 동물원동물 대부분은 태어나서부터 동물원에서 살아왔기 때문에 야생을 경험한 적이 없다. 토종 야생동물은 자연방사가 가능하지만 세심한 계획을 가지고 방사 프로그램을 진행해야 한다. 그렇지 않을 경우 굶어 죽거나 로드킬 당할 가능성이 높다.

동물원의 운영 주체를 보면 동물원이 추구하는 목적을 대략 알 수 있다. 운영 주체는 공립과 사립으로 나뉘는데, 공립은 지자체나 공사, 공단이고 사립은 기업이나 개인이다. 지자체가 운영하는 공립 동물원은 공익에 목적을 두고 있어서 위락시설로서 시민의 나들이 장소로 인기가 있다. 하지만 과거와 달리 동물복지에 대한 시민들의 요구가 증가하고 있고 지자체로서 이에 부응해야 할 의무가 생겼다. 과거 희귀하고 많은 동물들을 보여주는 것이 동물원의 과제였다면, 지금은 보호해야 하는 동물종이 무엇일까 고민하고 있다. 예를 들어 겨울이 되면 더 비좁은 내실에 갇혀야 되는 열대에 서식하는 동물은 자연 감소시키고, 보호받아야 할 토종 야생동물을 데려오고 있다.

모든 동물의 고향은 자연이고 가축도 원래는 자연에서 살았었으며 사냥에서 허탕 칠 때가 많아 아예 잡아 와 뒤뜰에 가둬 기르기 시작한 게 가축의 시작이다. 가축은 수렵 생활을 하던 사람들이 최고로 꼽는 사냥감이기도 했고 수천 년 동안 사람 손에 커서 고향인 자연으로 돌아가도 스스로 살기 어렵다. 가축과 달리 야생동물은 야생에서 환경을 극복하면서 사는데 조상 대대로 그렇게 살아와서 이미 적응돼 있고 적응하지 못한 개체의 가문은 대가 끊겼다. 적응한 개체의 후손이 현재 살고 있고, 자연이 선택한 결과이며 사람이 돌보지 않아도 혹독한 추위나 더위에도 종마다 나름대로 생존비법이 있어 까딱없다.

야생동물들은 환경 변화에 민감하다. 조류는 좋아하는 환경을 찾아다니며 사는데 우리나라 여름 철새로는 제비, 백로와 물총새가 대표적이고 겨울 철새로는 독수리, 두루미, 청둥오리 등이 있다. 봄에 독수리는 몽골에서, 두루미는 러시아에서 번식한 후에 추워지면 남쪽으로 내려온다. 추위를 피했다가 다시 번식지로 돌아가는 생활 방식이다.

산양은 몇 마리씩 가족을 이뤄 무리로 산다. 여럿이 함께 살면 누가 습격하려는지 망 볼 때 좋고 얕잡아 볼만한 대적이 쳐들어오면 떼 뭉쳐 몰아낼 수 있어서 좋다. 발굽이 덧버선을 신은 것처럼 도톰해서 바위 절벽에 버티고 서 있기에 안성맞춤이다. 절벽 난간에 서 있는 걸 보면 간당간당 떨어질 것 같아도 꿈쩍 않고 밤을 새운다. 바위 절벽 끝에서 잠을 자야 편히 잠든다.

동물은 먹이를 찾거나 짝을 찾아 헤맨다. 예를 들면 수달은 하루에 3.5km를 이동할 정도다. 동물마다 활동 반경이 있다. 활동 반경이란 자기 영역이기도 하고 평소에 쉬고, 먹이를 구하거나 짝을 찾으려고 들락날락하는 곳이다. 먹이와 천적에 따라 다르나 보통 얼룩말은 평균 $9.4km^2$, 하마는 $0.4{\sim}0.6km^2$, 흰코뿔소 암컷은 $2{\sim}20km^2$로 넓다. 야생동물을 서식지에 자유롭게 살게 두면 될 텐데 왜 동물원에 가둬 놓고 기를까? 동물원에서 야생동물이 맘 편하게 살게 제대로 갖춰 줄 수 있을까? 이런 논리를 들어 동물원을 폐지해야 한다고 주장하는 사람도 있다. 그런데도 모든 나라에 동물원과 수족관이 있다. 미국은 230여 개, 일본은 170여 개 있다. 긍정적인 측면보다 부정적인 측면이 많았다면 이미 없앴을 것이다. 세계에서 가장 오래된 오스트리아의 쇤브룬 동물원도 1752년 이래 지금까지 운영되고 있다. 경제적인 측면으로 보면 솔직히 동물원은 돈벌이가 안 된다. 먹이 값과 잡다한 관리비용을 대려면 만만치 않다. 적자를 보면서까지 운영하는 걸 보면 존재할 이유가 분명히 있다. 동물원이 없다면 서식지에 가야 볼 수 있다. 수많은 사람이 찾아갈 테니 서식지가 지금보다 더 망가질 것은 뻔하다.

　야생동물이 동물원에 살려면 온갖 것이 불편할 것이다. 야생과 비교하면 턱없이 좁은 곳에 산다. 변명할 여지가 없다. 매일 마주치는 관람객 시선도 괴로울 것이다. 이런 걸 동물원에서도 알고 있어 불편하지 않게 하려고 늘 노력하고 있다. 동물원에 사는 동물들이 야생보다 약 15~20% 오래 사는 걸 보면 동물원이 형편없이 나쁘진 않다는 증거이다. 예로서 야생에서 얼룩말은 20살 하마는 40살까지 산다. 동물원에서는 얼룩말이 최고 28살까지 하마는 최고 50살까지 산다. 자유롭지 못해 매우 안타깝지만 수명만 보면 그렇다.

　서식지에서 야생동물을 잡아 동물원으로 데려오지 않은 지 오래됐다. 다쳐서 구조된 야생동물이 완치 후 서식지로 돌려보낼 수 없을 땐 동물원으로 보내는 경우는 있다. 동물원에 있는 동물은 자기 동물원 또는 국내·외 다른 동물원에서 태어난 동물들로 넓은 세계를 경험하지 못했다. 그럴지라도 야생처럼 해 주려고 은신처, 그늘, 언제든지 마실 수 있는 물과 추위나 더위를 피하는 시설을 해 놨다. 산양이 사는 곳엔 바위를 넣어 놨고, 늑대나 오소리에게는 굴을 팔 수 있게, 물놀이를 즐기는 코끼리나 하마네 집엔 수영장이 있다. 이런 게 동물행동 풍부 프로그램(Animal Behavioral Enrichment Program)이다.

동물원마다 생태교육을 한다. 훗날 사회를 이끌어 갈 어린 학생이 주 대상이다. 서식지에서 어떻게 살고 있고, 왜 멸종 위기에 처했고, 어떻게 해야 멸종 위기에서 벗어나게 할 수 있을지 질문과 답을 준다. 동물원에 와서 휴식하면서 자연스럽게 공부한다. 동물원 곳곳에 있는 설명판도 한몫한다. 자연과 동물을 보호하려는 마음이 싹트게 해서 실천가로 만드는 게 궁극적인 목적이다. 교육으로 동물원에서 현재 떠안고 있는 적자보다 훗날 더 많은 이득이 생기게 한다. 동물원은 국가적 차원에서 거시적인 투자인 셈이다.

동물원이 없다면 서식지에 가야 볼 수 있다. 고릴라나 기린은 아프리카에, 오랑우탄은 인도네시아나 말레이시아에 가야 한다. 갈 때마다 볼 순 없고 운이 좋아야 볼까 말까 한다. 수많은 사람이 찾아갈 테니 서식지가 지금보다 더 망가질 것은 뻔하다. 개인이 서식지를 찾아가는 비용과 사회적 비용도 엄청나게 많이 든다. 동물원에는 멸종 위기종이 수두룩하고, 외국동물원에는 야생에서 멸종한 종도 있다. 이 동물들을 번식시켜 복원하면 멸종을 막을 수 있다. 동물원이 존재해야 할 이유 중 하나다.

인구 증가로 동물의 서식지가 택지와 경작지로 바뀌고 있다. 터전을 빼앗긴 동물이 멸종 위기에 처했고 야생에서 멸종된 종도 한둘이 아니다. 동물원에는 멸종 위기종이 수두룩하고, 외국동물원에는 야생에서 멸종한 종도 있다. 이 동물들을 번식시켜 복원하면 멸종을 막을 수 있다. 멸종 위기에서 벗어나게 한 대표적인 사례가 몽고야생말과 아라비아오릭스다. 동물원이 없었더라면 불가능했다. 동물원이 존재해야 할 이유 중 하나다. 동물원을 폐지하자는 카드를 꺼내는 것보다 동물원이 제대로 역할을 하고 있는지 따져 묻는 게 자연과 동물을 보호하는 지름길이다. 동물원도 단순 전시에서 벗어나 기능과 역할을 제대로 해야 존립할 명분을 얻을 것이다. 멸종 위기에 처한 종을 살리는 마지막 희망이 동물원이다.

❶ 동물원 유지론 🐾

동물원에서 동물 학대를 한다는 논란이 퍼지고 있다. 이 때문에 동물원은 사라져야 한다는 이야기가 많이 나오고 있다. 하지만 동물원은 우리에게 많은 도움을 주고 있고 동물원으로 인해 동물에게도 좋은 영향을 끼치고 있다.

첫 번째, 멸종위기동물들을 보호하고 있다. 현재 동물원은 멸종 위기의 동물들을 데려와 키우고 번식시키면서 멸종 위기에 처한 동물들을 보호하고 지키기 위해 많은 노력을 해왔다. 하지만 멸종위기동물을 보호하는 동물원이 사라진다면 동물원에 있는 동물들은 죽이는 것과 다름이 없다. 보호받으며 살아온 동물들은 대부분 야생성을 상실했다. 이러한 동물들은 밖으로 내보낸다면 적응하기 힘들 뿐만 아니라 이미 인간에 의해 터전을 잃어버려 더 이상 보금자리로 만들 수 없을 것이다. 실제로 프랑스 리옹 동물원에는 보유하고 있는 동물의 50% 이상이 멸종 위기 종으로 보호받고 있다. 따라서 생태계가 파괴되고 있는 우리 현대 사회에서의 동물보호는 꼭 필요하며, 동물원을 폐지해서는 안 된다.

두 번째, 동물원에서 살아가고 있는 동물들의 환경은 점점 개선되어가고 있다. 과거 동물원에 철책과 쇠 그물이 가득했던 적이 있었다. 이만큼 동물원을 관리하는 관리자들은 동물들을 거의 생각하지 않았다. 하지만 시간이 지나면서 동물원의 모습은 바뀌게 되었다. 자연의 모습을 담아낸 생태적 파노라마 전시 방법으로 바꾸는 등의 변화가 일어나고 있다. 동물들의 복지 환경도 점점 날이 갈수록 개선되고 있으며, 동물들의 생활 패턴을 파악하여 동물들이 좀 더 안락한 환경에서 생활할 수 있도록 하고 있다. 과학기술은 점점 빠른 속도로 발전하고 있다.

세 번째, 동물원은 교육에 도움이 된다. 동물원은 평소에 볼 수 없었던 많은 동물들을 실제로 직접 눈앞에서 보고 접할 수 있다는 점에서 유의미하다. 인간과 동물의 최소한의 교류와 교감도 이룰 수 있다. 동물원이 없다면 평생을 TV 속에서만 동물을 접할 것이다.

동물원은 멸종위기동물을 보호해줄 수 있고, 동물원에서 살아가고 있는 동물들의 환경이 점점 개선되어 가고 있으며 동물원은 교육에도 도움이 된다. 동물들과 교감하고 보호하는 등의 여러 순기능도 있기에 마냥 안 좋게만 보기 어렵다. 동물원을 무조건 폐지해야 한다는 해결책보다는 환경을 좀 더 넓히거나 식사 질을 좋게 하고 사육사의 교육 등 복지증진이 필요하다.

❷ 동물원 폐지론 🐾

"야생동물을 마음대로 데려와 환경을 맞춰준다 해도 원래 살던 영역의 1만분의 1도 안 되는데"라며 "야생동물이 동물원에 있는 것은 보호가 아니라 고문"이라고 주장한다. 하지만, 동물 사육사 관련 업계 종사자들은 "동물원 개편에는 동의하나 동물원 폐지는 있어서는 안 될 주장"이라고 한목소리를 내고 있다. 사육사들은 야생성을 잃어버린 동물을 자연으로 돌려보낸다 해도 적응하기 어렵다고 말한다. 이미 인간의 손에 터전을 잃어버린 동물들이 대부분이어서 보금자리로 삼을 만한 곳이 없다. "동물원이 없어진다 해도 이 동물들이 다시 야생으로 돌아갈 수 없다." "사람들이 자연을 너무 많이 훼손해 동물들이 보금자리로 삼을 곳이 없다." 사육사들은 동물원의 기능을 재편해야 한다고 강조한다. 멸종 위기종의 보호와 개체 수 연구 등을 확대해 동물관리의 전문성을 강화할 필요성이 있다.

❸ 동물원의 방향성 개념 '4R' 🐾

동물원의 방향성을 선명하게 하기 위한 개념으로 '4R'이 있다. Rescue(구조), Responsibility(책임), Release(방사), Reduction(감소)다.

'Rescue-구조'는 야생동물구조센터에서 구조된 동물 중 자연에 나가면 오히려 고통 받을 수 있는 장해 동물은 인도적 안락사를 행하는데 이런 동물들을 동물원에 데려와 교육 동물로서 살게 하는 것을 말한다. 장해 동물은 삶을 이어갈 수 있고 구조 과정에서의 스토리를 통해 우리 주변 자연환경에 대한 관심을 불러일으킨다.

'Responsibility-책임'은 데리고 있는 동안의 책임을 뜻하는데, 동물이 지루하지 않게 풍부한 행동 프로그램을 도입하고 정기적인 건강검진을 통해 야생동물의학 발전에 공헌한다. 이렇게 서식지 외에서 모아진 의학 데이터는 실제 서식지의 야생동물을 연구하는 데 도움을 준다.

'Release-방사'는 구조된 삵, 담비 등 토종 멸종 위기 야생동물이 새끼를 낳으면 방사 훈련을 통해 어미가 갈 수 없었던 자연으로 돌려보내는 것이다. 방사 후 모니터링을 통해 서식지에 대한 연구도 병행할 수 있다.

'Reduction-감소'는 동절기에 난방이 필요한 열대지역 동물들을 자연감소 시키고 구조된 토종 동물을 보호하면서 동물원에서 사용했던 에너지를 저감하는 것이다. 멸종 위기 야생동물 보전을 위한다는 동물원의 온실가스 생산과 자원낭비는 모순이다.

❹ 원숭이 쇼 폐지 🐾

동물 쇼의 대표적인 문제점은 동물에 대한 신체적 폭력이다. 야생에서 자유롭게 살아가는 동물은 춤을 추고, 불붙은 링을 통과하고, 자전거를 타는 등의 묘기를 부리지 않는다. 이런 부자연스럽고 인위적인 행동을 하도록 조련하는 과정에서 잔혹행위가 벌어진다. 설령 물리적 폭력 없이 조련이 가능할지라도, 그런 동물 쇼를 '윤리적'이라고 부를 수는 없다.

동물 쇼에는 코끼리 · 원숭이 · 돌고래 등 지능이 높은 동물이 이용된다. 그런데 지능이 높기 때문에 정신적인 고통을 겪기도 쉽다. 머리가 뛰어나다는 것은 감정과 의식이 사람과 유사하여 더 쉽게 정신적 어려움에 민감할 수 있다. 사람의 경우, 자발적으로 선택한 일을 하면서도 스트레스를 받는다. 그러나 동물에게 있어서 공연은 자발적인 선택도 아니다. 동물 쇼를 법으로 금지하는 나라들이 늘고 있다. 원숭이를 두 발로 걷게 만들기 위해 앞발을 뒤로 묶은 채 끌고 다니는 일도 있다. 원숭이들은 사람처럼 두 발로 걸어 다니고, 친구를 태운 유모차를 끌고, 윗몸 일으키기를 하고, 오토바이를 타는 등의 묘기를 부렸다.

⑤ 돌고래 쇼 폐지 🐾

수천 km의 바다를 종횡하며 자유롭게 사는 야생 돌고래들을 고작 6~7m 얕은 깊이의 햇빛도 잘 들지 않는 수조 안에 가둬놓으면 실제로 감옥이나 다를 것 없는 환경으로 인해 지속적인 스트레스에 시달린 돌고래들이 수족관 내를 반복적으로 맴도는 등 이상행동을 보이는 사례는 수없이 많이 보고되고 있다. 쇼나 서커스에서 돌고래 등 야생동물의 사용을 금지하는 동물 학대 근절 대한 법안들이 세계 곳곳에서 통과되고 있다. 우리나라에서도 돌고래 등을 동원한 공연은 '동물 학대'라며, 수족관 체험 프로그램 금지와 고래류 방류를 요구하는 목소리가 높아지고 있다. 이탈리아, 오스트리아, 싱가포르, 덴마크, 이스라엘 등은 이미 야생동물이 동원되는 모든 동물 쇼를 법으로 금지하고 있다.

● ● 반려동물의 동물복지를 고려한 동물의 장례

　　반려 동물 장례 업체가 죽은 반려 동물뿐만 아니라 살아 있는 동물도 안락사한 후 화장·장례 절차를 밟아준다. 반려 동물 주인을 대신해 동물을 처리해주는 셈이다. 업체의 장례 절차는 사람의 장례와 유사하다. 고객이 반려동물의 장례 서비스를 신청하면 업체는 날짜를 정해 추모식을 진행, 필요에 따라 염습·수의·입관 등을 진행한다. 이후 화장한 후 유골을 수습하는 식이다. 전국에 정식 허가를 받아 영업 중인 장묘업체는 여러 곳이 있다. 반려 동물이 동물 병원에서 죽은 경우, 의료 폐기물로 분류되어 동물 병원에서 자체적으로 처리되거나 폐기물 처리업자 또는 폐기물 처리시설 설치·운영자 등에게 위탁해서 처리된다. 반려 동물이 동물 병원 외의 장소에서 죽은 경우에는 생활 폐기물로 분류되어 해당 지방자치단체의 조례에서 정하는 바에 따라 생활 쓰레기봉투 등에 넣어 배출하면 생활 폐기물 처리업자가 처리하게 된다. 반려 동물이 동물 병원에서 죽은 경우에는 동물 병원에서 처리될 수 있는데, 소유자가 원하면 반려 동물의 사체를 인도받아 동물 장묘 업 등록을 한 자가 설치·운영하는 동물장묘 시설에서 화장할 수 있다. 반려 동물이 동물 병원 외의 장소에서 죽은 경우에는 소유자는 동물 장묘업의 등록을 한 자가 설치·운영하는 동물 장묘시설에 위탁해 화장할 수 있다. 반려 동물의 장례와 납골도 동물 장묘업의 등록을 한 자가 설치·운영하는 동물 장묘시설에 위임할 수 있다. '동물 장묘업자'란 동물전용의 장례식장·화장장 또는 납골 시설을 설치·운영하는 자를 말한다. 반려동물을 키우는 인구가 늘고 있는 가운데 반려동물 장례문화가 급속도로 확산되고 있다. 반려동물 장례는 사람의 경우처럼 3일장, 5일장을 지내지 않지만 그 외의 절차는 별반 다르지 않다. 반려동물 장례는 반려동물 장례지도사에 의뢰해 치르는 것이 보편적이다. 반려 동물 장례 업체는 폐기물 시설이라는 인식이 크기 때문에 지역 주민의 반대도 심하고, 지자체의 승인을 받는 것도 어렵다. 화장한 재속의 탄소를 인공 다이아몬드로 바꾸는 등의 아이디어를 착안해 반려동물의 사체로 보석을 만드는 업체들이 생기긴 했으나, 그 수가 매우 적다. 우리나라의 경우 반려동물을 키우는 가구 수는 매년 늘고 있으나 사체 처리 방법이나 대안이 없는 것이 현실이다. 높은 비용도 부담스럽지만, 까다로운 절차로 인해 주저할 수밖에 없다.

Chapter 4

제11장 인간에게 질병을 옮기거나 동물들끼리 질병에 감염되는 감염동물

1. 박쥐(Bat)
2. 쥐(Rat, Mouse)
3. 진드기(Tick, Mite)
4. 모기(Mosquito)
5. 벼룩(Flea)
6. 파리(Fly)
7. 인수공통감염병(Zoonosis)

제12장 인간과는 떨어져 사는 야생동물

1. 오랑우탄(Orangutan)
2. 침팬지(Chimpanzee)
3. 고릴라(Gorilla)
4. 고슴도치(Hedgehog)
5. 뱀(Snake)
6. 햄스터(Hamster)
7. 금붕어(Goldfish)
8. 자라(Snapping Turtle)

제13장 인간문명에 의해 사라져가는 멸종위기동물

1. 벵갈 호랑이(Bengal Tiger)
2. 아프리카 치타(African Cheetah)
3. 자이언트 판다(Giant Panda)
4. 바다거북(Sea Turtle)
5. 사향노루
6. 하늘다람쥐
7. 긴 점박이 올빼미
8. 까막딱따구리
9. 호랑이
10. 반달가슴곰
11. 여우
12. 담비
13. 산양

인간과 동물의 유대가
전혀 없이 살아가는 동물

이들 동물들은 인간들과 거의 유대가 없이 살아가고 인간의 도움 없이 살아가다 보니 언제 태어나는지 언제 죽어가는지 살아있는지 죽었는지도 조사하고 찾아보아야 되는 동물들이다. 치료받지도 않고 예방접종도 받지 못하는 그야말로 동물들만의 세계 속에 있는 동물의 세계에 있는 동물들이다. 약육강식의 자연의 질서 가운데에서 생존하기도 하고 죽어가기도 함으로 야생성을 잃지 않고 살아가며 무리들 가운데서 쳐지거나 병에 걸렸을 때에는 무리에서 떨어져서 조용히 죽어가는 그야말로 야생의 동물들이다.

제 11 장

인간에게 질병을 옮기거나
동물들끼리 질병에 감염되는 감염동물

감염동물(Infection Animal)은 인간에게 인수공통감염병을 직접 옮기는 동물이나 인간과 동물에게 질병을 간접적으로 매개하는 매개 곤충 동물과 쥐나 박쥐 등을 말한다. 인수공통감염병은 인간 전체 감염질병의 60~75%를 차지할 정도로 심각하기 때문에 이에 대한 대책이 신속하게 이루어져야 되고, 매개곤충에 의한 감염 질병들도 최근 기후 변화로 인해 그 심각도가 날로 증가하고 있다. 인수공통감염병에는 조류인플루엔자, 광우병, 광견병 등이 있으며, 매개곤충에 의한 감염 질병들에는 말라리아, 일본뇌염, 사상충증, 황열, 뎅그열, 페스트, 발진열, 재귀열, 야토병 등이 있고, 쥐나 박쥐 등에 의한 질병에는 코로나 19 바이러스 감염병, 메르스, 사스, 유행성 출혈열 등이 있다.

① 박쥐(Bat) 🐾

중국 후베이 성 우한 시에서 처음 발발한 신종 코로나바이러스19 감염증은 처음 이 병을 인류에게 전파한 것으로 추정되는 동물인 박쥐에 대한 관심을 높여 주었다. 박쥐가 특유의 높은 종 다양성과 면역력으로 대표적인 신종 인수공통 바이러스를 다수 보유한 동물인 것은 사실이지만, 이 바이러스가 인간을 위협하게 된 이유는 어디까지나 야생동물의 서식지를 파괴하고 식재료로 삼은 인간에게 있다.

질병명	주요감염원
사스(SARS, 중증급성호흡기증후군)	관 박쥐
에볼라	과일 박쥐라 부르는 큰 박쥐
메르스(MERS, 중동호흡기증후군)	이집트 무덤 박쥐
코로나19(COVID19, 신종 코로나바이러스)	관 박쥐

박쥐는 2003년 중국을 덮친 사스와 2014년 에볼라, 2012~2015년 중동과 한국을 휩쓴 메르스 등 21세기의 주요 감염 질병을 일으킨 바이러스의 근원이다. 사스는 '관 박쥐', 에볼라는 흔히 '과일 박쥐'라고 불리는 '큰 박쥐', 메르스는 '이집트 무덤 박쥐'가 주요 감염원으로 꼽힌다. 코로나19도 중국의 '관박쥐'가 유력하게 지목되었다.

박쥐는 전 세계적으로 약 1,000종이 존재하는, 종 다양성이 가장 큰 포유류 중 하나다. 전체 포유류 종 가운데 5분의 1이 박쥐일 정도다. 박쥐보다 종이 다양한 포유류는 설치류 즉, 쥐뿐이다.

| 관 박쥐 | 큰 박쥐 | 무덤 박쥐 |

종이 다양하다 보니 다양한 질병과 환경에 적응하는 능력이 뛰어나다. 특히 몸에 다양한 바이러스를 지닌 상태로 태연히 생존하는 능력 면에서 포유류 가운데 1, 2위를 다툰다. 박쥐류는 156종의 인수공통 바이러스를 지니고 있어 183종을 지닌 설치류 다음으로 많은 것으로 평가됐다. 어떤 조사에서는 박쥐가 오히려 설치류보다 인수공통 바이러스 수가 많았다.

박쥐가 바이러스를 몸에 많이 지니고도 무사할 수 있는 것은 바이러스가 들어와도 염증 반응을 일으키지 않는 독특한 면역체계 때문이다. 인간은 바이러스 등 병원체가 침입하면 면역체계가 발동해 체온을 올린다. 고온에 취약한 바이러스의 활동을 막기 위해서다. 생존을 위한 필수 반응이지만, 우리 몸도 피해를 감수해야 하는 과정이다.

반면 박쥐는 어지간한 경우가 아니면 체온을 올리는 염증 반응을 일으키지 않는다. 바이러스를 죽이지 않는 대신 몸에 키우는 것이다. 대신 바이러스도 박쥐를 죽이지 않고 얌전히 지내다 다른 동물에게 옮겨가 번식한다. 일종의 공생 전략이다. 에볼라 등 바이러스에 대항하는 항체를 갖고 있는 박쥐도 발견돼 있다.

이런 바이러스의 대부분은 인류에게 옮겨가지 않아 문제가 없다. 하지만 가끔 돌연변이가 발생하면 사람에게도 옮을 수 있는 인수공통 바이러스가 된다. 사스부터 에볼라, 메르스, 신종 코로나바이러스가 모두 이에 해당한다. 박쥐는 이렇게 바이러스 '저장소' 역할을 하고 있지만, 인류에 직접 피해를 끼치지는 않는다. 박쥐는 어른 엄지손가락 정도 크기에 쥐처럼 생긴 작은 박쥐류와 어른 팔뚝만 한 크기에 여우처럼 생긴 큰 박쥐류의 두 큰 부류로 크게 나뉜다. 이들은 각각 곤충과 과일을 먹는다. 곤충을 먹는 박쥐의 경우 밤에 호수 등의 수면 위나 산림 위를 날며 모기 등 해충을 잡아먹고 사는 이로운 동물이며 야생 상태 그대로의 박쥐는 인간에 해를 끼치는 일이 거의 없다.

문제는 서식지가 파괴되고 먹이가 없어지자 점차 사람이 사는 곳까지 드나들며 경작지나 과수원의 곤충과 과일을 먹게 되면서 인간과 접촉이 늘어났다. 여기에 박쥐를 한약재나 식재료로 사용하는 일부 문화권의 식문화는 박쥐 속 바이러스와 인간의 직접적인 접촉을 늘리는 계기가 됐다. 박쥐 바이러스가 인간에게 전파된 계기는 대부분 먹는 과정 때문이며 덜 익힌 박쥐를 먹거나 도축 과정에서 바이러스가 유입되는 것이 문제이다.

과도한 혐오나 두려움을 보일 필요는 없다. 일상생활에서 보통 사람들은 박쥐를 만날 가능성이 거의 없다. 박쥐는 야생성이고 동굴이나 폐광에 살며 1년 중 길게는 절반 이상을 겨울잠으로 보낸다. 특히 국내에서는 1,000여 종의 박쥐 중 작은 박 쥐 20종 남짓만 살고 있고, 그나마 서식지인 폐광이 대거 폐쇄되면서 최근 수십 년 사이에 개체수가 급감해 있는 상태다.

박쥐는 세계 각지에 분포하고 있다. 우리나라에는 21종의 박쥐가 살고 있는 것으로 알려진다. 대부분의 박쥐는 식충성인데, 어떤 박쥐는 열매, 꽃가루, 꿀을 먹기도 하며 열대 아메리카의 흡혈박쥐는 포유동물이나 큰 새의 피를 먹는다. 거의 모든 박쥐들은 낮에는 자고 밤에 먹이를 잡으러 돌아다닌다. 박쥐는 일반적으로 동굴, 바위틈, 굴속 등 격리된 잠자리를 좋아한다.

박쥐는 포유류 박쥐목에 속하는 동물로서 날수 있는 유일한 포유동물이다. 날개는 앞발에서부터 뒷다리 발목까지 붙어있는 비막에 의해 연결되어 있다. 목은 짧고, 가슴과 어깨는 근육질로 크고, 엉덩이와 다리는 가늘다. 크기는 종에 따라 날개를 핀 길이가 15mm에서 15m까지 다양하다. 낮에는 동굴 천장, 바위틈에서 거꾸로 붙어 자고 밤에 먹이를 잡으러 돌아다닌다.

서양에서는 불길한 신화와 연관이 되어 있지만, 동양에서는 때로 행운을 가져다주는 상징으로 여겨진다. 박쥐들은 빛깔, 털의 조성과 얼굴 모습에 있어서도 천차만별이다. 박쥐의 날개는 앞다리가 변형된 것이다. 엄지손가락을 제외한 모든 손가락이 길어졌으며 비막에 의해서 서로 연결되는데, 비막은 앞팔에서부터 옆구리를 따라 뒷다리의 발목에까지 이른다. 엄지손가락 끝에는 발톱이 있다. 대부분의 박쥐들은 다리 사이에도 검은 색소가 있는 피부로 된 2겹의 비막을 가지고 있다.

박쥐의 주둥이는 설치류나 여우의 주둥이처럼 생겼다. 외이는 앞으로 돌출해 있어 크며, 움직임이 상당히 자유롭다. 많은 박쥐들은 비엽도 가지고 있는데 이는 피부와 결합조직으로 구성되며, 코를 둘러싸거나 코 위에 펄럭이게 된다. 비엽은 반향결정 체계를 위한 소리 생성에 영향을 준다고 한다. 박쥐의 목은 짧고, 가슴과 어깨는 근육질이면서 크고, 엉덩이와 다리는 가늘다. 비막을 제외한 부분은 털로 잘 덮여 있는데 등쪽은 회색·황갈색·갈색 및 흑색이고 배 쪽은 그보다 색이 옅다.

전체 박쥐집단의 성주기가 서로 일치되므로 교미 행동은 2~3주일 안에 끝나게 된다. 임신 기간은 6~7주에서부터 5~6개월에 이른다. 많은 종에 있어서 임신한 박쥐들은 특수한 육아 잠자리(nursery roost)로 이주한다. 일반적으로 1마리의 새끼를 낳지만 붉은 박쥐(*Lasiurus borealis*)는 1~4마리의 새끼를 낳는다. 새끼들은 털이 없거나 털이 약간 난 채로 태어나며, 태어난 후 짧은 기간 동안은 눈과 귀가 먹은 상태이다. 크기나 아목에 따라서 5~6주, 심지어는 5개월까지도 새끼를 돌보는 경우가 있다. 2개월쯤 되면 대부분의 소익수류는 성체의 크기가 된다.

박쥐들은 일반적으로 동굴, 바위틈, 굴속 및 빌딩건물과 같은 격리된 잠자리를 좋아한다. 그러나 어떤 박쥐들은 바깥에 있는 나무나 바위 같은 데서 잠을 자기도 한다. 박쥐들은 흔히 수십 마리에서부터 수백 수천에 이르는 밀집된 집단으로 발견된다. 박쥐에게는 잡아먹힌다는 것은 그리 큰 위협이 되지 않고, 질병·굶주림 및 사고에 의해서 약간씩 죽게 된다. 개방된 지역에서 잠자는 종들에게는 얼룩 또는 반점이 있는 모피나 몸 색깔의 변이가 흔하다.

어떤 박쥐들은 20년 이상 사는 것으로 알려져 있다. 격리된 잠자리, 야행성 행동 및 군집생활이 박쥐들의 긴 수명에 기여하는 요인들이다. 반향정위를 이용하는 박쥐는 근처에 있는 물체로부터 반사되는 짧고 높은 파장의 소리를 듣게 된다. 박쥐들은 돌아오는 소리를 듣고, 먹이나 장애물의 위치를 파악할 수 있게 된다. 고도로 예민한 귀와 청각중추의 통합에 의해서 이러한 능력이 생기게 된다. 소리의 파동은 박쥐들 사이의 의사소통에도 이용된다.

식충성인 박쥐가 잡아먹는 곤충의 양이 엄청나므로 곤충 집단의 평형을 유지하는 데 상당히 중요하며, 몇몇 해로운 곤충을 구제하는 수단이 되기도 한다. 식충성 박쥐들의 배설물인 구아노는 오래전부터 농사용 비료로 사용되어왔다. 또한 박쥐는 포식 활동뿐만 아니라 꽃가루받이나 씨의 분산 등으로도 자연 질서에 큰 영향을 끼친다.

전 세계에 널리 분포하는 박쥐는 열대지방에 수가 특히 많아서 박쥐들의 시끄러운 소리, 배설물인 구아노 및 그 악취 때문에 특별히 관심의 대상이 된다. 집이나 공공건물에 큰 무리를 지어 쉽게 만연될 수 있기 때문이다. 열대 아메리카의 흡혈 박쥐류는 인간에게 심각한 해를 일으키는 박쥐로, 소의 질병을 전파하며, 이들이 가축에 내는 작은 상처는 때로 쇠파리가 알을 낳는 장소가 된다.

빠른 박쥐는 조류 중 제일 빠른 칼 새에 도전할 정도라 한다. 보통은 똑바로 날지만 때때로 급회전으로 방향 전환을 잘한다. 먹이는 날아다니는 곤충을 먹는다. 또 박쥐는 눈을 보지 못하게 가려도 실내에서 약 30cm 간격으로 늘어뜨린 가는 철에도 부딪히지 않고 날아갈 수가 있다. 그러나 귓구멍을 솜으로 막아서 소리가 들리지 않으면 60%는 부딪히게 된다. 따라서 물건으로부터 반사하여 오는 공기의 진동을 귀로 감수하여 물건을 피하는 것이라 추측되고 있다. 이 밖에 박쥐는 조류와 같이 귀소본능을 가지고 있다. 박쥐의 눈에 흰 페인트를 바르고 낮에 보금자리로부터 약 45km 떨어진 곳에서 놓아주었더니 약 58분 만에 돌아왔다는 실험결과도 있다.

이와 같이 박쥐는 야생조류와 비슷한 여러 가지 습성을 가지고 있으나 번식방법 같은 것은 전혀 다르다. 늦여름부터 초가을에 교미하여 초여름에 1~2마리의 새끼를 낳는데, 북미에 살고 있는 종류는 4마리까지 낳는다. 새끼들은 생후 3~4일간은 어미 가슴에 달라붙어 있지만, 그 뒤 어미가 먹이를 구하러 나갈 때에는 새끼들은 보금자리에 남아 있는다.

이때에는 보통 어미와 새끼들만으로 무리를 이루고 있으며, 어미는 누구의 새끼라도 상관하지 않고 젖을 먹이는 것으로 추측된다. 작은 박쥐 종류는 거의 초저녁이나 밤중에 날아다니면서 곤충을 잡아먹는다. 먹이는 주로 나방과 갑충인데 퇴간막을 앞으로 구부려서 주머니를 만들고 그 속에서 부드러운 부분만을 먹는다. 그러나 곤충이 지나치게 클 때에는 나무줄기에 앉아서 먹이를 섭취한다.

박쥐는 서양에서는 마녀의 상징이나 악마의 대명사로 사용되고 있으나 동양에서는 오히려 오복의 상징으로서 경사와 행운을 나타내는 뜻으로 쓰이고 있다. 이것은 박쥐의 복(蝠)자를 복(福)자로 해석하는 데에서 기인한다. 따라서 일상생활에 사용하는 회화나 공예품·가구의 장식 등에 문양으로 많이 사용되고 있다. 또 노리개에도 박쥐 모양을 하여 복이 깃들기를 기원하기도 한다.

박쥐에 대한 부정적인 견해는, 짐승과 새가 싸울 때 짐승이 우세하자 새끼를 낳는 점을 들어 짐승 편에 들었다가, 다시 새가 우세하자 날 수 있다는 점을 들어 새의 편에 들었다는 우화에 잘 나타나고 있다. 또 사는 곳이 동굴속 컴컴한 곳이고, 밤에 활동을 많이 하는 데서도 기인한다. 중국의 대규모 도시 야생동물 시장은 최근의 현상이다. 유사한 시장이 다른 동아시아 국가들에도 널리 퍼져있고, 질병과 관련된 유사한 위험을 가진 야생 육류의 판매는 세계의 다른 많은 지역에도 널리 퍼져있다.

② 쥐(Rat, Mouse)

전염병을 옮기는 대표적인 동물은 쥐이다. 특히 야외에서 일할 때는 쥐똥을 조심해야 한다. 우선 쥐가 옮기는 전염병은 여러 가지가 있지만 그중에서 대표적인 것은 수열, 소아척수마비, 발진열, 양충병, 유행성 출혈열, 페스트 등을 꼽을 수 있다. 쥐는 야행성이며 주간에는 구석진 곳에 숨어서 주로 잠을 자고 해가 지기 시작하는 저녁에 먹이 활동을 시작해서 새벽에 다시 서식처로 기어 들어가서 휴식을 취한다. 이렇게 사람이 자는 밤에 활동하면서 여러 가지 전염체를 옮기기도 하고 배설물을 여기저기에 누어 쥐똥에 의하여서도 전염병이 퍼지기도 한다. 14세기 유럽에서 쥐가 옮긴 흑사병으로 사망한 사람이 약 3천만 명이었다. 쥐가 전염시킨 페스트균에 감염되면 피부가 검게 변하면서 몸이 괴저되어 사망한다.

쥐가 옮기는 전염병 모두가 고열이 나는 특징을 갖고 있는데 전염병 수열은 평균 잠복기가 4~15일이 되어 갑자기 열을 내면서 앓기 시작하는데 배와 가슴에 홍반이 생긴다. 소아척수마비 병도 갑자기 시작하면서 벼룩한데 물린 자리와 비슷한 작은 출혈점과 그 가운데 물집, 딱지가 있는 특징이 있다. 발진 열병도 갑자기 열이 나면서 병이 시작되는데 전신에서 반점이 돋으며 열이 내린 후에도 반점이 없어지지 않고 얼마동안 남아있기도 한다.

유행성 출혈열은 주로 산이나 들에서 일할 때 많이 발생하게 되는데 유행성 출혈열은 얼굴은 고열로 붉은데 상대적으로 입술은 창백하다. 병 초기에 중독 증상이 심하게 나타나면서 출혈진, 피하출혈, 피오줌, 피똥, 코피, 각혈 등 여러 가지 출혈성 증상을 보이고 흔히 혼수상태에 빠지기도 한다. 양충병도 고열이 갑자기 나면서 홍역 때 나타나는 구진들이 나타나는데 대체적으로 구진이 손톱크기로 모여서 돋는 특징이 있다. 쥐 가운데 지붕 쥐는 두동장보다 미장이 길고, 똥이 뭉툭하며, 도시 건물이나 고층 건물에 서식한다. '서울 쥐'라고 할 수 있다. 시궁쥐는 두동장보다 미장이 짧고, 똥이 뾰족하며, 하수구나 쓰레기장에 서식한다. '시골 쥐'라고 할 수 있다. 쥐 서식처나, 새 둥지 주변의 조사 시에 사용하는 기구가 '베레스 원추 통'이다.

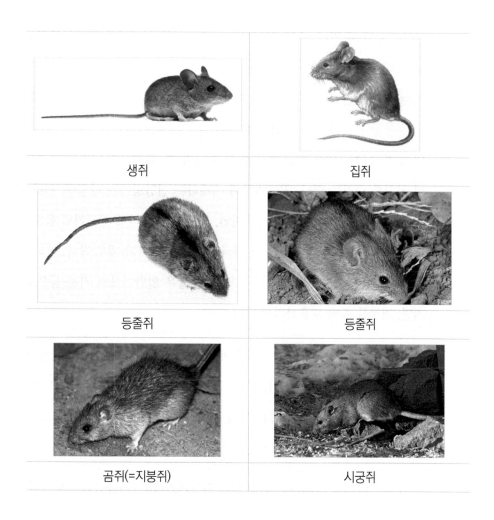

생쥐	집쥐
등줄쥐	등줄쥐
곰쥐(=지붕쥐)	시궁쥐

3 진드기(Tick, Mite) 🐾

진드기 매개 감염병이란 질병을 일으키는 세균이나 바이러스를 가진 일부 진드기가 풀숲에 있다가 지나가는 사람을 물어서 발생하는데 국내에서 발생하는 대표적인 진드기 매개 감염병으로는 쯔쯔가무시증과 중증열성혈소판감소증후군(SFTS) 등이 있다. 진드기는 거미강 진드기목 진드기과 절지동물의 총칭으로 민물, 온천, 흙 등 여러 서식처에서 살며, 동물의 몸 안팎에 기생한다. 일부 진드기는 조직을 손상시키거나 치명적인 질병을 매개하는데, 곡물 진드기는 저장물을 손상할 뿐만 아니라 사람의 피부에 자극을 일으킨다. 옴 진드기는 사람 피부의 조직 층에 구멍을 파고 들어갈 뿐 아니라 개, 돼지, 양, 염소의 가죽을 파고들어 상처를 내기도 한다. 진드기들이 매개하는 전염병에는 라임병, 인간과립구성에를리히아증, 야토병, 로키산 홍반열, 재귀열, 콜로라도 진드기열 등도 있다. 진드기는 가장 큰 것이 약 6mm에 불과할 정도로 크기가 매우 작다. 머리, 가슴, 배가 한 몸이며, 보통 4쌍의 다리가 있다. 이들은 일반적으로 기문 등으로 호흡하지만, 피부를 통해 호흡하기도 한다.

기생성 진드기목 중 기문 진드기아목 혹은 중 기문 아목에는 사람을 공격하는 닭 진드기, 북방 가금 진드기, 쥐 진드기, 개와 새의 코 진드기, 원숭이의 폐 진드기, 그리고 수목과 다른 식물들의 잎 위에 있는 포식 성 진드기가 포함된다. 때때로 포식 성 진드기는 식물을 먹는 진드기를 방제하는 데 유익하다.

진드기목(Acariformes)에서 기문 진드기아목(Oribatida)은 토양과 부식토, 그리고 이따금 나무의 줄기와 잎에 있으며, 일반적으로 해롭지 않고 유기물질을 분해하는 역할을 한다. 몇몇 종은 새김질동물에 촌충을 매개한다.

진드기목 무 기문 진드기아목(Astigmata) 또는 무 기문 아목에는 가루 진드기(Acaridae), 사람 및 동물의 옴 진드기(Sarcoptidae), 양 진드기(Psoroptidae), 새의 깃 진드기, 곤충과 관련이 있는 진드기 따위가 포함된다.

당 진드기과(Glycyphagidae)의 곡물 진드기는 저장 생산물을 손상할 뿐만 아니라 이 생산물을 다루는 사람의 피부에 자극을 일으킨다. 옴 진드기는 사람 피부의 조직 층에 구멍을 파고 들어갈 뿐 아니라 개, 돼지, 양, 염소의 가죽을 파고들어 상처를 내기도 한다. 양 진드기는 양과 소에서 발견되며, 심한 상처를 주기도 한다. 어떤 것들은 새의 기낭에서 또는 박쥐의 코 통로와 위에서 발견된다.

진드기목 전 기문 아목(Prostigmata)의 어떤 유충은 곤충에 기생하지만, 유충기가 지나면 보통 자유생활을 한다. 그러나 붉은 벨벳 진드기의 성체는 곤충에 기생하는 것 같다. 이 진드기들의 붉은 빛깔은 이들의 불쾌한 분비물에 대해 다른 생물들에게 경고하는 데 기여하는 것 같다.

진드기 중 유해한 진드기는 치명적인 질병을 매개한다. 특히 독이 있는 진드기의 경우 진드기독이 퍼져서 발과 다리에서부터 몇 시간부터 며칠에 걸쳐 근육통과 팔, 머리까지 마비가 일어나기도 한다. 진드기를 제거하면 마비는 회복되지만, 진드기를 찾아내지 못할 경우에는 호흡을 조절하는 근육까지 마비되어 사망에 이를 수도 있다.

진드기에는 큰 진드기(tick)와 작은 진드기(mite)로 나누는데, 작은 진드기는 '좀 진드기' 또는 '응애'라고도 불린다. 큰 진드기에는 후 기문 아목에 속하는 참 진드기와 공주 진드기가 있고, 작은 진드기에는 중 기문 아목에 속하는 가죽 진드기, 가시 진드기, 집 진드기 등이 있고, 전 기문 아목에 속하는 털 진드기, 여드름 진드기 등이 있으며, 무 기문 아목에 속하는 옴 진드기, 먼지 진드기 등이 있다.

작은 소 참 진드기	작은 소 참 진드기
털 진드기	여드름 진드기
집 먼지 진드기	옴 진드기

❹ 모기(Mosquito)

모기(Mosquitoes)의 형태적 특징을 보면, 성충의 경우 두부에 큰 복안, 돌출한 주둥이, 긴 촉각 등이 있는 것과 온 몸에 비늘이 있는 것이고, 유충의 경우 호흡 관(respiratory trumpet), 호흡 관모, 즐치(pecten), 유영모, 장상모 등이 있는 것 등이다. 특히, 호흡관(siphon)과 장상모는 모기 종류에 따라 각각 있는 것과 없는 것이 있어서 중요시된다. 번데기의 경우는 유충에 있는 호흡관 대신 호흡각이 있고 이것의 모양 또한 모기의 종류에 따라 다른 것이 특징이다.

모기는 알, 유충, 번데기, 성충으로 변화하는 완전변태 곤충이고, 유충은 1~2주에 걸쳐 4회 탈피하여 10~16일이 한 주기를 이룬다. 교미 습성은 숲모기속의 경우 1:1 교미이고, 그 외는 군무 현상에 의한다. 흡혈 습성은 암 모기만이 흡혈하는데 이는 모기의 산란기에 고영양분을 섭취하기 위한 것으로 보인다. 흡혈 시에는 모기가 숙주 동물이나 인체에 항응혈성 성분과 마취를 일으키는 물질을 함께 함유하는 타액을 미리 주입한 후 흡혈함으로 흡혈 시 숙주 동물이나 인체는 모기의 흡혈 사실을 느끼지 못하고 흡혈 후에 느끼게 되는데, 이것이 질병 전파의 매개체로서의 모기의 역할에 한 몫을 하는 셈이 된다.

숙주 동물의 발견은 1~2m의 근거리에서는 시각에 의해, 10~15m의 중거리에서는 탄산가스에 의해, 15~20m의 원거리에서는 체취에 의해서 이루어진다. 모기가 0.01%의 CO_2를 감지하는 감각 기관은 촉각과 주둥이 사이에 있는 촉수이고, 모기는 흡혈 후 2~3일 정도는 휴식을 취하게 된다. 왕 모기는 흡혈하지 않고 과일즙만 섭취한다.

위생곤충별로 흡혈 목적이 조금씩 다른데 그 내용을 보면, 이, 빈대, 집 진드기 등의 경우는 일생동안 일상적인 먹이로써 흡혈하고, 벼룩, 침 파리의 경우는 성충의 먹이로써 흡혈하는데, 모기와 등에의 경우는 오직 암컷의 산란을 위해서 흡혈한다.

모기의 활동을 보면 숲모기는 주간에 나머지 모기는 야간에 주로 활동한다. 모기의 휴식 공간을 보면, 중국 얼룩 날개모기의 경우는 실내나 축사의 내벽 같은 옥내에서 휴식하는 반면, 작은 빨간 집모기는 동굴이나, 하수도 등의 옥외에서 휴식한다. 월동 시기를 보면 빨간 집모기는 성충 상태로 동굴이나 지하실에서, 중국 얼룩 날개모기도 성충의 상태로 수풀에서 월동하는 반면, 숲모기의 경우는 알의 상태로 월동하게 된다. 계절적으로 보면 중국 얼룩 날개모기는 7~8월인 한 여름에, 작은 빨간 집모기는 8~9월인 늦은 여름에 주로 활동한다. 휴면기(diapause) 현상은 곤충의 월동기간에 생식기능이 중지되어 월동준비가 완료된 상태를 말한다.

🐾 학질모기와 보통모기의 비교

학질은 날개 모기에 의해, 뇌염은 집모기에 의해 매개된다.

① 학질모기와 보통모기는 알, 유충, 번데기, 성충 등 변태의 모든 과정에서 각각 다르다. 알을 보면, 학질모기는 낱개로 되어 있고, 방추형이며, 부낭으로 물에 뜨는데, 집모기는 난괴를 형성하여 물에 뜨는 것이 특징이고, 숲모기는 낱개로 되어 있지만 물 밑으로 가라앉는 것이 특징이다.

② 장구벌레라고도 불리는 모기 유충은, 흉부의 견모가 각각 다른데, 학질모기의 경우, 각 복절마다 배면에 한 쌍의 장상모가 있고 호흡관이 없어서 수면에 수평으로 뜨는 반면에, 보통 모기는 장상모는 없고 대신에 호흡관이 발달하여 유충의 몸이 물에 수직으로 매달리는 모습을 하고 있다.

③ 번데기의 경우 호흡각은 속 분류에, 유영편은 종 분류에 사용되듯이 각각 속과 종에 따라 다르다. 학질모기의 호흡각은 짧고 굵은 장화형인데 비해, 보통모기의 호흡각은 길고 가는 원통형으로 구성되어 있다.

④ 성충의 경우, 학질모기는 앉은 자세가 벽면과 45~90도로 한 상태로 흡혈

하는 반면, 보통모기는 앉은 자세가 벽면과 수평이 된 상태로 흡혈한다. 학질모기 성충의 수컷은 곤봉 상 두부를 갖고 있다.

일본뇌염모기	말라리아모기

작은 빨간 집모기(*Culex tritaniorhynchus*)는 '일본뇌염'을 매개하는 증식형 전파에 해당되며, '일본뇌염'을 매개한다 하여 '뇌염모기'로도 불린다. 흉부 견모는 단모이고, 8월 중순에서 9월 중순에 많이 발생한다. 인체의 흡혈율은 5% 내외이고, 가장 활동이 활발한 시간은 저녁 8시에서 10시까지이며, 월동 기간은 10월에서 5월까지이다. 그리고 가장 멀리 비행하는 특징이 있다.

중국 얼룩 날개모기(*Anopheles sinensis*)는 '말라리아'를 매개하는 발육 증식형 전파에 해당한다. '말라리아'를 '학질'이라고 부르므로 '말라리아모기' 또는 '학질모기'로도 불린다. 7~8월에 다발하고, 유충의 복절 배판에 장상 모가 있어서 수면에 수평을 유지할 수 있고 뜰 수 있다. 날개 전 연맥에 백색 반점이 2개가 있고, 전맥에도 2개가 있다. 촉수의 각 마디 말단부에 좁은 흰 띠가 있는 것이 특징이다.

토고 숲모기(*Aedes togoi*)는 약 4.5mm 정도의 크기이고, 흉부의 순판에 흑갈색 바탕에 금색 비늘로 된 종대가 중앙선, 아 중앙선, 봉합선에 각 2줄이 있어서 하프 악기 모양을 하고 있다. 말레이 사상 충을 매개하는 발육형 전파에 해당한다. 다리의 각 부절 기부와 말단에 흰 띠를 갖고 있는 것이 특징이고, 이른 봄부터 늦은 가을까지 발생한다. 해변가 바위 주변의 고인물에서도 발견된다. 주간 활동성인 모기이다. 모기에 의해 매개되는 질병으로는 말라리아, 사상충증, 황열, 뎅그열, 일본뇌염 등이 있다.

- 말라리아(malaria)는 학질이라고도 하며, 중국 얼룩 날개모기가 매개한다. 우리나라에서 가장 일반적인 말라리아는 3일열 말라리아로서 병원체는 원충인 *plasmodium vivax*이고 모기의 위 속에서 암수 생식모체 수정을 한다. 온대지방에서는 모기의 발생 시기와 관계되며 여름철에 유행하지만, 열대지방에서는 1년 내내 유행한다. 임상 증세는 3일열 말라리아의 경우 3일째마다 부정형의 고열을 나타낸다. 많은 말라리아 원충이 뇌의 소혈관에 괴어서 뇌의 연화소를 일으키는 일이 있는데 이를 뇌형 말라리아라고 하며, 사망률이 매우 높다.

- 사상충증(filariasis)은 제주도, 해안 지방에서 서식하는 토코 숲모기에 의해 매개된다. 발열과 함께 전신 경련을 일으키고, 어깨, 유방, 고환 등에 종창, 경련을 일으키는 경우도 있다. 수년에서 십 수년의 경과를 거쳐 만성이 되면 음낭수종, 상피병(elephantiasis), 유미뇨(乳糜尿) 등이 나타난다.

- 황열(yellow fever)은 아르보 바이러스(arbovirus)에 의한 출혈열로 도시형과 밀림 형이 있는데, 도시형은 이집트 숲모기에 의해, 밀림형은 아프리카 숲모기에 의해 매개된다. 아프리카와 남아메리카 지역에서 유행하며, 황달로 인해 피부가 누렇게 변하는 증상이 나타나 황열(yellow fever)이라고 부르게 되었다. 백신을 접종한 사람의 95%는 1주일 정도 이내에 예방 효과가 나타나고 한 번의 백신 접종으로 10년 정도 예방 효과가 지속

된다. 국립의료원이나 인천공항 검역소를 비롯한 각 검역소에서 예방접종이 가능하다.

• 뎅그열(Dengue fever)은 급성 전염병으로 일시적으로 탈진 상태에 이르지만 치명적이지는 않다. 바이러스가 원인이며 열 외에도 관절이 매우 심한 통증과 함께 뻣뻣하게 굳어지는데 브레이크 본열(break bone fever)이라는 말은 여기서 나왔다. 대부분의 지역에서는 황열 모기로 알려진 이집트 숲모기(*Aedes aegypti*)가 이 병을 옮기나 아시아 호랑이 모기로 알려진 흰 줄 숲모기(*A. albopictus*)도 중요한 매개체의 하나이다. 근본적으로 이 질병을 막으려면 모기와 그 서식지를 없애는 것이 가장 중요하다.

• 일본뇌염(Japanese encephalitis)은 매개종이 작은 빨간 집모기이고, 발생 시기는 8월 중순에서 9월 중순이 전체 발생의 90%이고, 증폭 숙주는 돼지이며, 환자로부터 직접 감염이 되지 않기 때문에 환자를 격리시키지 않는데, 특히, 불현성 감염률이 약 500~1000 : 1로 매우 높은 것이 특징이다. 제2종 법정전염병이고, 38~39℃의 고열을 내며, 심한 두통을 일으키며 구역질, 구토가 수반된다. 여름 감기나 밤에 차게 잤을 때의 증세와 비슷하나, 열은 더욱 높아져서 40℃ 전후에 이르며, 헛소리를 하거나 흥분, 의식 혼탁, 안면, 수족의 경련도 때로 일어나 뇌염 특유의 증세가 나타난다. 중증의 경우는 수족의 강직성 마비가 일생토록 남고, 정신장애로 성격이상, 저능, 치매 등도 일어난다. 발병률은 사람과 말이 가장 높다.

🐾 모기의 구제

모기의 구제에는 물리적, 화학적, 생물학적 방법들이 각각 있는데, 물리적 구제 방법으로, 발생원을 근본적으로 제거하는 환경위생관리가 있고, 유문 등과 같은 트랩을 이용하는 방법이 있다. 화학적 구제 방법은 유제, 수화제, 입제 살포에 의한 유충 구제법, 가열 연무와 극미량 연무 등의 공간살포 및 잔류 분무에 의한 성충 구제법이 있다. 그리고 생물학적 구제 방법으로는 새, 거미, 잠자리, 물고기, 왕모기, 미꾸라지, 딱정벌레, 송사리 등의 포식 동물을 이용하는 법과 모기에게 치명적인 기생충이나 병원체를 살포하는 방법 및 불임 웅충을 방산시키는 방법 등이 있다.

모기는 근거리에서는 시각, 체온, 체습에 의해서 숙주를 감별하고, 중거리에서는 탄산가스에 의해서, 원거리에서는 체취에 의해서 숙주를 감별한다. 집모기는 유충에서 호흡관이 있고, 성충에서 주둥이 중간에 백색 띠가 있으며, 다리 각 절 끝에 백색 띠가 있다. 날개모기는 유충에서 장상 모가 있고, 성충에서 날개의 전 연맥에 백색 반점이 2개가 있다. 모기에 의한 사상충증은 '임파관염', '음낭 수종', '상피 병'을 일으킨다. 사상충증을 유발하는 곤충으로는 등에 모기, 토고 숲 모기 등이 있다.

🐾 등에 모기(biting midge)

등에 모기는 체장이 2mm 이하의 미세한 곤충으로, 흡혈성이며, 체색은 흑색 또는 암갈색의 튼튼한 몸으로 짧은 다리가 특징이고, 군무에 의한 교미를 하며, 촉각은 13~14절로 구성되어 있다. 매개 질병으로는 오자르디 사상충증이 있다. 필라리아증(사상충증, filariasis)의 실처럼 생긴 선충에 의해 초래되는 감염성 질환의 총칭으로 심장사상충증, 반크로프티사상충증, 회선사상충증, 로아로아사상충증, 오자르디 사상충증 등이 있다.

① 개의 심장사상충증은 견사상충(heart worm)에 의한 것으로 개와 다른 포유동물에 치명적이다.

② 필라리아증이라는 용어는 주로 열대 및 아열대 지역에 널리 분포되어 있는 쿨렉스 파티칸스(*Culex fatigans*)라는 모기에 의해 사람에게 매개되는 반크롭트사상충에 의해 초래되는 반크롭트사상충증을 지칭한다. 수년이 지나면 이것은 딱딱해지고 섬유성 조직 성분으로 막히게 되는데, 치료하지 않은 채 방치하면 다리와 음낭조직이 상당히 부어오르는 코끼리증으로 진전하게 된다.

③ 회선사상충증(Onchocerciasis : river blindness)은 온코케르카 볼불러스(*Onchocerca volvulus*)가 일으키며 이것은 먹파리 또는 곱추파리 즉, 시물리움속(Simulium) 파리에 의해 사람에게 매개된다. 특징적인 병변은 피부 밑, 특히 머리 부위의 결절이다. 감염은 사람의 눈을 침범해서 5% 정도에게 시각장애를 초래한다.

④ 특히 콩고 강을 따라 만연되어 있는 로아사상충증은 로아사상충(Loa loa)에 의해 생기며 크리숍스속의 장님등에속(Chrysops)파리에 의해 매개된다. 피부 밑 조직에 알레르기성 염증으로 생긴 일시적 병변이 특징이며 칼라바르부종(calabar swelling)이라고도 부른다. 때때로 결막 아래에서 성충이 보일 수도 있다. 로아사상충증은 자극을 줄 수는 있지만 영구적인 손상을 초래하지는 않는다.

⑤ 다른 종류로는 등에 모기에 의해 매개되는 아칸토케일로네마 페르스탄스(*Acanthocheilonema perstans*)와 만소넬라 오자르디(*Mansonella ozzardi*)에 의해 생기는 필라리아증 즉, 오자르디 사상충증이 있으며 이 경우에는 특별한 증상은 없다.

⑤ 벼룩(Flea) 🐾

벼룩(Flea)은 날개가 없으므로 은시목에 속하는 소형 곤충이고, 1~8mm이며, 적갈색이나 암갈색 체색을 갖고, 완전변태를 하고, 다리 발달되어 도약하는데 지상에서 15~30cm 정도까지 점프한다. 벼룩의 수명은 적당한 온도에서 300~500일이고 알 부화 기간은 2~14일로 보통 일주일 정도가 되며, 유충은 3령기 혹은 2령기를 지내고, 발육기간은 10~14일이다. 촉수는 진동과 이산화탄소를 느끼는 감각기관이고, 제9 복판에도 작은 바늘꽂이 모양의 미절이라는 감각기관이 있다. 소악은 이빨이 아니고, 공격용 도구처럼 생겼으나 공격도구가 아니고, 단지, 숙주의 털 사이를 이동할 때 사용할 뿐이다. 숙주동물에 둥지를 틀고 살거나, 마루 틈, 부스러기, 먼지 속 등에서 살아간다.

벼룩에는 협 즐치와 전흉 즐치라는 특이한 구조물이 있어서 이 구조물들의 유무에 따라 여러 종류로 구별되고 있다. 즉, 즐치가 없는 무즐치 벼룩과 즐치가 있는 즐치 벼룩이 있다 무즐치 벼룩에는 사람 벼룩, 모래 벼룩, 닭벼룩, 열대 벼룩 등이 있는데, 사람 벼룩은 중흉 측선이 없고, 흑사병 전파에 부분적으로 관여하는 것으로 알려져 있다. 모래 벼룩은 암컷의 경우 일생동안 숙주의 피부에 묻혀서 지내며 숙주 동물을 물어 2차 감염을 유발한다. 이 가운데 열대 쥐 벼룩은 주요 숙주가 시궁쥐와 지붕 쥐로서, 흑사병과 발진열 매개에 가장 중요한 종이며 중 흉 측선이 있는데, 종대라고도 부른다. 즐치 벼룩에는 개 벼룩과 고양이 벼룩,

유럽 쥐 벼룩, 생쥐 벼룩 등이 있는데, 개벼룩과 고양이 벼룩은 협 즐치와 전흉 즐치가 함께 발달되어 있고, 유럽 쥐 벼룩은 전흉 즐치는 있으나 협 즐치는 없으며 흑사병과 발진열을 전파시킨다. 생쥐 벼룩은 전흉 즐치와 협 즐치가 모두 있으며, 협 즐치는 후방으로 향하여 있는 것이 특징이다.

위생곤충에서 나오는 모기에서의 즐치, 벼룩에서의 협 즐치와 전흉 즐치, 파리에서의 전구치 등은 사람이나 포유동물에서 있는 이빨과는 다르다. 이빨 모양을 가지고 있기 때문에 '이빨'로 불리기는 하여도 실제로는 이빨의 기능과 전혀 다른 구조물들일 뿐이다. 즐치는 빗살 또는 빗의 가늘게 갈라진 낱낱의 살이라는 뜻이고, 즐치는 뺨 빗살 이빨이라는 뜻이며, 전흉 즐치는 앞가슴 빗살 형 이빨이라는 뜻이다. 그리고 전구치(premolar teeth)는 앞쪽 어금니라는 뜻이 있다.

🐾 벼룩 매개 질병과 구제

사람 벼룩, 개 벼룩, 고양이 벼룩 등은 자교에 의해 직접 피해를 준다. 흑사병을 매개하는 벼룩에는 유럽 쥐 벼룩과 열대 쥐 벼룩 등이 있고, 발진열을 매개하는 벼룩에는 열대 쥐 벼룩, 유럽 쥐 벼룩, 개 벼룩, 그리고 고양이 벼룩이 있으며, 사람 벼룩은 둘 다 매개하지 않는다. 개 벼룩은 개조충의 중간숙주 역할을 한다.

개조충(*Dipylidium caninum*)은 몸의 길이가 15~80cm이고, 각 마디가 참외 씨가 길게 연결된 모양의 조충이며, 중간숙주는 개 벼룩이고 개와 고양이의 소장에 기생한다. 소장을 물고 찰거머리처럼 딱 붙어서 소장에서 생활한다. 어린 애견에게서 발생하기 쉬운 병이다. 벼룩과 쥐를 함께 구제하는 방법으로는 쥐구멍이나 쥐가 다니는 통로에 살충제를 살포하여 먼저 벼룩을 구제한 다음 쥐약으로 쥐를 구제해야 한다. 주택 내나 축사 주변에 살충제의 유제나 수화제, 또는 분제를 잔류분무로 뿌리면 된다.

	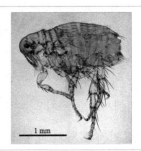
쥐 벼룩	벼룩

 6 **파리(Fly)** 🐾

파리(Flies)는 기계적 전파의 대표적인 위생곤충이다. 전파기전은 무엇이나 닥치고 먹는 잡식성, 두툼한 모양의 구부, 다리에 붙은 주먹 장갑 모양의 욕반, 먹을 때마다 토하는 습성, 먹은 음식을 5분마다 싸는 습성, 계속해서 다리를 비비는 습성, 전구치라는 구조물에 의해 무슨 형태의 음식이든지 모두 먹을 수 있는 능력, 비상하는 특이한 능력 등으로 인해 기계적 전파의 대표 주자가 되고 있다.

파리는 쌍시목이고 완전변태이며, 두부에는 1쌍의 대형 복안이 있고, 환봉아목이며, 온도에 매우 민감하다. 2회 탈피하고, 토하는 습성이 있고, 잡식성이며, 주간 활동성으로 주로 오전 10시부터 오후 2시까지 많이 활동한다. 날아다니는 비상 능력은 4km 이내로 자유롭게 왕래하고 있다. 장티푸스나 적리를 매개하며, 발생 장소는 주로 쓰레기장이나 퇴비장이다.

집파리의 형태를 보면, 두부는 난형이고, 복안 1쌍, 단안 3개, 촉각 1쌍으로 구부가 이루어져 있다. 흉부에는 진한 회색을 띠고 4개의 흑색종선이 있다. 시맥은 제4종맥이 심하게 굴곡 되어 제3군맥과 근접하고 있다. 집파리 유충은 2회 탈피하고 3령 기이며, 번데기 기간은 4~5일이다. 파리의 기호는 거의 모든 음식물이며, 파리의 수명은 4주이다.

집파리의 구기는 전구치라는 특이한 구조물로 인해 흡수형, 컵형, 긁는형, 직접 섭취형 등 매우 다양하게 변형하며 모든 음식물을 거의 모두 섭취할 수 있다. 아기집파리의 형태를 보면, 흉부 순판에 흑색 종선이 3개 있고 촉각극모는 단모이다. 시맥은 제4종맥이 굴곡 되지 않고 제3군맥과 떨어진 위치에서 끝난다. 유충은 각 체절에서 많은 수의 극모가 분지된 육질돌기가 있어서 '도깨비 방망이' 모양을 하고 있다. 이러한 특징으로 인해 아기집파리를 '딸집파리'라고도 한다. 생활사의 총 기간은 1개월이다.

왕 큰 집파리의 형태를 보면, 흉부에 흑색 종선이 4개이고, 시맥 중 제4종맥이 약간 굴곡 되어 있으며, 생활사의 총 기간은 1개월이다. 검정 파리과에는 금속광택 파리와 비금속성 파리가 있는데, 띠금 파리속 중에 베지아 띠금 파리는 승저증의 가장 중요한 매개 종으로 필수적 승저증의 대표적인 종이다. 금 파리속은 동물 시체에 기생하며, 특히, 생선이 기호음식이다. 아마도 시체를 먹고 살아서 검은 복장을 하고 태어난 것이 아닌가 생각이 된다. 검정 파리속은 계절적 이동으로 봄, 가을에는 인가에서, 여름에는 산에서 생활하는 것이 특징이다.

쉬파리 과는 자충이 모두 유성 생식을 하며, 변소, 쓰레기장, 동물 시체 등에서 잘 발생하고, 기호음식은 생선이다. 체체파리는 아프리카 수면병을 매개하고 자궁에서 부화해서 새끼를 낳는 난 태생의 특이한 위생곤충이다. 침파리는 쇠파리라고도 하는데 동물을 흡혈하고, 흉부에 4개의 흑색 종선이 있으며, 수명은 3~4주가 된다.

파리목은 1쌍의 날개가 있고, 후시가 퇴화하여 평균곤(halter, balancer)으로 변형되었으며, 촉각의 특징에 따라 다음과 같이 나눈다. 장각 아목은 긴 촉각으로 모기과, 나방파리과, 곱추파리과, 등에 모기과 등이 해당된다. 단각아목은 짧은 촉각으로 흡혈성 등에 과가 해당된다. 환봉아목은 촉각이 둥근 모양으로 제3절에 촉각극모가 있는 집파리과, 검정파리과, 쇠파리과, 체체파리과 등이 해당된다.

🪰 파리의 매개질병과 구제

매개 질병으로는 장티푸스, 파라티푸스, 이질, 결막염, 콜레라, 결핵, 뇌척수막염, 위장염, 구균 성 궤양, 회충, 십이지장충, 조충, 이질 아메바 등이 있다. 특이한 것으로는 체체파리가 매개하는 아프리카 수면병이 있고, 띠금 파리와 같은 검정파리과의 파리가 매개하는 승저증이 있다. 파리의 구제에는 물리적, 화학적, 생물학적 방법들이 있다. 물리적 방법은 가장 이상적인 방법으로 환경위생 관리 차원에서 발생원을 제거하는 것이다. 구체적인 방법으로는 파리통, 트랩, 끈끈이 줄 등을 사용하는 것 등이다.

화학적 방법으로는 유충 구제로 발생원 표면에 유제, 수화제, 분제를 살포하거나 성충 구제로 천정이나 벽에 잔류분무, 옥내에 에어로졸, 옥외에 가열 연무기 사용 등이 있다. 생물학적 방법으로는 기생벌이나 풍뎅이 등의 천적을 이용하는 법 등이 있다. 한편, 분제 살포량은 40cc/m²이다.

침파리	체체파리
쉬파리	검정파리
곱추파리	왕파리

동물을 흡혈하는 파리는 '침 파리'이고, 자충이 난 태생으로 유생 생식을 하는 파리는 '쉬파리'이며, 자궁에서 부화하는 파리는 '체체파리'이고, 아프리카 수면병을 유발하는 파리는 '체체파리'이다. 회선사상충증을 매개하는 파리는 '곱추파리'이고, 피부에 기생하여 '승저증'을 일으키는 파리는 '검정파리'이다. 파리 분포를 측정하는 기구로 '파리 격자 (fly grill)'이 있다.

⑦ 인수공통감염병(Zoonosis) 🐾

코로나19를 비롯해 사스, 메르스, 에이즈 등 인간에게 치명적인 바이러스 전염병에는 공통점이 하나 있다. 모두 야생동물로부터 유래됐다는 점이 바로 그것이다. 코로나19의 숙주로는 박쥐와 천산갑, 사스는 박쥐-사향고향이, 메르스는 박쥐-낙타 등이 꼽히며, 에이즈 역시 야생 원숭이가 가진 바이러스의 변종이다.

20세기 이후 발생한 신종 전염병의 60% 이상을 동물이 옮겼으며, 최근 떠오르고 있는 전염병의 75%가 동물에서 전파됐다. 현재 동물에서 유래해 인간을 공격하는 인수공통감염병은 전 세계적으로 약 250종이 이른다.

이로 인한 경제적 피해는 엄청나다. 유엔환경계획(UNEP)이 최근 발표한 보고서에 의하면 20년간 동물 매개 전염병으로 약 1,000억 달러에 달하는 경제적 손실이 발생했으며, 전 세계의 경제를 폐쇄시킨 코로나19의 경우 경제적 손실이 약 9조 달러에 달할 것으로 예상되고 있다. 그런데 야생동물에서 유래한 전염병이 왜 이처럼 확산되고 있는지, 그것은 바로 인간 활동과 관련된 유독성 오염물질에 의해 야생동물의 보금자리가 훼손되기 때문이다.

홍역, 결핵, 천연두, 백일해 등 치명적인 전염병들은 모두 소나 돼지 등의 가축에서 서식하던 병균들의 돌연변이종에 의해 생겨났다. 홍역, 결핵, 천연두 등은 소에서 유래했고, 백일해나 인플루엔자는 돼지가 그 기원이다. AIDS 또한 아프리카의 야생원숭이가 가진 바이러스의 변종이다. 이 동물들이 가축이 되어, 인간과의 접촉이 늘어나면서 인간 신체에 적응하는 병균들의 진화가 이루어진다. 이렇듯 사람과 동물에 같이 감염되는 전염병을 인수공통전염병이라 한다. 인수공통전염병이 전파되는 방식은 사람의 질병이 동물이나 음식을 통해 전파된 경우 A형 간염 등, 모기 등의 절족동물을 통해 사람에서 사람으로만 전파되는 경우, 말라리아 등, 자연적 감염이 아닌 실험적으로 전파된 질병, 그리고 척추동물에서 전파된 독성물질에 의한 경우 등 다양하다. 대표적인 것들로는 탄저, 브루셀라병, 장출혈성대장균감염증, 공수병(광견병), 일본뇌염, 변이형 크로이츠펠트야콥병(varient Creutzfeldt-Jacob disease;v-CJD), 소해면상뇌증(bovine spongiform encephalopathy; BSE) 등이고 최근 신종 인수공통전염병으로는 고병원성 조류인플루엔자(avian influenza;AI), 중증급성호흡기증후군(SARS), 웨스트나일열, v-CJD, 니파바이러스감염증, 헨드라바이러스 감염증 등이 있다. 이들 대부분은 인간과 동물 모두에게 큰 위협이 되고 있으며, 최근 발생하는 사람 전염병의 75% 이상이 인수공통전염병에 해당할 만큼 인수공통전염병에 대한 관리가 중요하다. 세계적으로 인구가 증가하고 손쉽고 빠르게 세계를 여행하게 되었으며 농축산물의 무역이 급격히 증가하고 있어 인수공통전염병 발생위험도가 계속해서 증가하고 있는 상황이다.

🐾 구제역, Foot And Mouth Disease, FMD

구제역이란 소, 돼지, 양, 염소 및 사슴 등 발굽이 둘로 갈라진 동물 즉, 우제류에 감염되는 질병으로 전염성이 매우 강하며 입술, 혀, 잇몸, 코 또는 지간부 등에 물집 즉, 수포가 생기며 체온이 급격히 상승되고 식욕이 저하되어 심하게 앓거나 어린 개체의 경우 폐사가 나타나는 질병이다. 국제수역사무국(OIE)에서 A급 질병 즉, 전파력이 빠르고 국제교역상 경제피해가 매우 큰 질병으로 분류하며 우리나라 제1종 가축전염병으로 지정되어 있다.

병인체는 Picornaviridae Aphthovirus이며 작은 RNA 바이러스로서 이는

7개의 혈청형 즉 A, O, C, Asia1, SAT1, SAT2, SAT3형으로 분류되며 이 주요 혈청형은 다시 80여 가지의 아형으로 나뉘어진다. 구제역 바이러스는 냉장 및 냉동조건 하에서는 오래 보존되고, pH 6.0 이하 또는 9.0 이상 조건에서 그리고 2% 가성소다, 4% 탄산소다 및 0.2% 구연산 등의 소독제에 불활화 된다.

전염경로는 감염동물의 수포 즉, 물집 액이나 침, 유즙, 정액, 호흡공기 및 분변 등과의 접촉이나 감염 동물유래의 오염축산물 및 이를 함유한 식품 등에 의한 전파 곧, 직접전파이다. 감염지역 내 사람들인 목부, 의사, 인공수정사 등과, 차량, 의복, 물, 사료, 기구 및 동물 등에 의한 전파 곧 간접 접촉 전파도 있으며, 공기를 통한 전파에 해당한다. 공기는 육지에서는 50km, 바다를 통해서는 250km 이상까지 전파될 수 있다.

잠복기간은 2일에서 14일 정도로 매우 짧다. 소의 특징적 증상으로는 구제역 바이러스에 감염된 소에서 체온상승, 식욕부진, 침울, 우유생산량의 급격한 감소 등이 나타난다. 발병 후 24시간 이내에 침을 심하게 흘리고, 혀와 잇몸 등에 물집이 생긴 것을 관찰할 수 있으며, 입맛 다시는 소리를 내기도 한다. 물집은 발굽의 사이와 제관부, 젖꼭지 등에서도 관찰된다. 물집은 곧 터져서 피부가 드러나고 짓무르고 헐게 된다.

구제역 바이러스에 감염된 6개월 미만의 송아지에서는 심근염에 의해 죽는 경우가 있으며, 이 경우 심근에 나타나는 특징적인 병변을 호반심(tiger heart)이라고 한다. 일반적으로 이환율은 높고 폐사율은 낮은 편이나 어린 송아지의 경우 성우에 비하여 폐사율이 높으며 임신 우에서는 유산을 초래되기도 한다. 감염된 소들은 1주 이상 거의 먹지 못하며, 절뚝거리며 유방염, 산유량 격감 등의 경제적 피해가 발생하는데, 특히 젖소에서는 착유량이 50% 정도 감소한다.

발굽의 물집이 터져 피부가 벗겨진 자리에 세균에 의한 2차 감염이 일어나고 이로 인해 발톱이 탈락되기도 하며, 입 주변의 물집 형성은 소의 경우처럼 전형적이지는 않으나, 콧잔등에는 큰 물집이 형성되며 쉽게 터지는 경우가 많다. 특별한 치료방법은 없으므로 유사증상이 발견되면 국가기관에 신속히 신고하여야 한다. 구제역 바이러스는 변형이 매우 쉽게 일어나기 때문에 수많은 혈청형의 아형이 생성된다. 혈청형이 다른 예방약은 효능이 없고 아형이 다른 예방약은 효능이 낮아 혈청형이 맞는 예방약의 사용이 중요하다.

🐦 조류인플루엔자, Avian Influenza, AI

AI는 조류인플루엔자 바이러스 감염에 의하여 발생하는 조류의 급성 전염병으로 닭, 칠면조, 오리 등 가금류에서 피해가 심하게 나타나며 바이러스의 병원성 정도에 따라 저병원성과 고병원성 조류인플루엔자로 크게 구분된다. 전파가 빠르고 병원성이 다양하며, 고병원성 조류인플루엔자(HPAI : Highly Pathogenic Avian Influenza)는 국내에서는 제1종 가축 전염병으로 분류하고 있다.

임상증상은 바이러스의 병원성에 따라 다양하며 호흡기증상, 설사, 산란율의 급격한 감소, 벼슬 등 머리부위에 청색증을 보인다. 바이러스의 병원성에 따라 폐사율은 0~100%로 다양하며 산란율도 40%~50% 저하 또는 산란중지로 다양하다. 혈청형이 다양한 것이 특징으로 144종류로 분류(H1~H16, N1~N9). 혈청형은 두 종류의 단백질(HA, NA)에 의하여 분류되며 현재까지 HA는 16종류, NA는 9종류가 보고되었다. 고병원성 조류인플루엔자가 발생 한 경우에는 우리나라를 포함하여 전 세계의 대부분 국가들이 살 처분하고 있으며 발생국가에서는 양계산물을 수출할 수 없다.

🐾 광우병, Bovine Spongiforn Encephalopathy, BSE

BSE는 소에 발생되는 신경성질병으로 병에 걸린 소의 뇌세포는 스펀지처럼 구멍이 뚫린 형상을 나타내므로 '소해면상뇌증'이라고 한다. 이 질병을 일으키는 변형 프리온 단백질이 포함된 반추동물의 육골분이나 골분사료를 먹은 후 일정 기간의 잠복기 동안 뇌에 변형 프리온 단백질이 축적되면서 발병한다. 현재까지 밝혀진 광우병의 발생기전은 변형 프리온이 오염된 물질 단백질 사료를 소가 먹으면 신경계 조직을 통하여 직접 뇌 조직으로 이동하든지 회장(ileum)에서 흡수 및 세포에 감염되어 신경계와 척수를 타고 뇌 조직으로 이동하여 축적되어 발생한다고 보고 있다. 이병에 걸린 소는 축사 입구나 착유장 등 좁은 문을 통해 들어가기를 꺼려하고 착유 중 뒷발로 차는 등 외부자극에 민감하다. 침울하고 매우 불안한 상태를 보인다. 소리, 빛, 접촉 등에 민감하여 쉽게 흥분하게 되며 치료에 반응하지 않고 흥분하며 감염성 질병 증상 없이 진행성 신경증상이 나타난다. 이로 인하여 제대로 서 있지 못하고 뒷다리를 절고 잘 넘어지며 심한 경우 후지마비 증상을 보이다가 기립 불능 상태로 되어 결국에는 폐사하게 된다.

🐾 광견병, Rabies

광견병은 모든 온혈동물 즉, 더운피를 가진 동물에서 발생되는 질병이며, 감염 동물로부터 교상 즉, 물리거나 할퀸 상처를 통해 동물 및 사람에게 전파되는 중요한 인수공통전염병으로, 사람에서는 물 마시는 것을 무서워하게 되어 '공수병(Hydrophobia)'이라고 한다. 감염되면 신경증상, 뇌염 등 중추신경계병변을 일으켜 대부분 죽게 되며, 사람 및 가축의 법정전염병이다. 사람에서는 제3군 법정감염병이고, 가축에서는 제2종 법정전염병이다. 광견병의 병원체는 광견병바

이러스이며 RNA 바이러스로서 그 생김새가 탄환 즉, 총알 모양을 하고 있는 것
이 특징이다.

제 12 장

인간과는 떨어져 사는 야생동물

야생동물(Wild Animal)은 인간과는 떨어져 사는 동물들로서 가축화가 되지 않은 동물 또는 가두어지지 않고 야생에서 살아가는 동물들을 의미한다. 어린 나무나 큰 나무에 섞여 있는 숲에는 다양한 야생동물들이 살 수 있다. 산과 들에 저절로 나서 자라는 동물로 새, 사슴, 물고기, 다람쥐 뱀 따위이다. 이 같은 야생동물들을 잘 관리하고 보호하려면 먹이, 물, 은신처 등이 제공해야 한다.

그러나 그와 같은 숲의 그늘에서는 초본식물, 관목과 같은 나무들이 잘 자라지 못해 사슴이나 토끼 같은 초식동물들이 먹이를 얻을 수 없다. 그러나 벌채를 하고 난 뒤에 빈 공간이 생기면 그곳에서 야생동물의 먹이가 될만한 새로운 식물이 자란다. 그래서 야생동물들은 이렇게 벌채를 한 곳을 찾아다니면서 생활하기도 한다. 야생동물이 너무 많이 늘어나면 먹이가 모자라서 나무의 껍질, 가지에까지 해를 줄 수도 있으므로 사냥을 해서 야생동물의 수를 줄이기도 한다.

① 오랑우탄(Orangutan) 🐾

　대형 유인원에는 인간 외에도 침팬지, 오랑우탄, 고릴라도 속한다. 인간과 침팬지의 DNA가 98.8%나 일치한다. 오랑우탄은 말레이어로 '숲속의 사람'이라는 뜻을 가지고 있는데 그만큼 사람과 비슷하다. 그런데 오랑우탄은 나무의 상층부에 높은 곳에서 살기 때문에 사람들은 오랑우탄의 존재를 발견하는데 다른 영장류에 비하여 오래 걸렸다. 오랑우탄을 보면 색상이 붉은 갈색을 가지고 있는데 그 이유는 서식지의 높은 나무 꼭대기의 그늘이 검붉은 색이기 때문에 환경에 대한 적응력으로 보호색 역할을 하기 위함이다.

　높은 나무 위에 살기 때문에 다리는 짧고 다리보다 긴팔을 가지고 있는데 이들이 땅에서 걸을 때는 주먹을 쥐고 걷는 너클 보행(knuckle walking)을 한다. 오랑우탄, 침팬지, 고릴라는 모두 네 발로 너클 보행을 한다. 너클(knuckle)은 '손가락'을 의미한다. 오랑우탄은 유인원 중에서 유일하게 단독생활을 하는데 새끼를 키우는 동안에만 어미는 새끼와 생활을 하며 거의 나무 위에서 생활을 하는데 심지어는 짝짓기를 할 때도 나무위에서 할 정도이다. 오랑우탄은 비를 맞기를 싫어해서 비가 오면 나뭇가지를 꺾어서 지붕을 만들고, 낮 동안에는 주로 먹이를 먹는데 시간을 보내다가 밤이 되면 나뭇가지를 역어서 둥지를 만들어 잠을 자는 매일같이 잠자리를 새로 만드는 습성이 있다.

　새끼는 어미와 약 8년 정도 함께 지내다 독립하게 되며 10년이 지나야 성 성숙이 이루어지게 되며, 성 성숙이 이루어지는 수컷은 볼에 패드와 같은 볼 주머니가 생기며 이 커다란 볼 주머니를 이용하여 짝을 찾거나 적의 출현을 나타내 위험을 알리기도 한다. 이 소리는 800M 정도까지 울려 퍼진다. 오랑우탄은 현재 멸종 위기를 직면하고 있는데 이는 인간들이 서식지를 파괴하는 원인이 가장 크다. 이와 같이, 오랑우탄은 나무위의 꼭대기 부분 캐노피에서 생활하는데 캐노피(canopy)란 '덮개'란 뜻이다. 오랑우탄은 아주 많은 과일을 먹는 초식동물이고, 보르네오와 수마트라에 살고 있다.

❷ 침팬지(Chimpanzee)

침팬지(Chimpanzee)는 사람과 가장 흡사한 동물로 사람의 뇌는 약 1400ml이며 침팬지의 뇌는 300~400ml 정도이다. 침팬지의 사는 모습을 보면 마치 사람들의 축소판과 같다. 침팬지는 도구를 사용할 수 있다. 물론 사람처럼 고난이도의 정밀기계를 자유자재로 사용하는 것은 아니지만 나뭇가지를 이용하여 개미를 잡는다든가 나뭇가지에 침을 발라 더 많은 개미를 잡아먹기도 하며 단단한 열매는 돌을 이용하여 깨트리기도 하며 무엇보다 멧돼지 가족에게 돌을 던져서 놀라 달아나는 틈을 타서 새끼 돼지를 사냥하는 모습까지 관찰되곤 한다. 도구를 잘 사용하는 침팬지는 당연히 무리생활을 한다. 침팬지의 무리는 여러 마리의 암컷과 수컷이 모여 사는데 알파 수컷이 그들의 리더입니다. 침팬지는 특이하게도 수컷들이 그 가족을 떠나는 일이 없지만 암컷들은 사춘기가 되면 다른 무리의 수컷을 찾아 떠나게 되며 그곳에서 새끼를 낳아 기르는데 이렇게 다른 무리를 찾아 떠나는 것을 반복하는 경우도 있다. 대장격인 알파 수컷은 자신의 무리를 통솔하고 다른 무리와 전쟁을 결정하고 자손을 남기는데 겉으로는 서로 협조하지만 속으로는 치열하게 경쟁을 하면서 살아간다.

침팬지는 오랑우탄과는 달리 육식도 상당히 잘하는 잡식성으로 벌, 개미와 같은 작은 곤충은 물론 새나 다른 동물의 새끼까지 잡아먹는데 사냥을 할 때 서로 협력도 별로 하지 않으며 자신의 먹이를 서로 나눠 먹으려고도 하지 않는 무리 내 독립생활을 한다. 침팬지의 감각은 사람과 비슷한 것으로 알려져 있지만 후각은 사람보다 훨씬 뛰어나다. 침팬지는 나무 위에서 잠을 자는데 그 잠자리를 매일같이 새롭게 만든다. 새끼는 다음 새끼가 태어날 때까지 어미와 함께 자며 어미로부터 많은 것을 배우게 되므로 어미를 일찍 잃어버리면 살아남기 어렵게 되는데 이때 가끔 사람들처럼 나이든 암컷이 입양하여 돌보는 경우도 있다. 침팬지도 감정 표현을 다양하게 하는데 웃음소리는 사람과 틀려서 마치 숨 쉬는 소리와 비슷하다. 침팬지는 팔의 길이가 다리의 길이의 1.5배 정도로 길다.

❸ 고릴라(Gorilla) 🐾

영화 킹콩의 주인공으로 알려진 고릴라! 고릴라는 땅위로 걷고 잠자리는 나무 위에 나뭇가지로 매일 만드는데 새끼일 때는 어미와 함께 자지만 성장하면 독립적으로 잠을 자는 유인원 중에서 가장 몸집이 크고 힘이 센 동물이다. 고릴라는 현재 야생 상태에서는 아프리카만이 유일하다. 고릴라 하면 무엇보다도 드러밍(가슴을 손바닥으로 두드리는 행동)이 연상되며 무척 사납고 난폭한 동물로 알려져 있지만 실제로는 온순하고 수줍음도 많이 타서 사람과 눈을 마주치는 것을 싫어한다. 고릴라는 힘이 센 대장과 여러 마리의 암컷과 새끼들이 함께 사는데 이런 구조를 '하렘'이라 하며 이 무리를 이끄는 대장은 가슴과 등에 은백색의 털이 눈에 띄게 되며 이를 일컬어서 '실버 백(Silber back)'이라고 한다.

물론 대장이 아닌 다른 서열의 수컷에게도 은백색의 털이 나지만 대장처럼 확연하지 않도록 지연시키면서 살아간다. 만약에 은백색의 털이 커지게 되면 실버

백은 자신에게 도전하는 것으로 간주하여 괴롭히게 된다. 따라서 실버백은 특권이 있지만 다른 수컷들의 도전을 항시 받아들여야 하고 다른 약한 지위의 고릴라는 특권은 없지만 평화스럽게 살 수 있어서 공존이 가능하다. 나이가 든 수컷은 마치 헬멧을 쓴 것처럼 머리 위가 볼록하게 튀어나온다.

고릴라는 침팬지와는 달리 유인원 중에서 가장 덩치는 크지만 채식주의자이다. 그러나 화가 나거나 짜증이 나고 흥분이 되면 이빨을 드러내고 손바닥으로 자신의 가슴을 치는 행동을 하게 되는데 이를 드럼 소리나 드럼 치는 행동과 같다고 하여 '드러밍'이라고 부른다. 고릴라는 이동하면서 행동의 변화 없이 똥을 싸면서 이동을 하는데 이 똥이 3갈래로 되어있다. 하루에 똥을 무려 20~35개를 눈다. 그래서 일부 학자들은 자연 생태계를 살리기 위해서라도 고릴라를 보호해야 한다고 역설한다.

고릴라는 심각한 멸종 위기를 맞고 있는데 이는 고릴라가 서식하는 지역이 아프리카로 한정되었으며 그곳에는 부시미트라는 습관과 무분별한 개발 그리고 군사적 충돌 등으로 산림이 황폐화 되어가면서 그들의 서식지가 위협을 받고 있다. 아프리카에서는 원숭이 고기를 즐겨 먹는 풍습이 있는데 특히 열대우림기후인 서아프리카 나이지리아, 시에라리온, 카메룬, 콩고 등지 주민들이 즐겨 먹는데 이를 '부시미트'라고 부른다. 고릴라는 영장 목 중에서 가장 몸짓이 크다.

❹ 고슴도치(Hedgehog) 🐾

고슴도치의 가시 털은 약 2.5cm로, 고슴도치의 등에는 이런 가시털이 7,000 개 정도 나 있다. 고슴도치는 가시 털을 '방패'처럼 쓴다. 적이 오면 몸을 동그랗게 말아서, 적이 접근할 수 없게 밤송이 모양으로 만든다. 참고로 '가시두더지'는 가시 털로 덮여 있는 데다 덩치도 비슷해서 고슴도치로 오해하기 쉽다. 하지만 자세히 보면 고슴도치와 다르다. '가시두더지'는 고슴도치보다 주둥이도 뾰족하고, 이빨도 없다. 가장 큰 차이는 '가시두더지'는 알을 낳는 '난공류'이다. 또한, 호저도 고슴도치와 닮긴 했지만 고슴도치와 전혀 다르다. 호저는 '고슴도치목'이 아닌 '쥐목' 포유류로, 고슴도치보다는 쥐, 다람쥐와 가깝다. 호저의 가시 털은 5cm 정도로, 고슴도치의 가시털보다 길다. 호저의 몸에는 가시털이 3만 개나 있는데, 호저는 이 가시 털을 '창'처럼 쓴다. 가시털이 몸에서 잘 떨어지기 때문에, 가시 털로 직접 적을 찌르기 쉽다. 특히 꼬리를 휘두르며 꼬리의 가시 털로 적을 공격한다. 야생 고슴도치는 전 세계에 약 15종이 있다. 야생 고슴도치는 아시아, 유럽, 아프리카 출신이다.

가시를 가진 설치류 산 미치광이인 호저처럼 고슴도치도 가시 돋친 등을 자랑한다. 다만 산 미치광이는 가시를 쏠 수 있지만, 고슴도치는 가시를 쏘지 못한다. 고슴도치를 잡으려면, 수건으로 감싸서 잡고 흥분을 가라앉힐 때까지 기다려야 한다. 웅크린 고슴도치를 펴는 것은 거의 불가능에 가깝기 때문에 시도해선 안 된다. 고슴도치가 스스로 긴장을 풀 때까지 기다리는 것이 최선이다. 고슴도치는 새로운 냄새를 맡으면, 냄새나는 대상을 핥고 물어서 같은 냄새가 나는 타액을 뱉어낸다. 그 타액을 온 몸에 묻혀서, 같은 냄새로 위장하는 것이다. 이상하게 들리지만, 자신의 냄새를 숨길 수 있어 유효한 전술이다.

고슴도치는 잡식성으로 곤충을 먹는다. 많은 동물이 곤충을 먹으니까, 새롭진 않다. 하지만 고슴도치는 달팽이, 양서류, 도마뱀, 뱀, 새의 알, 생선, 썩은 고기, 양송이, 풀, 뿌리, 산딸기, 멜론 등 다양하게 먹는다. 고슴도치를 애완동물로 키운다면 보통 사료와 함께 지렁이, 귀뚜라미, 애벌레, 벌집나방 등을 먹인다. 고슴도치는 야행성이다. 야생 고슴도치처럼 애완 고슴도치도 주로 밤에 활동한다. 낮에는 자고, 주인이 잠든 밤에 돌아다닌다. 잠귀가 밝다면, 고슴도치 우리를 침실에 두지 않는 편이 좋다.

고슴도치는 먹보이다. 이국적인 반려동물 가운데 비만 되기 2번째로 쉬운 동물이 고슴도치라고 한다. 고슴도치(hedgehog) 이름에 '돼지(hog)'란 단어가 들어간 것은 적절하다고 하겠다. 고슴도치를 키우는 데, 살이 너무 쪘다면, 사료를 줄이고, 우리 밖에서 나오게 해 운동시켜야 한다. 살찐 고슴도치는 슬프게도 몸을 공처럼 말지도 못한다.

고슴도치는 주인을 알아본다. 고슴도치를 키운다면, 주인의 기대치는 낮아진다. '날 알아보겠어?' 하지만 예상 밖으로 사람과 고슴도치 간 유대감은 강한 편이다. 물론 주인이 사회화를 적절히 시켰을 경우에 해당한다. 사회화를 잘 시킨 고슴도치는 주인의 목소리에 반응하고, 주인을 알아본다. 고슴도치가 긴장해서 몸을 공처럼 말았더라도, 주인이 나타나거나 주인 냄새만 맡아도 몸을 편다. 고슴(가시) + 도치(돋이), 가시가 돋아났다 해서 '고슴도치'라고 이름이 지어졌다. 또 도치는 쥐를 뜻하는 옛날 말이다. 하지만 애완용으로 키우는 고슴도치는 한국 토종 고슴도치가 아니다. 애완용으로 키우는 고슴도치는 아프리카가 고향이다.

고슴도치는 작은 소리에도 반응할 수 있고 땅속의 지렁이를 찾아내 파먹을 수 있다. 고슴도치는 강아지나 고양이처럼 소리를 내는 기관이 없어서 조용한 동물에 속하는데 가끔 그르렁거리고 재채기하는 정도가 모두이다. 하지만 새끼

때는 밥을 달라고 삑삑 울기도 한다. 목욕시킬 때 물을 많이 받아서 하면 안 된다. 고슴도치 귀에 물이 들어가면 고슴도치에게 치명적일 수 있어서 물의 양은 3~5cm 정도만 받아 놓는 게 좋다. 또 많은 양의 비누 등의 욕실용품을 사용하면 안 되는데 물과 칫솔로 부드럽게 씻어주면 충분하다. 부드러운 칫솔을 이용해서 가시와 발을 매우 조심스럽고 부드럽게 닦아주면 된다. 물의 온도는 25도가 적당한데 높은 온도에서는 화상을 입을 수 있고 낮은 온도에서는 감기에 걸릴 수 있다. 목욕시간은 20~30분 정도로 충분하게 씻겨줘야 몸에 있는 각질을 비롯해서 피부 병변을 씻어낼 수 있다. 고슴도치가 위협을 감지하면 가시를 세운다. 고슴도치와 친밀감을 높여두면 주인이 만질 때 가시를 세우지 않는다.

일본에서는 고양이 카페를 비롯해 동물과의 만날 수 있는 동물 카페가 인기 있는데, 고슴도치 전문 카페도 있다. 가게 안에는 다양한 색상과 크기의 고슴도치가 약 30마리이고 대체로 생후 4개월 정도이며, 몸길이는 15cm 정도로 작고 귀엽다. 색상은 총 9종류이고 흰색과 검은색의 바늘이 믹스된 것, 새빨간 눈과 하얀 바늘을 가진 것 등 다양하다. 고슴도치가 인기 있는 이유는 작은 몸에서 철철 흘러나오는 귀여움 때문이다. 친해지면 다리를 쭉 뻗어서 편안한 모습을 보여주는 등 여러 가지 표정을 보여준다. 쓰다듬어 달라고 스스로 사람이 있는 쪽으로 다가오는 경우도 있다. 등에는 가시가 있지만, 배는 포근한 털로 뒤덮여 있어서 만지면 촉감이 너무 좋다. 가게의 시스템은 매우 간단한데 가게에서 고슴도치를 고르면 직원이 작은 바구니에 넣어 자리까지 옮겨준다. 자리에 고슴도치가 오면 쓰다듬거나 무릎 위에 올리거나 사진을 찍는 등 고슴도치와 즐겁게 지낼 수 있다.

5 뱀(Snake)

몸이 가늘고 길며, 다리와 눈꺼풀, 귓구멍이 없고 혀는 두 가닥으로 갈라져 있다. 온몸이 비늘로 덮여 있으며 다리가 퇴화된 것이 특징이다. 왼쪽 폐는 거의 기능을 하지 않거나 퇴화되어 없어진 종이 많다. 현재 지구 위에 남극을 제외한 온대, 아열대, 열대 지역에 456속 2,800여 종이 알려져 있고, 특히 열대지방에 많은 종류가 분포하며 일부는 북극권 부근까지 서식하고 있다.

주로 사막, 숲, 대양, 호수, 개울 등지에서 서식한다. 보통 땅에서 생활하며 땅속에서 생활하는 종도 있고 물속에서 생활하는 종 나무에서 생활하는 종도 있다. 나무 위에서 생활하는 종은 가늘고 길며 꼬리가 길고 머리 부분은 크며 목 부분은 잘록하다. 땅 속에 사는 종 은 꼬리가 짧고 온몸이 같은 굵기로 가늘고 긴 원통 모양으로 되어 있다. 눈꺼풀 대신 투명한 비늘로 덮여 있어서 항상 눈을 뜨고 있다. 뱀의 눈동자는 활동에 따라 둥근 형태와 세로로 가능 형태로 나누어진다. 뱀은 허물을 벗어 탈피를 한다. 허물을 벗고 새 껍질로 갈아입으며 한참 성장하는 뱀은 늙은 뱀들보다 허물을 자주 벗고 더운 지방에 사는 뱀은 추운 지방에 사는 뱀보다 허물을 자주 벗는다. 대부분 단독으로 생활한다.

뱀은 먹이를 찾는데 많은 시간을 보낸다. 야콥슨 기관은 입 주위에 있는 기관으로 먹이를 찾고 알아보는데 이용되며 다른 개체나 적을 확인하고 번식기에 교미 상대를 발견하는데도 이용된다. 일부 뱀들은 독을 주입시켜 먹이를 움직이지 못하게 해 잡아먹는다. 독이 있는 뱀의 독니는 위턱에 속이 비고 홈이 파여 있다. 독사는 적을 물어서 독을 주입한다. 사람에게 치명적이거나 해를 입히는 독사는 270여 종으로 아시아에는 킹코브라가 대표적이다.

한 번에 6~30개의 알을 낳으며 킹코브라를 포함한 몇 종은 똬리를 틀고 앉아서 알을 지킨다. 8~10주 정도에 껍질을 찢고 나오며 알 속에 있는 새끼는 특이한 이빨로 껍질을 갉아 밖으로 나온다. 2~4년이 되면 성체가 된다. 뱀은 성체가 되고 난 후에도 몸이 계속해서 커진다. 전 세계 어느 나라를 막론하고 사람들은 대부분 뱀을 싫어한다. 우리가 뱀으로부터 생명을 위협받는 것보다는 벌에 쏘여 사망에 이르는 경우가 훨씬 많으며, 개나 가축의 공격으로 인한 위협이 뱀으로 인한 경우보다 훨씬 높다. 아울러, 교통사고로 인한 사상자수는 뱀으로 인한 경우보다 압도적으로 높다. 뱀이 무섭다고는 하나 뱀은 결코 공격적이지 않으며 사람을 따라 오며 공격하는 법은 더더욱 없다. 뱀이 무섭다면 그저 빨리 걸어가면 그만이다.

우리나라에는 가장 흔하게 볼 수 있는 꽃뱀이라 알려진 유혈목이와 밀 뱀 또는 누룩 뱀이라 불리는 종, 살모사와 쇠살모사 까치 살모사 등의 독니를 가진 독사 종류, 물을 서식지로 살아가는 물뱀인 무자치, 과거 초가지붕을 삶의 터전으로 살아가던 대형 뱀의 하나인 구렁이가 있으며 몸이 작음에도 구렁이란 이름을 가진 능구렁이 등 이 서식하고 있다. 아울러 작은 몸을 가진 대륙유혈목이와 가늘기 짝이 없는 실뱀이 이 땅에 서식하고 있으며, 제주지역에서는 가장 빠른 뱀이라 할 수 있는 비바리 뱀이 서식하고 있다.

대부분의 뱀들이 가진 입술과 주변 신경은 자연이 만들어 낸 가장 민감한 열 감지 기관인 것으로 알려져 있고 그 민감성 정도에서는 보아뱀과 비단뱀이 그 선두자리를 차지하고 있다. 이들은 1,000분의 1도 차를 가진 두 물체를 구별할 수 있을 정도이며 거의 같은 정확도로 대상의 방향과 거리를 알아챈다. 이를 이용하여 만들어낸 인간의 작품이 사이드와인더라는 이름의 열 추적 미사일이다. 극단적으로 말해서 뱀들은 새카만 밤중에도 마치 밝은 빛을 내는 눈처럼 온도 그림을 그려가며 사냥이나 이동을 할 수 있는 셈이다. 지구상에는 약 600종의 독사가 살고 있지만 인간에게 해를 입히는 종은 약 200종 정도이다. 그 중 6종의 독사들은 모두 인간에게 치명적인 해를 입힐 수 있는 무서운 것들인데 평생 마주치는 일이 없어야 한다.

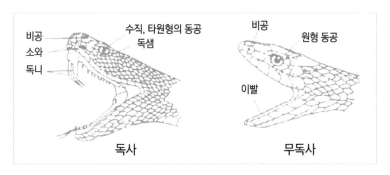

뱀의 이빨

블랙맘바(Black mamba) 종류는 가장 치명적인 종이기도 하지만 가장 빠른 뱀이며 이동 속도가 초당 5.5미터 정도이다. 입을 벌렸을 때 입속이 검게 보인다고 해서 블랙맘바라는 이름을 얻었다. 물릴 경우 30분 이내로 사망에 이를 수 있다. 이유는 목표물을 한 번 물고 마는 게 아니라 여러 번 물면서 그때마다 독니로 독을 주입한다. 얼룩 바다뱀(Faint-banded sea snake) 종류는 가장 치명적인 독을 가지고 있다. 육지에 살고 있는 자신과 비슷한 종인 인랜드 타이판(inland taipan)보다 100배나 더 치명적인 독을 가지고 있다. 인간이 마주칠 확률은 매우 낮다. 인랜드 타이판(Inland taipan) 종류는 '사나운 뱀'이라고 알려져 있으며 독성도 강해서 사람이 물리면 1시간 이내로 사망에 이를 수 있다. 사람의 근조직과 혈관에 내출혈을 일으켜 위험에 빠지게 한다. 타이거 스네이크(Tiger snake)

종류 뱀의 독은 혈액독과 신경독이 섞여있다. 킹코브라(King cobra) 종류의 뱀은 아시아 코끼리를 죽일 수 있을 만큼의 독성을 전달할 수 있다. 물리는 사람 가운데 50%가 사망한다. 길이가 5.5미터까지 자라는데 독사 가운데서 가장 크게 자라는 종이다. 톱 비늘 북 살모사(Saw-scaled viper) 종류의 뱀의 독성은 위에 언급한 뱀들에 비해서는 약하지만 가장 사람에게 해를 많이 끼치는 뱀이다. 서식하는 데가 주로 사람들이 거주하는 곳과 가깝거나 겹치기 때문이고 동선이 겹치다 보니 자주 물리게 되고 희생자도 많이 생긴다. 세계적인 명성은 얻고 있지 못하지만 한국에도 살모사, 쇠살모사, 까치살모사, 유혈목이라는 네 종의 독사가 있다.

6 햄스터(Hamster) 🐾

몸길이 12~15cm, 꼬리길이 1.5~2.5cm, 무게 130~180g, 몸의 등 면은 붉은빛을 띤 오렌지색, 배면과 볼, 앞발의 윗면은 흰색, 사육 품종에는 온몸이 흰색인 것도 있다. 연 5~6회 한배에 8~10마리 새끼를 낳음, 임신기간 17~20일, 단독생활, 낮에는 굴속에 숨어서 수면을 취하고 저녁에 활동한다. 비단털쥐과의 포유류의 통칭이다. 골든 햄스터가 가장 대중적이고 보통 햄스터라고 하면 골든 햄스터를 가리킨다. 땅딸막한 몸매로 꼬리는 짧고, 저장하는 데 사용하는 큰 볼주머니가 있다. 몸길이가 7~8cm, 꼬리길이가 1cm가 안 되는 작은 종들도 존재한다. 잡식성으로 주로 곡물을 먹고 살며, 개구리나 곤충을 먹기도 한다. 집에서는 래트와 마우스용 고형사료와 물로 간단하게 기를 수가 있다. 겨울에 따뜻하게 해주지 않으면 동면을 하게 되는데, 동면 준비가 되지 않은 상태에서 동면을 하게 되면 죽게 되므로 사육자가 온도조절에 신경을 써야 한다.

햄스터는 여러 마리를 같이 키우는 것은 불가능하다. 한 마리 당 1개 케이지(집)를 준비하고 10마리를 키운다면 10개의 집이 필요하다. 어른이 된 골든 햄스터는 자기 영역 주장이 강하기 때문에 반드시 1마리씩 키워야 한다. 두 마리 이상을 함께 키우면 서로 싸우다가 강한 아이만 살아남고 약한 아이는 죽게 된다. 햄스터는 생후 6~8주 정도 지나면 어른이 되는데 아기일 때 즉, 생후 2개월 정도까지는 같이 키워도 큰 무리가 없다. 출산 후에 새끼를 돌보는 것은 '암컷 혼자'이다. 골든 햄스터와 달리 덩치가 작은 햄스터로 일반 마트에서 주로 판매되는 작은 햄스터인 드워프 햄스터는 암컷끼리도 함께 키울 수 있다.

⑦ 금붕어(Goldfish) 🐾

금붕어는 관상어 중 가장 일반적이고 무난한 물고기이다. 금붕어의 산란 주기는 년 1회로 주로 봄철 따뜻해질 시기인데 이때 수온이 12~20℃ 정도가 적당하다. 이 기간 3~4회에 걸쳐 산란을 한다. 산란시키려면 적당한 시기에 줄기가 많은 수초나 물풀 또는 인공적으로 만든 틸실을 넣어주면 좋다. 알은 대략 300~500여 개 정도 낳는다. 금붕어도 두뇌를 가지고 있다. 많은 사람들은 금붕어가 아주 똑똑하다고 생각하지 않고 금붕어에게 뇌가 없다고 가정하지만 그것은 사실이 아니다. 모든 살아있는 동물은 뇌를 가지고 있으며 말할 것도 없이 금붕어는 똑똑하다.

금붕어 눈은 자외선과 적외선을 감지할 수 있다. 인간의 눈은 빨강, 노랑, 파랑의 조합을 볼 수 있는데 금붕어들은 자외선과 적외선을 감지하는 능력을 통해 인간의 눈으로 포착할 수 있는 세 가지 색상뿐만 아니라 네 가지 다른 색상의 조합을 볼 수 있다. 이 추가 색상을 감지하는 금붕어는 움직임을 보고 음식을 조금 더 쉽게 찾을 수 있다. 그러나 금붕어는 실제로 시력이 좋지는 않다. 왜냐하면 눈이 머리 옆에 있기 때문에 얼굴 앞에 사각 지대가 있고 멀리 볼 수 없기 때문이다. 금붕어는 눈꺼풀이 없다. 이 사실 때문에 그들은 눈을 깜박일 수 없으며 잠을 자려고 눈을 감지 않는다. 금붕어가 잠에서 깨어나지 않도록 밤에는 불을 끄는 것이 가장 좋다.

금붕어는 입술로 맛을 본다. 금붕어가 수족관 안의 물건을 쪼는 것을 볼 수 있는데 이것은 주변의 모든 것을 맛보고 싶기 때문에 하는 행동이다. 인간과 달리 금붕어는 혀에 미뢰가 없다. 대신, 그들은 입술과 입 안과 밖에 미뢰를 가지고 있다. 금붕어는 또한 혀가 없다. 그들의 미뢰는 이유가 있어서 입술과 입에 있다. 금붕어는 입 바닥에 융기가 있지만 혀처럼 움직이지는 않는다. 금붕어의 이빨은 목 뒤에 있다. 금붕어의 입을 보면 이빨이 없는 것처럼 보이지만 금붕어는 입 뒤쪽에 평평한 이빨이 있다. 이 치아를 인두 치아라고 하며, 음식이 장으로 들어가기 전에 부수고 가는데 사용한다.

금붕어는 위가 없다. 위는 거의 모든 동물이 가지고 있지만 금붕어는 아니다. 대부분의 물고기는 음식을 소화하는 장만을 가지고 있다. 이로 인해 금붕어는 위장을 가지고 있는 경우보다 훨씬 빠르게 음식을 이동시킨다. 금붕어의 비늘은 금붕어의 나이를 알려준다. 나이테를 보고 나무의 나이를 알 수 있듯이 금붕어의 나이는 비늘을 보면 알 수 있다. 금붕어가 살아 있을 때마다 비늘에 고리가 생긴다. 이 고리를 circuli라고 하는데 금붕어의 나이를 정확히 알아내기 위한다면 비늘에 있는 고리의 수를 현미경을 통하여 세어보면 된다. 물고기 비늘에도 나이테가 있다는 사실, 알고 있나요? 대체로 몸집이 큰 물고기는 오래 살고, 몸집이 작은 물고기는 수명이 짧다. 몸집이 작은 송사리나 은어, 빙어는 1년밖에 살지 못하지만, 몸집이 큰 정어리는 2~3년, 고등어와 연어는 5~6년, 대구와 방어는 10년 이상, 가오리는 무려 25년 정도를 살 수 있다. 그렇다면 가장 오래 사는 물고기는 무엇일까? 메깃과에 속하는 물고기들인데 뱀장어는 평균 50여 년, 상어류는 30~40년 정도이며, 자연 상태의 잉어는 40년 정도 사는데, 환경에 따라 평균 수명이 달라지기도 한다.

금붕어는 태양으로부터 색을 얻는다. 금붕어는 전적으로 태양이나 빛에서 색을 얻는데 만약 물고기에서 광원을 멀리하면 안료를 생성할 수 없어 완전히 하얗게 변한다. 흥미로운 것은 금붕어에서 발견되는 수많은 색상 조합이다. 같은 색상과 패턴을 가진 두 마리의 금붕어는 찾을 수 없다. 일부 금붕어는 알비노[10]가 있다. 금붕어에서 광원이 제거되고 흰색으로 변하면 금붕어 알비노가 된다. 흰둥이 금붕어의 눈을 보면 흰 금붕어를 알 수 있는데 흰둥이 금붕어는 검은 색이 아닌 분홍색 눈동자를 갖고 있다. 금붕어는 비늘이 선명하다. 금붕어 비늘은 모두 투명하지만 금속성, 무광택 또는 진주성으로 변할 수 있다.

금붕어는 압력 변화를 감지할 수 있다. 인간의 오감은 시각, 청각, 후각, 미각, 촉각인데 금붕어는 이 모든 감각에 하나를 더한다. 진동 및 전류와 같은 압력 변화를 감지할 수 있다. 측면을 따라 흐르는 작은 점열인 측선 덕분이다. 금붕어는 코로 소리를 낸다. 금붕어는 들리지 않아도 소리를 낸다. 특별한 기술을 사용하여 금붕어가 코를 통해 소리를 내는 것을 감지할 수 있다. 비명이나 투덜거림과 비슷하며 식사와 싸움 중에 가장 일반적으로 들린다. 금붕어는 냄새를 잘 맡을 수 있다. 금붕어는 종종 인간의 능력보다 더 나은 것으로 간주되는 발달된 후각

---

10 '알비노(albino)'라고 불리는 백색증은 선천적으로 피부, 모발, 눈 등의 멜라닌 색소가 결핍되는 유전질환으로 피부와 털은 백색, 눈동자는 일반적으로 적색을 띤다.

을 가지고 있다. 입 위의 덮개를 통해 냄새를 맡는다. 나쁜 냄새는 실제로 금붕어를 어지럽게 만들 수 있다.

수조를 두드리면 금붕어가 스트레스를 받는다. 귀는 볼 수 없지만 금붕어는 이석이라고 하는 내이가 있다. 청각이 인간만큼 좋지는 않지만 들을 수 있다. 듣는 능력이 탱크를 두드리면 스트레스를 받을 수 있음을 의미한다. 금붕어는 수조 크기만큼 자란다. 금붕어는 일반적으로 수조의 크기로 자란다. 작은 수조를 가지고 있다면 작은 금붕어가 될 것이고 아마도 빨리 죽을 것이다. 수조가 정말 크면 물고기가 거대하게 자랄 수 있다. 물을 자주 갈아줘야 한다. 금붕어는 성장을 조절하는 호르몬을 생산한다.

금붕어는 지느러미와 비늘이 다시 자랄 수 있다. 금붕어가 부상을 입었다면 금붕어의 수조를 제대로 청소하고 손상된 지느러미나 비늘이 다시 자랄 수 있도록 해주면 된다. 이에 대한 유일한 예외는 지느러미가 바닥까지 완전히 부서진 경우이다. 수컷 금붕어를 자세히 보면 일반적으로 아가미 판이나 지느러미 광선에 흰색 점이 있다. 이 하얀 점들은 사포처럼 거칠다. 이 흰 반점은 확실하지는 않지만 짝 짓기를 위해 암컷을 감동시키는 데 사용된다고 알려져 있다. 암컷 금붕어는 한 번에 최소 1,000개의 알을 낳는다. 그러나 이 알들이 모두 부화하지는 않는다. 일부는 수정되지 않고 다른 일부는 부화되기 전에 먹힌다. 한 번에 많은 알이 있기 때문에 금붕어는 빨리 번식할 수 있다. 암컷 금붕어는 한 번에 알을 낳지만 임신할 수는 없다. 대신 암컷 금붕어는 수정되기 전에 알을 낳는다. 알은 부화할 때까지 어미의 몸 밖에 있다. 금붕어와 잉어를 교배할 수 있지만 그 자손은 불임이다. 잉어와 금붕어를 교배하는 것은 완전히 가능하지만 그 자손은 번식할 수 없는 물고기가 된다.

금붕어는 다른 물고기를 먹는다. 금붕어에게 작은 알갱이나 조각을 먹여도 금붕어는 입에 들어갈 수 있는 한 실제로 다른 물고기를 먹는다. 사실, 금붕어는 아기와 똥을 포함하여 입에 들어가는 거의 모든 것을 먹는다. 금붕어를 작은 수족관에 보관해서는 안 되는 이유이다. 금붕어는 죽을 때까지 스스로 먹을 수 있다. 금붕어는 배가 없기 때문에 배가 불렀는지 알기 어렵다. 이것은 금붕어의 삶의 목적이 먹는 것이기 때문에 많은 금붕어가 스스로 먹고 죽게 된다. 금붕어는 음식 없이 최대 3주 동안 살 수 있다. 금붕어는 끊임없이 먹이를 사냥하지만 간식 없이 최대 3주까지 살 수 있다. 금붕어는 마른 시간 동안 지방을 저장하기 때문이다. 따라서 금붕어에게 먹이를 주기 위해 외출할 때마다 펫시터를 고용할 필요가 없다. 손에서 금붕어에게 먹이를 줄 수 있다. 금붕어는 사람 얼굴을 인식하는 능력이 있어, 이를 통해 먹이를 주는 사람을 알아 볼 수 있다. 금붕어는 얼굴, 모양, 색상 및 소리를 인식하는 능력이 있다. 금붕어도 지루해한다. 금붕어에게 즐거움을 주려면 그릇에 섬유질 채소를 넣어 하루 종일 먹이를 먹도록 하여야 한다.

금붕어는 5개월의 기억력을 가지고 있다. 금붕어는 인간보다 주의 집중 시간이 더 길다. 인간의 평균 주의 시간은 8초이지만 금붕어는 평균 9초의 주의 시간을 가지고 있다. 이것은 금붕어가 인간보다 초점을 맞추는 데 더 능숙하다는 것을 의미한다. 금붕어는 트릭을 할 수 있다. 금붕어는 너무 똑똑해서 실제로 트릭을 수행하도록 훈련시킬 수 있다. 음식을 긍정적인 강화물로 사용하여 금붕어에게 후프[11]를 통해 공을 밀거나 장애물 코스를 통과하는 것과 같은 일을 하도록 가르칠 수 있다. 금붕어에게 레이저 펜을 쫓도록 가르칠 수도 있다. 금붕어가 사냥 본능의 응답으로 레이저 펜을 쫓는 것으로 믿어진다. 금붕어 떼 전체가 레이저 펜 하나로 쫓도록 만들 수도 있다.

---

11 후프(hoop)는 장난감 굴렁쇠를 뜻한다.

금붕어는 잉어와 관련이 있다. 금붕어는 잉어에서 유래했다. 금붕어도 잉어처럼 40세까지 살 수 있다. 오래 살지 못하는 금붕어는 제대로 돌보지 않아 일찍 죽는다. 금붕어가 오래 살 수 있는 이유 중 하나는 견딜 수 있기 때문이다. 예를 들어, 높은 온도, 겨울 얼음 또는 유독성 물에서 살 수 있다. 금붕어는 동면할 수도 있다. 금붕어를 겨울 동안 밖에 두면 실제로 동면한다. 이 동면은 금붕어가 심박동수를 늦추고 잠들기 전에 식사를 중단하는 것을 포함한다.

⑧ 자라(Snapping Turtle)

자라는 거북이와는 생김이 비슷할 뿐, 전혀 다른 특성을 보인다. 전체적으로 말랑하고, 등껍질도 거북에 비해 말랑하며, 등껍질과 다리, 얼굴, 꼬리 등이 통으로 이어져있다. 자라는 전체적으로 말랑말랑해서 벽에 코를 대면 돼지 코처럼 코가 납작 눌린다. 거북은 뭍으로 올라와 몸을 말리고 일광욕을 하는 반 수생임에 비해 자라는 수생으로 물 밖으로 잘 나오지 않으며 물속에서 생활하고 물속 돌, 진흙 등을 헤치고 들어가 숨어 있다. 턱 힘이 매우 강해 물리면 위험함으로 조심해야 하고 목이 무척 길고 성격이 예민해 거북이에 비해 애완동물로 기르거나 만져보기에 적합하지 않으며 거북은 만지면 숨는 반면, 자라는 만지면 문다. 자라는 건드리면 등껍질 속에 숨지 않고 오히려 목을 길게 빼고 물려고 입을 벌린다. 자라는 이빨이 있어서, 물리면 목을 잘라야 놓는다는 이야기가 있을 정도로 무는 힘이 세다. 혹시 물렸다면 절대로 흔들어 털지 말고 물에 넣게 되면 바로 입을 벌린다.

물갈이는 자주 하지 않아도 되지만 깨끗한 물을 좋아한다. 수돗물로 물갈이

할 때에는 염소 때문에 수돗물을 하루 이상 받아두었다가 넣어주어야만 한다. 자라는 육식성 사료를 좋아하고 멸치, 새우 등을 즐기며 금붕어 먹이도 잘 먹는다. 자라는 야행성이다. 자라(snapping turtle)는 몸 전체가 단단한 껍질로 덮여 있으며 저온이나 고온에 견딜 수 있고 1~2년 정도는 아무 것도 먹지 않아도 살 수 있을 만큼 끈질긴 생명력을 가지고 있다. 자라는 물속에서는 행동이 민첩하여 물고기나 게·개구리 등의 다른 수서동물을 잡아먹는다. 밑바닥이 개흙으로 되어 있는 하천이나 연못에 살면서 5~7월에 물가의 흙에 구멍을 파고 산란한다.

제 13 장

인간문명에 의해 사라져가는 멸종위기동물

멸종동물(Extinct Animal)은 이미 지구행성에서 없어진 동물이며, 지구온난화 등으로 멸종 위기에 처한 동물은 멸종위기동물(Endangered Animals)이라고 한다. 기후변화로 인해 멸종 위기에 처한 100만여 생물종 가운데, 가장 큰 위험에 노출된 동물은 다음과 같다. 멸종 위기 야생생물 Ⅰ급인 포유류에는 늑대, 대륙사슴, 반달가슴곰, 붉은 박쥐, 사향노루, 산양, 수달, 스라소니, 여우, 작은 코박쥐, 표범, 호랑이 등이 있고, 멸종 위기 야생생물 Ⅱ급인 포유류에는 담비, 무산쇠족제비, 물개, 물범, 삵, 큰 바다 사자, 토끼박쥐, 하늘다람쥐 등이 있다. '멸종 위기 야생생물'이란 말 그대로 가까운 미래에 멸종될 위기에 처할 위험이 있는 동·식물을 뜻하는데 환경부에서는 이러한 멸종 위기 야생생물의 현황을 파악하기 위해 야생생물 전국 분포를 3년 주기로 조사하고 있다. 또한 멸종 위기 야생생물의 등급을 나누어 체계적이고, 효과적으로 관리하고 있다.

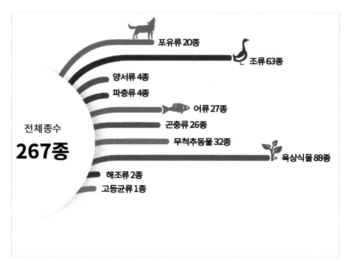

멸종등급별 지정종수

　멸종 위기 야생생물 Ⅰ급이란 자연적 혹은 인위적 위협 요인으로 인해 개체수
가 크게 줄어 멸종 위기에 처한 야생생물로 60종이 있다. 멸종 위기 야생생물 Ⅱ
급이란 당장 멸종 위기에 처한 것은 아니지만 가까운 장래에 멸종 위기에 처할
우려가 있는 야생생물로 207종이 있다. 국내에서는 야생생물을 보호하기 위해
동·식물의 주요 서식지를 보전하고, 종 복원 및 증식을 위한 다양한 연구를 진
행해 멸종 위기에 빠진 생명을 지켜내기 위해 노력하고 있다. 또한 '야생생물 보
호 및 관리에 관한 법률'에 따라 멸종 위기 야생생물로 지정된 동·식물을 불법
적으로 포획, 채취할 경우 벌금 및 징역형의 처벌을 받을 수 있다.

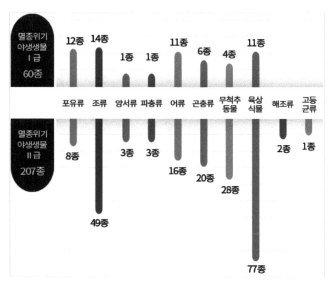

멸종 위기 야생생물 지정현황

① 벵갈 호랑이(Bengal Tiger)

방글라데시와 인도의 습지에는 현재 약 5,000마리의 벵갈 호랑이가 살고 있다. 그러나 기후변화로 인한 해수면 상승으로 벵갈 호랑이의 서식처가 물에 잠길 위험에 처했다. 유엔은 2070년이 되면 벵갈 호랑이가 살 수 있는 습지가 모두 물에 잠겨 완전히 멸종할 것이라고 경고했다. 멸종 위기종인 벵갈 호랑이가 앞으로 50년 안에 완전히 사라질 수 있다는 우려인 셈이다. 벵갈 호랑이는 인도 호랑이라고도 불리는데, 인도, 네팔, 말레이반도, 인도네시아, 미얀마 등지에 분포한다. 붉은 빛을 띤 노란색 또는 붉은 빛을 띤 갈색의 털을 가지고 있으며 등에 검은 줄무늬가 있다. 배 부분은 흰색이다. 몸길이 2.4~3.1m, 몸무게 100~260kg이다. 숲이나 습지, 풀밭, 하천 근처에서 살며 수명은 15~20년이다. 가끔 돌연변이인 백호는 흰색에 검은 줄무늬가 있다.

인도 타오바 지역에 서식하는 로열 벵갈 호랑이

방글라데시와 인도 국경을 가로지르며 벵갈 만에 닿아있는 맹그로브 숲 지역은 면적이 1만㎢의 넓은 규모로 특히 벵갈 호랑이 종 보존을 위해 아주 중요한 곳이다. 이곳이 빠르게 사라지고 있는 이유는 급격한 기후변화로 인한 해수면 상승이 큰 원인이고, 산업화와 도로건설, 불법 수렵 등도 서식지 파괴의 원인으로 꼽힌다.

❷ 아프리카 치타(African Cheetah) 🐾

아프리카 치타는 세상에서 가장 빠른 동물이다. 극심한 폭염으로 인해 수컷 치타의 남성호르몬 수치가 낮아져 더 이상 아이를 가질 수 없는 상태에 이르렀다. 치타는 7,100마리밖에 남지 않은 상태이다. 아프리카 치타의 개체 수가 급감한 것은 그들의 습성과 관련 있다. 치타는 넓은 서식지를 어슬렁거리며 사는 육식동물이다. 이 때문에 공원과 보호구역을 벗어나 생활하는 경우가 많다. 서식지의 77%가 보호구역 밖에 있는 이유다. 결국 인간의 거주지와 치타의 서식지가 겹치면서 개체수가 급감하게 됐다. 개간으로 치타의 사냥감은 줄었고, 인간 주거지를 침범했다가 사살당하는 치타가 늘어나고 있다.

케냐 마사이 마라 사바나 지역에 서식하는 치타

새끼 치타에 대한 무차별적 밀렵도 위기의 원인이 됐다. 어린 치타는 암시장에서 비싼 가격에 거래되기도 한다. 고양이과 동물인 치타는 은밀하게 움직이기 때문에 정보를 얻기 힘들다. 인도 땅에서 아프리카 치타가 사라진 원인으로는 인간에 의한 사냥 및 서식지 감소, 먹이 부족 등이 꼽힌다. 특히 영국이 인도를 통치하던 기간 동안 치타는 현상금 사냥으로 대거 목숨을 잃었다. 치타가 마을에 나타나 가축들을 죽인다는 이유에서다.

③ 자이언트 판다(Giant Panda) 🐾

자이언트 판다(Giant Panda)

자이언트 판다도 기후변화의 위협에서 자유롭지 못하다. 생존에 필요한 영양 뿐 아니라 서식처를 제공하는 대나무 숲이 기후변화로 인해 빠른 속도로 없어지고 있기 때문이다. 약 1,854마리의 자이언트 판다가 야생에서 살고 있다. 귀여운 외모와 땅딸막한 외모로 뒤뚱거리며 걷는 자이언트 판다는 누가 봐도 사람들의 인기를 독차지하고 있다. 자이언트 판다는 대부분 중국 서부의 고원 지대에 살고 있기 때문에 만나볼 기회를 얻는 것이 쉽지 않다. 이들은 대나무로 둘러싸인 우리 안에 살면서 대나무 잎을 먹어야 한다. 하루 평균 14시간에 걸쳐 약 10~18kg의 대나무 잎과 죽순을 먹는다. 이는 대나무 잎이 영양분이 적기 때문이다. 자이언트 판다는 몸길이 120~190cm, 체중은 수컷이 100~160kg, 암컷이 70~125kg 정도이며, 눈, 코, 입이 얼굴 아랫부분에 몰려있고 대신 두개골 위쪽 부분에는 강한 근육이 자리하고 있으며, 이 근육이 강력한 턱뼈와 연결돼 대나무같이 질긴 섬유질 먹이를 자근자근 분쇄할 수 있다.

일반적으로 곰과 동물은 앞발로 물건을 잡지 못하지만, 자이언트 판다는 물건을 잡을 수 있도록 앞발 뼈가 특수하다. 겉으로 볼 때 앞발가락은 5개이지만, 발바닥 피부 안쪽에 엄지 역할을 하는 발가락뼈 즉, 가짜 엄지와 다섯 번째 발가락 쪽에 보조발목관절뼈라는 돌기가 발달해 있다. 그래서 다섯 발가락과 이 돌기들을 이용해 앞발로 물건도 잡을 수 있고, 대나무도 꼭 쥐고 먹을 수 있다. 쥐나 토끼, 물고기, 곤충도 가끔 먹는다.

자이언트 판다는 해발 1,200~4,100m 산속에 혼자 사는 단독 생활 동물이고, 생활 영역은 보통 3.9~6.2km²인데, 몸의 분비선에서 나오는 냄새나 소변으로 자기 영역을 표시하고, 소리를 내거나 나무를 두드리는 등의 행동으로 의사소통을 하며, 하루 이동거리는 500m를 넘지 않고, 겨울에는 눈이 적게 쌓인 해발 800m 이하 지역으로 내려간다. 다른 곰과 달리 겨울잠은 자지 않는다.

자이언트 판다(Giant panda)는 대왕 판다라고도 불린다. 야생의 자이언트 판다들은 왜 멸종위기에 처했을까? 판다 서식지를 파괴했던 벌목과 탄광 개발 등의 위협은 관련 기관의 강력한 규제로 줄어들었다. 하지만 주요 서식지를 갈라놓는 지역사회의 식량 재배지 확대와 가축 방목은 빈곤이 극심한 지역에서 무분별하게 이루어지고 있다. 특히 가축의 방목은 판다 서식지에 있어서 커다란 위협이다. 도로나 댐 건설 등 대규모 개발 산업은 판다의 서식지를 파편화시켰다. 대규모의 관광 산업 또한 자이언트 판다를 위협하는 원인이다. 인간의 편의를 위한 관광지 개발 활동은 야생의 판다가 견디기 어려운 소음과 각종 쓰레기를 발생시키고 있다. 기후변화는 판다에게도 심각한 위기 상황이다. 기후변화로 판다가 좋아하는 대나무 종의 서식지가 높은 곳으로 이동하면, 향후 50년 이내 판다 보호구역은 현재 판다 서식지의 절반 이하로 줄어들 것으로 예측되고 있다.

④ 바다거북(Sea Turtle) 🐾

인도네시아 서 파푸아 지역 바다 속에서 헤엄치는 바다거북

바다 속 플라스틱으로 괴로운 바다거북은 지구 온난화의 피해자이기도 하다. 바다거북은 해변가 모래 속에 알을 낳는다. 모래에 수분기가 많고 시원할수록 수컷이 많이 부화하고, 모래가 따뜻하고 건조할수록 암컷이 많이 부화한다. 지구 온도 상승으로 인해 이제 수컷 바다거북은 거의 태어나지 않는다. 지난 20년 동안 태어난 바다거북의 99%가 암컷이었다. 바다거북은 해양 생물 중에서 가장 신비하고 아름다운 동물 중 하나이지만 슬프게도 지금 대부분의 바다거북은 멸종 위기에 처해있다.

바다거북은 가장 빠른 파충류로서 유선형의 몸으로 빠르게 헤엄치며 시속 약 35km의 수영 솜씨를 자랑한다. 또한 현존하는 가장 큰 파충류이다. 그리고 바다거북은 GPS 능력이 있다. 새끼거북에게 젖을 먹이고 먹이를 주기 위해 먼 거리를 이동하기도 한다. 대양을 헤집고 다니다가도 자신이 알을 낳은 모래밭이나 인근 해변으로 되돌아갈 수 있다. 가장 좋아하는 음식이며 가장 많이 먹는 주식은 해파리인데, 식도에는 뾰족한 가시가 역방향으로 붙어있어 독이 있고 미끄러운 해파리도 한 입에 먹어 치울 수 있다. 하지만 문제는 해파리와 비슷하게 생긴 비닐봉지를 먹다가 목에 걸리는 일이 생기기도 한다.

바다거북은 채식주의자이다. 거북은 종에 따라 선호하는 먹이가 다르다. 딱딱한 조개류를 좋아하는 거북이 있는가 하면 부드러운 먹이를 선호하는 거북도 있다. 바다거북은 해초나 해조 등의 식물을 좋아한다. 신기하게도, 유년기엔 무엇이든 먹던 바다거북은 성체가 되면 채식주의자가 된다. 온도가 바다거북의 성별을 결정한다는 것을 알아야 한다. 바다거북의 성별은 부화할 때 온도에 따라 결정되는데 알 주변 온도가 28℃를 기준으로 이보다 높으면 암컷이 되고, 낮으면 수컷이 태어난다. 바다거북은 부화도 안 된 단계에서부터 서로 대화를 한다. 바로 각자의 알 속에서 소리를 내어 다른 바다거북과 대화한다. 서로의 부화시기를 조정하기 위해 알 속에서 소리를 내어 소통한다.

바다거북은 어떤 플라스틱 쓰레기를 먹고 있을까? 주요 플라스틱으로는 육상에서 바다로 유입된 일회용 포장재와 어업 기원 플라스틱 쓰레기이다. 바다거북 사체의 소화관 내용물 중 1mm 이상의 미세 플라스틱과 중대형 플라스틱을 분석해 보면, 플라스틱의 형태는 필름형(42%), 섬유형(39%)이, 색상은 하얀색(42%), 투명색(23%)이, 재질은 폴리에틸렌(51%), 폴리프로필렌(35%)이 우세하였고, 이 중 필름 포장재(19%), 비닐봉지(19%), 끈류(18%), 그물류(16%), 밧줄류(11%) 등이 다수 확인되고 있다. 초식성 바다거북에서는 섬유형 플라스틱이, 잡식성 바다거북에서는 필름형 플라스틱이 우세하다. 바다거북 사체 부검 결과는 해양 플라스틱이 바다거북에게 미치는 영향과 해양오염의 실태를 보여준다. 특히 육상에서 기인한 생활 쓰레기와 강이나 바다에서 조업 중 버려지는 폐어구 등 해양 쓰레기 저감을 위한 대책 마련이 절실히 필요하다.

5 사향노루 🐾

향기에 사라질 위기에 처한 사향노루

늦여름과 가을 사이에 가장 어울리는 향수로 언급되는 머스크 향이 우리나라 말로 사향이다. 사향노루는 말 그대로 사향이라 불리는 분비물을 뿜는 포유류로, 사람들이 향수와 약재의 재료로 사용하기 위해 사향노루를 마구잡이로 포획했다. 그 결과 오늘날 남한에서는 화천군, 철원군 등에서만 눈에 띄고 북한에서도 백두산이나 묘향산 같은 첩첩산중에서만 겨우 보이게 되었다. 결국 사향노루는 멸종위기종 1급 동물로 지정되었다. 만약 DMZ가 없었다면 이미 멸종했을 것이다.

최근에는 포획이 금지되어 간신히 위기를 피했지만, 사향노루는 기후 재앙으로 또 다른 멸종 위기를 맞이했다. 사향노루의 서식지는 해발고도 1000m 이상의 아고산지대로 겨울철 먹이가 되어 줄 침엽수가 필수적으로 필요하다. 그러나 기후 재앙으로 인해 아고산지대 침엽수가 집단 고사하고 있어, 몇 안 되는 사향노루가 먹이를 찾지 못하고 있다.

수컷 사향노루의 배꼽 주변에 있는 향낭 '사향'이 고급 약재와 향수의 원료로 쓰이며 남획과 밀렵의 위협을 받는 이유가 된다. 세계자연보호기금(WWF : World Wide Fund for Nature)이 향수제품들의 국제적인 교역 활성화와 전통 중의약 분야에서의 대량 사용으로 인해 사향노루가 멸종위기로 내몰리고 있다며 대책마련을 촉구하고 있다. 크기가 작고 군집생활을 하지 않으며 수줍음을 타는 동물로 알려진 사향노루는 아시아와 동부 러시아 산악지역의 숲 속에 주로 서식하고 있으며, 현재 전 세계에 약 40~80만 마리 정도가 생존하는 것으로 추정되고 있다.

문제는 향수 교역 활성화와 인간의 뼈 강화를 위한 처방에 쓰기 위해 전통중의약 분야에서 천연사향에 대한 수요가 워낙 높은 것에서 비롯되고 있다. 사향의 가격은 킬로그램 당 45,000달러에 달해 금 보다 3~5배나 비쌀 정도여서 전 세계적으로 가장 값비싼 천연물의 하나에 속한다. 천연사향은 사향노루 수컷의 향 샘(pods or scent glands)으로부터 얻어지고 있다.

밀렵꾼들이 25그램의 사향을 뽑아낼 수 있는 수컷 사향노루 한 마리를 잡기 위해 평균 3~5마리를 포획하고 있다. 이는 1kg의 사향을 얻기 위해 약 160마리의 사향노루들이 죽임을 당하고 있음을 뜻하는 셈이다. 향수 소비자들은 그들이 무엇을 구입하고 있는지 알지 못하고 있으며, 향수 제조업체들은 제품라벨에 'clean'이나 'clearly'라는 글자를 새겨 넣고 있다. 유럽에서만도 엄청난 양의 천연사향이 합법적으로 수입됐는데, 이는 결국 수만 마리의 야생 사향노루들이 희생되었음을 의미한다. 앞으로도 사향의 수입량은 갈수록 늘어날 것으로 보인다.

⑥ 하늘다람쥐 👣

활강하는 람쥐썬더, 하늘다람쥐

한국의 대표적인 날다람쥐인 하늘다람쥐는 팔다리와 꼬리를 이용해 활공을 할 수 있다. 아찔할 정도로 높은 나무 위에서 뛰어내리면 100m 이상까지 날 수도 있다. 하늘다람쥐를 실제로 보기란 굉장히 어렵다. 하늘다람쥐의 서식지 역시 기후 재앙으로 파괴되고 있기 때문이다. 하늘다람쥐는 주로 활엽수와 침엽수의 열매와 씨앗, 그중에서도 오리나무와 자작나무의 길고 가느다란 꽃차례를 먹는다. 이런 열매는 둘레가 적어도 30cm가 넘는 다양한 종류의 나무가 어우러진 혼합림에 있는데, 이런 혼합림이 존재하는 지역은 해발 1,200m 이상의 아고산지대이다. 이 아고산지대의 기온이 가파르게 상승하고 있어 침엽수가 가뭄으로 죽어가고 있다. 먹을거리를 잃어가는 하늘다람쥐는 멸종위기동물 2급으로 지정되었다.

하늘다람쥐는 청설모과 포유류로 앞다리와 뒷다리 사이에 있는 날개 막을 이용하여 나무 사이를 활공해 이동하는 특성이 있는 귀여운 다람쥐이다. 성체의 몸길이는 보통 11~12cm밖에 되지 않는 소형종이지만, 한 번의 활공으로 통상 2~30m, 멀게는 100m까지 이동할 수 있다. 국내에 서식하는 하늘다람쥐들은 시베리아 하늘다람쥐의 일종으로, 전국 산악지대의 자연림 또는 인공조림지에서 서식한다. 특히, 강원도나 경상도 북부의 산림지역, 그리고 북한지역의 서식 밀도가 높다. 국내 일부 지역의 서식밀도가 높다고는 하지만 산림벌채, 댐건설 등 개발로 인한 서식지 파괴로 머물 곳이 사라지면서 멸종위기에 놓여있다.

❼ 긴 점박이 올빼미 🐾

사과 같은 얼굴, 긴 점박이 올빼미

긴 점박이 올빼미는 사과를 반쪽 자른 모양의 얼굴을 하고 있으며, 다 자란 개체는 키 50~61cm, 한쪽 날개 끝에서 반대쪽 날개 끝까지의 길이는 110~134cm까지 자란다. 몸에는 어두운 갈색의 세로줄 무늬가 있고, 검은색 눈과 노란색 부리를 가졌다. 긴 점박이 올빼미는 전 세계적으로 약 11,000~14,000쌍이 번식하는 것으로 알려진 국제적인 희귀 조류이다. 그 중 손 꼽히는 수의 긴 점박이 올빼미들이 한국 강원도에서 가끔 확인되고 있다. 환경부 지정 멸종 위기 야생생물 2급으로 보호받고 있다. 희귀한 긴 점박이 올빼미도 기 후 재앙으로 서식지를 잃어가고 있다. 사과 재배지가 한국에서 기후변화로 없어 질 때면 긴 점박이 올빼미도 한반도에서는 그 서식지를 모두 잃어버린 후일 것이 다. 긴 점박이 올빼미는 해발 1,200m 내외의 아고산과 그 이상의 고산지대에서 서식하는데, 하늘다람쥐와 마찬가지로 기후 변화가 극심해 서식지를 잃어가고 있기 때문이다.

긴 점박이 올빼미는 올빼미과 야행성 조류로 오대산 등 강원도와 경기도 일부 지역에서 매우 드물게 관찰되는 텃새다. 평지나 아고산지대 산림에 서식하며 낮 에는 나뭇가지 등에서 휴식하고 어두워지면 활동한다. 쥐나 양서류, 곤충 등을 먹는다. 긴 점박이 올빼미는 무분별한 개발과 환경변화로 인해 서식지나 개체 수 가 급감했다. 긴 점박이 올빼미는 일반적으로 100년 넘은 고목이 분포하는 숲을 좋아한다. 오대산은 수백 년 된 활엽수인 신갈나무와 침엽수인 전나무가 산재해 있어 긴 점박이 올빼미의 최적 서식지다. 특히 700m 이상의 고산지대 대부분은 신갈나무 군락이 우점하고 있다. 백두산 고산 지대에 서식하는 드문 텃새이며, 해외에는 아무르 지역, 사할린, 몽골 동북부, 만주, 우수리 지역 등지에 분포한다.

8 까막딱따구리

숲속의 건축가, 까막딱따구리

　까막딱따구리가 나무를 쪼아 만든 둥지는 비바람도 피하고 눈보라도 막아주는 숲속의 집이다. 훌륭한 둥지를 노린 하늘다람쥐, 원앙 등 다른 동물들이 몰래 둥지 속으로 들어가 사는 일도 많다. 그래서 까막딱따구리는 숲속의 건축가라는 별명을 가지고 있다. 까막딱따구리는 유라시아 대륙 전역에 널리 분포해 세계적으로 약 1,500만 마리 가까이 서식한다. 하지만 한국에서는 과도한 산림 훼손으로 서식지를 잃어 천연기념물 제242호로, 멸종 위기 야생생물 2급으로 지정되었다. 산림 훼손의 위험에서 생존한 까막딱따구리는 이제 기후 재앙의 피해를 받고 있다. 까막딱따구리가 주로 먹이를 찾고 둥지를 트는 아고산지대의 침엽수가 기후 변화로 집단 고사하고 있기 때문이다. 지금처럼 기후 재앙이 지속된다면 까막딱따구리도, 까막딱따구리가 만든 둥지에 들어갈 동물도 모두 서식지를 잃고 사라질 수 있다. 전 세계적인 기후 재앙 속에서 한국의 생물다양성도 흔들리고 있다. 생태계가 파괴되어 질수록 인간의 생존도 안전하지 않다.

　까막딱따구리는 오래된 큰 나무와 죽은 나무가 많은 성숙림 생태계 지표종이다. 몸길이는 45~57cm이고 암컷과 수컷 모두 몸 전체 깃털이 검은색이며 수컷은 이마에서 머리꼭대기를 지나 뒷머리까지 광택이 나는 어두운 붉은색이고, 암컷은 뒷머리만 붉은색이다. 수령이 오래된 참나무, 소나무 등 고목이나 노거수가 있는 울창한 숲에 산다. 몸을 수직으로 세워 나무줄기에 붙어 나선형으로 선회하면서 위로 올라가 인근 수목으로 옮겨간다. 부리로 나무줄기를 두들겨 가며 구멍을 파서 곤충 애벌레를 잡아먹는다. 곤충류를 주로 먹으며, 식물의 열매도 먹는다. 둥지는 큰 나무에 구멍을 파서 만들고, 3~5월에 흰 알 3~6개를 낳는다. 전국에 서식하는 텃새로, 세계적으로는 유라시아 대륙 전반에 걸쳐 분포한다. 국내에 서식하는 딱따구리 중에서 크낙새 다음으로 크다. 몸집이 큰 만큼 나무를 두드릴 때 나는 소리가 다른 딱따구리들보다 크게 울려 퍼진다.

❾ 호랑이 🐾

　한국을 대표하는 동물이자 용맹함의 상징인 '호랑이'는 우리나라에 서식하는 맹수 중 가장 큰 종이다. 과거에는 우리나라를 포함한 아시아 전역에 분포했으나 농경지 확대로 인한 서식지 감소로 점차 설 자리를 잃게 되었다. 특히 일제강점기 시대에 맹수로부터 사람을 보호한다는 명목으로 '해수 구제사업'을 진행하면서 개체 수가 급격히 감소했다. 멸종 위기 야생생물 Ⅰ급으로 분류되어 있는데 사실상 남한에서는 멸종이 된 것으로 판단되며, 북한에 소수가 서식하는 것으로 추측하지만 정확한 정보를 알기는 어렵다.

호랑이

호랑이는 깊은 산의 밀림 지대에 주로 서식한다. 몸길이는 170~185cm, 꼬리 길이는 87~97cm 정도이다. 몸 윗면에 검은 가로무늬 줄이 24개가 있고, 꼬리에도 검은 고리 모양의 가로무늬가 8개 있다. 호랑이는 호피를 이용하기 위한 남획으로 개체 수가 급감하였다. 호랑이의 불법 포획이 성행하는 이유는 호랑이의 뼈와 가죽을 노린 인간의 탐욕이다. 호랑이 뼈 불법 거래가 성행하고 있는 것으로 나타났다. 호랑이 뼈를 고압솥에 2~3일 동안 녹여 만든 '뼈 아교'는 인기를 끌고 있다. 다양한 근 골격 질환과 성기능 강화에 효능이 있다고 알려지면서 부유층들이 구매에 나서고 있다. 제품 구매자들은 매일 와인이나 보드카에 뼈 아교를 섞어 마시고 있으며 비싼 가격을 기꺼이 지불하고 있는 것으로 조사됐다. 대부분 구매자는 야생 호랑이 뼈를 농장에서 사육된 호랑이의 뼈보다 더 선호한다. 어쨌든 호랑이는 세계적으로 멸종 위기종이다.

🔟 반달가슴곰 🐾

　앞가슴의 V자 반달무늬가 특징인 '반달가슴곰'은 바위가 많은 산림이나 울창한 활엽수림에 주로 서식하는데 과거에는 우리나라와 중국 북동부, 연해주 등 곳곳에 분포하였으나 무분별한 포획으로 인해 멸종 위기에 처한 대표적인 동물로 손꼽힌다. 특히 6.25 전쟁을 겪으면서 우리나라에서는 대부분 반달가슴곰이 자취를 감추게 되었는데 천연기념물 제329호이자 멸종 위기 야생생물 Ⅰ급으로 지정되어 보호를 받고 있다. 국내에서 복원 사업을 진행해 지리산에서 약 60마리 이상의 반달곰이 야생에서 새끼를 출산하고 적응해 나가고 있어 성공적인 멸종 위기종 복원 사례로 손꼽히고 있다.

반달가슴곰

　반달가슴곰은 웅담이 널리 알려지면서 국제적으로 개체수가 줄어들고 있다. 몸 전체적으로 대개는 검은 털이 나 있으며, 갈색 또는 적갈색인 개체도 있다. 앞가슴에 흰색 무늬가 특징이다. 머리와 몸통의 길이 1,380~1,920mm, 꼬리의 길이 40~80mm, 귀의 길이 90~155mm, 뒷발의 길이 210~240mm이다. 높은 지대의 험하고 바위가 많은 산림이나 숲속, 과실 등의 먹이 자원이 풍부한 활엽수림에서 생활한다. 적절한 면적의 서식지가 필요하나, 산림 개발이나 훼손 등에 의해 서식지가 훼손되어 개체수가 감소하고 있다.

반달가슴곰은 '숲속의 농부'라고 불린다. 반달가슴곰은 나무열매와 과일을 주로 먹는데, 배설물에 씨앗이 함께 나와 숲속 이곳저곳에 퍼진다. 씨앗에는 보통 발아를 억제하는 화학물질이 있는데, 곰의 뱃속을 거친 씨앗은 화학물질이 씻기어져서 훨씬 발아가 잘 된다. 반달가슴곰이 숲속을 풍요롭게 하는 '씨앗배달부' 역할을 하고 있는 셈이다. 반달가슴곰은 숲속 공간에서 나무에 올라타며 놀거나, 토마토와 사과를 먹는 모습을 가까이서 지켜볼 수 있다. 방사 훈련을 진행 중인 곰도 있지만, 대부분 야생 적응에 실패해서 구조해온 곰들이 많다. 덫에 걸려 한쪽 발을 잃었거나, 등산객이 던져준 먹이에 길들여진 곰들도 있다. 반달가슴곰은 일제강점기 '해수구제'라는 명목으로 한반도에서 1,000여 마리 이상 사냥을 당해 사라졌고, 최근까지도 각종 덫에 걸려 희생돼 멸종위기에 이른 상태다.

⑪ 여우 🐾

영리함을 상징하는 동물인 여우는 개과에 속하는 포유류로 바위틈이나 흙으로 된 굴에서 주로 서식하는 동물이다. 그중에서도 붉은 갈색의 털을 가져 '붉은 여우'로 불린 토종 여우는 자주 관찰되어 왔는데 안타깝게도 털을 얻기 위해 무분별하게 밀렵을 하거나 쥐 포획에 따른 2차 중독으로 자취를 감추게 되었다. 멸종 위기 야생생물 Ⅰ급으로 지정되어 있으나 토종 여우 복원이 원활하게 진행되고 있기 때문에 조금은 희망을 가져보아도 좋다.

여우는 극지방에서 사막과 대도시까지 어디서든 살아가는 적응력이 뛰어난 동물이다. 쥐 등 중·소형 척추동물이 주요 먹이이지만 곤충과 열매, 풀, 동물 사체, 도시의 음식쓰레기 등 기회가 닿으면 뭐든 먹는다. 이런 여우가 우리나라에서 절멸해 복원사업이 벌어지는 것 자체가 세계적으로 특이한 사례로 꼽힌다. 호주에서는 여우가 본토로 들어간 지 30년도 되기 전에 어린 양을 많이 잡아먹어 퇴치 대상이 됐지만 150년이 지난 현재까지 사라지기는커녕 700만 마리 이상이 북쪽 열대지역과 태즈메이니아 섬을 뺀 호주 대륙의 3분의 2에 분포하고 있다. 여우는 호주에서 퍼져나가 토종 생태계를 위협하는 주요 포식자가 됐다. 붉은여우는 세계 곳곳에 서식하고 있지만, 국내에서는 과거 '쥐잡기 운동'으로 개체수가 급감했었다. 민가 주변에서 쥐 등을 잡아먹고 사는 여우의 특성상, 로드킬[12]을 당하거나 불법으로 쳐놓은 덫과 올무에 걸려 죽는 경우가 적지 않기 때문이다.

여우

---

12 로드킬(Roadkill)은 동물 교통사고를 말하는데 길에서 동물이 운송수단에 의해 치여 죽는 현상으로 도로에 의해 고립된 동물 개체군이 감소해가는 대표적인 과정이다. 국립국어원에서는 로드킬을 '찻길 동물 사고'로 다듬었다. 로드킬은 야생동물 뿐만 아니라 사람에게도 큰 위협을 가한다. 그 종류는 노루, 고라니 등 야생동물에서 개나 고양이 같은 애완동물까지 다양하다.

⑫ 담비 🐾

　예쁜 이름만큼 귀여운 외모를 가진 '담비'는 족제비과에 속하는 동물이다. 하지만 귀여운 이름과 외모와 달리 조류, 포유류, 과실, 도토리 등 무엇이든 잘 먹는 잡식성에 나무도 잘 타고, 땅 위도 잘 달려 최상위 포식자로 불리고 있다. 주요 서식지인 산림이 파괴되면서 개체 수가 급격히 줄어들고, 현재는 멸종 위기 야생생물 II급으로 지정되어 있다.

담비

　담비는 머리부터 몸통까지의 길이는 59~68cm이며 몸무게는 보통 2~3kg이다. 지역별로 색의 변이가 심한 것으로 알려져 있지만 몸의 대부분은 밝은 갈색이다. 꼬리, 앞·뒷발은 검은색이며 턱부터 가슴까지는 노란색을 띤다. 서식지는 주로 울창한 산림지역으로 2~3마리가 무리를 지어 생활하며 나무를 잘 타는 것이 특징이다. 먹이로는 식물의 열매와 꿀을 선호한다. 또한 산토끼, 고라니 새끼, 양서류, 파충류, 조류, 소형설치류 등도 먹는다. 일반적인 야생동물과 달리 담비는 사람처럼 낮에 활동하는 특성이 있어서 서식지 안으로 사람이 자주 출입할 경우 안정적으로 서식하기 어렵다. 사냥 능력이 있다는 건 분명하지만 잡식성 동물이라 가장 많이 의존하는 건 나무열매이다.

⑬ 산양 🐾

살아있는 화석이라 불리는 '산양'은 소과에 속하는 발굽 동물이다. 주로 경사가 높고 암벽으로 이루어진 숲에서 무리를 이루어 활동하는데 몸이 암벽의 색과 비슷하고 암반이 형성된 접근하기 힘든 지역에 서식하는 특성으로 발견하기가 쉽지 않다. 게다가 불법 포획 및 무분별한 환경 개발로 인해 산양이 살아갈 환경이 점차 파괴되면서 멸종 위기 야생생물 Ⅰ급으로 지정되었다.

산양

산양은 연평균 기온 12도 이하 지역에서 주로 서식하는데, 국내 최남단 서식지의 연평균 기온이 꾸준히 오르고 있다. 또한, 산양 서식지인 산림이 크게 훼손돼 가고 있는데 엄청난 면적이 거의 민둥산과 같은 환경으로 변하였다. 해발 1천 m에 이르는 바위 산악 지형에서 자연 원시림과 같은 우거진 숲이 산양을 비롯한 야생동물이 서식하기 좋은 조건인데 이러한 산림의 훼손으로 산양 서식 자체가 위협받는 지경이다.

멸종위기동물

- "멸종위기 야생생물"이란 다음을 말한다.
  - 가. "멸종위기 야생생물 Ⅰ급"이란 자연적 또는 인위적 위협요인으로 개체수가 크게 줄어들어 멸종위기에 처한 야생생물을 말한다.
  - 나. "멸종위기 야생생물 Ⅱ급"이란 자연적 또는 인위적 위협요인으로 개체수가 크게 줄어들고 있어 현재의 위협요인이 제거되거나 완화되지 아니할 경우 가까운 장래에 멸종위기에 처할 우려가 있는 야생생물을 말한다.
- "국제적 멸종위기종"이란 멸종위기에 처한 야생동식물종의 국제거래에 관한 협약에 따라 국제거래가 규제되는 다음의 하나에 해당하는 생물을 말한다.
  - 가. 멸종위기에 처한 종 중 국제거래로 영향을 받거나 받을 수 있는 종으로서 멸종위기종국제거래협약의 부속서 Ⅰ에서 정한 것
  - 나. 현재 멸종위기에 처하여 있지는 아니하나 국제거래를 엄격하게 규제하지 아니할 경우 멸종위기에 처할 수 있는 종과 멸종위기에 처한 종의 거래를 효과적으로 통제하기 위하여 규제를 하여야 하는 그 밖의 종으로서 멸종위기종국제거래협약의 부속서 Ⅱ에서 정한 것
  - 다. 멸종위기종국제거래협약의 당사국이 이용을 제한할 목적으로 자기나라의 관할권에서 규제를 받아야 하는 것으로 확인하고 국제거래 규제를 위하여 다른 당사국의 협력이 필요하다고 판단한 종으로서 멸종위기종국제거래협약의 부속서 Ⅲ에서 정한 것

Chapter 5

제14장 공동생활을 유지하는 사회적인 동물
  1. 침팬지(Chimpanzee)
  2. 꿀벌(Honeybee)
  3. 개미(Ant)

인간과 비슷하게 사회생활을 영위하는 사회적인 동물들

이들 동물들은 인간과 같이 공동생활을 하며 절대 지도자가 있고 무리생활을 하며 적을 몰아내고 때때로 반역도 하며 전쟁도 하고 살림도 내주는 역동적인 그들만의 삶을 살아간다. 집단적으로 여왕을 죽이고 다른 여왕을 옹립하는 꿀벌의 세계나, 집단적으로 무리를 지어서 다리를 만들어 이동하기도 하고, 농장을 건설하여 농사를 짓기도 하며, 큰 집을 건축하고 그곳에서 무리를 이루고 살아가는 개미의 세계나, 인간과도 같이 모성애를 갖고 있어서 그 모성애를 경험한 새끼가 엄마의 죽음에 대해 몇날 며칠을 굶으면서 때때로 엄마의 뒤를 따라 굶어 죽기도 하는 챔팬지의 공동체 삶의 세계 등은 인간만이 사회적인 동물이 아님을 인간들에게 보여주고 있다.

제 14 장

공동생활을 유지하는 사회적인 동물

사회적인 동물(Social Animal)은 인간만을 뜻하는 용어가 아니라 침팬지나 개미나 꿀벌에게도 적용되는 용어이며, 이들 동물들을 연구하여 보면 인간만이 사회적인 동물이라는 말이 얼마나 잘못된 것인지를 배울 수 있다. 각각 사회생활을 하며, 정치활동도 하고, 집단적인 행동들에 있어서 매우 질서 있고, 엄격히 통제된 사회에서 살고 있음을 알 수 있다.

① 침팬지(Chimpanzee)

지구상에서 인간과 가장 유사한 특징을 가지고 있는 생물은 침팬지이다. 침팬지는 흰 개미와 같이 먹이를 사냥하기 위하여 풀잎이나 나무의 줄기를 이용하거나, 호두와 같은 단단한 열매를 까기 위해서 돌을 사용한다. 더욱 놀라운 점은 침팬지들은 목적에 맞게 적합한 형태로 기구를 만들 수 있다. 비록 그들이 사용하는 도구와 기구들이 인간의 것보다 정교하지는 못하지만 지구상의 생물 중에서 어떤 목적을 위하여 도구를 사용할 수 있는 인간 이외의 유일한 생물임에 틀림없다. 침팬지의 행동 유전학자 제인 구달 박사의 연구는 침팬지들은 집단사회를 유지하기 위하여 일정한 언어를 사용하고 있으며, 가족에 대한 사랑은 물론, 다소의 샤머니즘적 행동을 한다고 한다. 이러한 침팬지의 행동은 '인간의 가장 원초적인 모습'일지도 모른다.

유전체는 모든 생물들의 형태적, 생리적인 모든 특성을 결정하는 생물정보의 집합체로서, 지구상에 살고 있는 생물들의 유전체 정보는 진화적으로 살아있는 화석과 같은 것이다. 인간의 유전체 정보가 해독돼 인간의 고유한 특성을 유전체 정보에서 찾고자 하는 시도가 가속되고 있다. 과학자들은 지구상에서 인간과 가장 유사한 특징을 많이 가지고 있는 침팬지가 이러한 인간의 가장 원초적인 질문의 해답을 줄 수 있는 유일한 생물로 생각해 왔다.

세포유전학적으로 인간과 침팬지의 가장 특징적인 차이점은, 인간은 22쌍의 상염색체와 X 및 Y의 성염색체(2n=46)로 구성되어 있지만, 침팬지는 23쌍의 상염색체와 X 및 Y의 성염색체(2n=48)로 구성되어 있다. 인간과 침팬지의 골격을 살펴보면 다음과 같다. 먼저 눈에 띄는 부분은 양팔과 다리의 길이이다. 전체적인 길이를 비교하는 것이 아니라 비율을 살펴보면 사람에 비해 침팬지의 양다리의 길이는 짧은 편에 속하고, 대신 양팔은 매우 긴 편에 속한다. 팔의 길이가 거의 무릎 위치까지 내려오는 모습이고, 침팬지의 팔 길이는 다리 길이보다 훨씬 긴 편에 속한다. 사람이었다면 '숏 다리' 소리를 들었을 법하다.

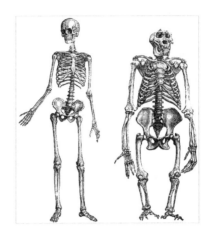

양팔과 다리의 길이

그 이유는 아무래도 나무를 잘 타기 위한 특성 때문이다. 팔이 길어야 나뭇가지를 잡고 다리가 짧아야 나무를 기어오르기 쉽기 때문이다. 사람처럼 반대의 경우라면 다리 길이가 너무 길어 나무를 타기에는 적합하지 않다. 또한 침팬지는 두 발로만 걷지 않고 필요에 따라 네 발로도 걷기 때문에 팔의 길이가 길수 밖에 없다.

또 하나 눈에 띄는 차이점은 바로 골반의 크기이다. 침팬지의 골반은 좌우로 좁고 위아래로 긴 구조로 되어 있다. 반면 사람의 골반은 좌우로 넓고 위아래로 짧은 구조로 되어 있다. 골반이 위아래로 긴 구조를 갖고 있다는 것은 몸통의 움직임이나 다리의 움직임에 따라 골반의 움직임이 많이 관여한다는 것을 의미한다. 이런 골격의 특징에 따라 근육의 분포 역시 다른 특성을 보이게 된다.

사람은 두 발로 걷기 때문에 보행을 위해서는 다리를 쭉 펴야 한다. 그 상태의 근육 분포도는 골반에서 시작해 허벅지, 종아리를 따라 세로로 길게 분포되어 있다. 반면 두발 또는 네발로 걷는 침팬지의 경우 하지의 근육은 발달되어 있으나 근육의 주행 방향이 무릎 관절이 구부러져 있는 것과 같이 다르게 형성되어 있다. 그렇기 때문에 침팬지는 오히려 두 발로 다리를 쭉 펴고 서는 것보다 네 발로 걷는 것이 더 편한 것처럼 보인다.

또 사람에게서는 엉덩이 근육이 발달해 있고, 비교적 짧은 상태로 분포하고 있는데 반해, 침팬지는 엉덩이 근육이 얇고 길게 분포되어 있다. 등에 위치한 근육 역시 침팬지보다 사람에게서 척추를 따라 더 길게 분포하고 있다. 이는 중력에 대항해 몸을 똑바로 세워 두 발로 걷기 위해 점차 근육이 발달한 것이다. 침팬지가 인간이지 못하고 침팬지로 남은 이유는 중력에 대한 도전을 더 많이 하지 않았기 때문이다. 즉, 침팬지는 두 발로 걷는 것보다 네 발로 걷는 방향으로 선택을 한 경우이기 때문에 엉덩이 근육과 등의 근육이 덜 발달된다. 결국 어떤 근육을 얼마큼 사용하느냐에 따라 향후 근육의 발달과 자세, 움직임이 변화한다.

특히, 뇌손상 환자분들의 경우, 편마비 증상으로 인해 뇌의 신경지배가 저하되어 있는 상태에서 조금이라도 더 사용하기 쉬운 익숙한 쪽으로만 사용을 하게 된다면 마비 측 근육의 발달을 기대하기는 어렵다. 시간이 지날수록 마비 측 팔, 다리는 더 사용하지 않게 된다. 결국, 침팬지와 마찬가지로 중력을 이기려고 하는 도전을 계속하느냐 혹은 하지 않느냐에 따라 뇌손상 환자분들의 예후가 정해질 수 있다. 또한 하지 골격 중 고관절에서 무릎관절까지의 대퇴골(Femur)의 모습을 살펴보면 침팬지는 바깥쪽으로, 사람은 안쪽으로 각이 형성되어 있다. 침팬지처럼 바깥쪽으로 각이 형성되어 있다면 다리를 좌우로 뒤뚱뒤뚱 걷는 양상이 나타나지만, 사람처럼 안쪽으로 각이 형성된 경우 다리의 움직임이 앞뒤로 나타날 수 있다. 그리고 무릎이 쉽게 구부러지지 않도록 유지하기에도 더 수월하다.

몸을 지면에 수직으로 세우기 위해 척추에 부하되는 압력을 최대한 분산시키기 위한 사람만의 독특한 구조가 존재하는데, 그것이 바로 요추 전만(Lordosis)

이다. 침팬지를 포함한 네발 동물에서는 존재할 필요가 없는 형태이다. 인간과 침팬지의 또 하나의 특징은 바로 종아리 근육이다. 침팬지보다 인간의 종아리 근육이 매우 발달해 있는데, 좌우의 움직임보다 앞으로 추진하는 능력이 뛰어나기 때문이다. 앞으로 전진을 하기 위해서는 발바닥을 통해 뒤로 밀어주면서 추진력을 얻어야 하는데 이때 관여하는 근육이 바로 종아리 근육이다. 침팬지는 좌우로의 체중 이동이 많이 나타나고 네 발로도 걷기 때문에 상대적으로 종아리 근육이 덜 발달하게 된다.

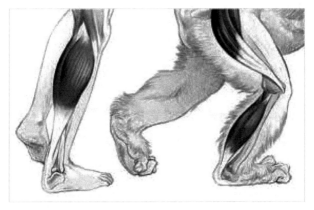

종아리 근육의 차이

이렇게 침팬지와 사람의 골격, 근육 분포에는 차이가 있다. 이런 차이는 결국 보행 시 효율성에 영향을 미칠 수 있다. 에너지 효율성(Energy Efficiency)은 같은 힘으로 더 많이 움직일 수 있고, 같은 거리를 더 적은 힘으로 움직일 수 있다. 즉, 자동차를 예로 들면 연비가 좋다. 침팬지는 마치 자연요법처럼 작은 날벌레를 잡아 자기 상처에 문질러 치료한다. 자신뿐 아니라 동료 상처에 문지르는 장면도 포착돼 침팬지의 사회성도 함께 확인됐다. 침팬지는 구충제 역할을 하는 식물 잎을 먹기도 한다. 동물이 치료를 위해 동물을 활용하는 사례이다. 병균이나 기생충과 싸우기 위해 식물이나 무생물을 쓰는 자가 약물 치료는 곤충이나 파충류, 조류, 포유류 등 여러 동물에서 관찰되나 동물성 물질을 상처에 쓰는 것은 침팬지에서 관찰된다.

침팬지는 돌을 이용해 견과류를 깨먹는 것과 상처 치료처럼 복잡한 기술도 침팬지들끼리 서로 배우는 것으로 알려져 있다. 인간이 다른 사람의 행동을 모방하는 문화를 가지고 기술을 세대에 걸쳐 축적하듯 침팬지도 이런 방식으로 학습한다. 침팬지가 견과류 껍데기를 깰 수 있는 돌 같은 도구가 있어도 주변에서 이용하는 모습을 보지 못했다면 쓸 줄 모른다. 침팬지는 인간처럼 행동을 습득하고 복잡한 도구 사용을 단순 발명하지는 않는다.

🐾 침팬지의 문화생활

대부분의 사람들이 문화는 인간만이 가지고 있는 고유의 특성으로 볼지라도 침팬지도 상당한 수준의 문화를 가지고 있다. 침팬지의 문화는 다양하며, 이를 통해 무리의 정체성을 확립하고 집단의 결속력을 강화한다. 침팬지들이 서식하고 있는 기니 · 우간다를 비롯하여 탄자니아 지역에서는 그들 나름의 서로 다른 문화가 있다.

개미 사냥법이나 견과류를 깨 먹는 도구의 선택과 관련한 침팬지의 문화가 대표적인데, 각 침팬지 무리마다 많은 차이를 보여주고 있으며 아마도 서식지의 기후나 환경에 따라 다르게 발전했기 때문인 것으로 보인다. 똑같은 견과류를 깨먹을지라도 돌 받침대에 돌망치를 쓰는 침팬지가 있는가 하면, 나무 받침대에 돌망치를 쓰는 침팬지 무리가 있다. 개미를 사냥할 때도 나뭇가지를 이용해 땅을 파서 개미를 잡아먹는 침팬지가 있고, 가느다란 나뭇가지를 개미탑 속에 집어넣어 낚시하듯 개미를 잡는 침팬지도 있다. 먹는 방법에도 차이가 나는데 낚시한 개미를 손으로 훑어서 한 번에 먹는 무리가 있는가 하면, 입으로 직접 먹는 무리도 있다.

어떤 의식과 같은 특이한 행동을 하는 침팬지 무리도 있다. 우간다와 탄자니아 등에 서식하는 대부분의 침팬지 무리는 우레 소리와 함께 비가 쏟아지면 아프리카 원주민들이 축제 때 춤추는 모습을 연상케 하듯 몸을 좌우로 흔들지만, 기니의 침팬지 무리는 그러한 행동을 전혀 하지 않는다. 그런 춤과 같은 몸동작은 이해하기 힘든 자연에 대한 두려움을 표시하고, 무리 구성원들의 동질성을 확인하는 의식이라고 추정된다.

친밀감을 표현하기 위한 대표적인 행동으로는 털 고르기가 있는데 그것 역시 무리에 따라 차이가 많다. 우간다의 키발레와 탄자니아의 마할레 지역의 침팬지들은 털 고르기 중 악수를 하며, 미국 샌디에이고 동물원의 보노보 침팬지 무리는 털 고르기 도중에 손과 발을 이용하여 박수를 치기도 한다. 마치 젊은 청년들 사이에 하이파이브(hifive)를 하며 서로의 결속력을 과시하는 것 같아 보인다. 샌디에이고 동물원 보노보 침팬지의 이런 행동은 수십 년간 다음 세대로 전해지는 것으로 관찰되었다.

서로 다른 문화를 가진 침팬지를 동일한 우리에서 키우면 침팬지들도 문화적 충돌로 인한 혼란을 겪는다. 아프리카의 서로 다른 곳에서 태어난 침팬지들을 같은 동물원에 수용했을 때 그런 현상이 종종 목격되는데, 이들은 서로 다른 행동양식으로 인해 쉽게 친숙해지지도 않으며, 무리 간 융합도 쉽지 않다. 하지만 침팬지들은 이러한 문화 차이를 끊임없는 접촉과 대화를 통해 극복한다. 서로 다른 지역 출신이 만나는 경우가 많은 동물원에서 독특한 '동물원 문화'가 만들어지는 과정이기도 하다. 침팬지의 문화에서도 인간 사회에서 볼 수 있는 문화의 일단을 느끼게 하는 대목이다.

침팬지의 문화가 인간의 그것처럼 고차원적인 내용은 아닐지라도 스스로 만들고 후대에 전승하고 있음이 곳곳에서 관찰되고 있다. 유인원뿐 아니라 다른 동물들에게도 자신들만의 문화가 있는 것이 동물생태학에서 확인되고 있다. 인간을 제외한 대부분의 동물들이 본능에 따라서만 행동한다고 생각한다. 다만, 어느 정도의 사회적 학습을 하는 동물은 있다고 여겨진다. 하지만, 침팬지와 고래와 같은 두뇌가 큰 동물뿐만 아니라 시궁쥐, 어류, 심지어는 초파리까지 다양한 동물 군에서 사회적 학습이 관찰되었다. 문화 목록 중에서는 상당히 기이한 행동도 있는데, 코스타리카의 한 꼬리감기 원숭이 집단에서는 서로가 손가락을 상대편의 콧구멍에 동시에 넣고 최면 상태에 있는 것처럼 흔들거리기도 한다.

예를 들어, 어떤 까마귀들은 견과류를 먹기 위해서 차량이 많이 지나다니는 사거리에 견과류를 떨어뜨렸다가 빨간 신호등이 되었을 때 유유히 집어간다. 침팬지에 관한 혁신 사례도 많은데, 고정된 투명 튜브 속에 침팬지가 좋아하는 땅콩을 제공했을 때, 일부 똑똑한 침팬지들은 입에 물을 물고 와서 튜브에 붓고 떠오르는 땅콩을 집어먹은 사례도 있다. 이러한 사례들은 신호등과 차량의 움직임, 물의 부력에 대한 기본적인 이해가 없이는 불가능하다.

하지만 이처럼 스스로 방법을 개발하는 것은 다른 개체를 모방하는 데 비해 시간과 비용이 많이 든다. 신호등과 차량의 움직임을 관찰하여 상관관계를 스스로 터득한 까마귀는 다른 까마귀를 모방하는 까마귀에 비해 더 많은 시간과 노력이 들 수밖에 없다. 비용의 측면에서 보자면 스스로 해결 방법을 생각해내는 개인적 학습자는 정보 제공자이기에 이타 주의자에 가깝고, 사회적 학습자는 무임 승차자이다. 따라서 집단의 관점에서 볼 때 환경이 조금이라도 변화하는 한 변화

Chapter 5

된 환경에 맞는 행동을 개발하는 개인적 학습자가 어느 정도 필요하다. 침팬지에게 단순한 언어를 가르치는 것도 가능했지만, 침팬지가 학습한 언어의 한계 또한 명백하다는 것을 알아야 한다.

침팬지의 정치생활

경쟁이 심한 수컷 영장류는 인간이 정치에서 보이는 것과 비슷한 권모술수를 쓴다. 침팬지의 우두머리 수컷이 도전자에게 패배한 경우 우두머리 수컷은 땅바닥에 뒹굴면서 가엾게 비명을 지르며 나머지 무리에게 위로받기를 기다린다. 마치 새끼 시절에 어미의 품에서 밀려났을 때와 비슷한 행동이다. 짜증을 내는 동안 어미의 반응을 계속 감시하는 새끼처럼, 우두머리도 무리를 주목한다. 주위 무리가 많이 남아 있다면 자신의 세가 죽지 않았다는 것이다. 이에 용기를 되찾고 라이벌과의 대결을 다시 진행한다.

반면 아무도 다가오지 않는다면 우두머리 자리를 잃는다. 이 경우 전임 우두머리의 말로는 비참하다. 모든 싸움 끝에 우두머리에서 밀려난 수컷 침팬지는 먼 곳을 응시하며 앉아 있다. 주위 무리의 활동을 전혀 의식하지 못하고 공허한 표정을 짓는다. 몇 주간 음식을 거절하기도 한다. 침팬지는 색다른 방식으로 우두머리를 뽑는다. 침팬지는 일대일 대결 외에도 인간의 정치처럼 복잡한 동맹과 배반을 통해 기존 우두머리를 쓰러뜨리기도 한다. 영장류는 서식지의 물리적 위치를 정치 수단으로 이용한다. 우두머리가 나무 그루터기 위로 올라가 높은 왕좌에서 무리를 내려다보거나, 무리 한가운데로 나무에서 내려오는 것이 대표적이다.

🐾 침팬지가 키웠던 인간 이야기

1996년 나이지리아의 숲에서 네 살배기 아이가 발견됐다. 생후 6개월에 버려져 2년 반이 넘도록 침팬지 손에서 자랐다. 발견 당시만 해도 사실상 인간다운 모습을 거의 찾을 수 없었다. 태어났을 때만 해도 정상이었을 등뼈는 침팬지처럼 네 발로 걷던 습성 때문에 휘어서 바로 서지 못했고, 자연히 직립보행도 불가능했다. 또한, 뇌가 정상적으로 발달하지 못해 인간의 언어를 전혀 하지 못했다. 그저 침팬지처럼 소리 내고 행동할 뿐이었다. 야생 침팬지와 생활하며 침팬지의 모습을 보고 흉내 내며 자라온 아이에게 인간 사회는 낯설고 이해하기 힘들었다.

처음 발견되고 6년이 지난 2002년에야 나이지리아 카누시 보육원에서 다른 사람들과 생활하게 되었다. 하지만 10세가 된 아이는 또래 아이들과 확연히 다른 모습이었다. 하루 12시간을 뛰어다니며 시도 때도 없이 손뼉을 치며 괴성을 질렀다. 뛰어다니지 않을 때는 흙을 집어 먹거나 열매를 가지고 놀았다. 또래 아이들과 어울리기를 싫어하고 침팬지의 사진을 보여주면 침팬지 소리를 내며 반응했다. 아이는 결코 침팬지가 아니었다. 하지만 다른 사람과 전혀 어울리지 못하고 침팬지의 생활 습성을 고스란히 따라하는 아이를 인간이라고 할 수 있을까?

침팬지와 인간 사이의 어중간한 지점에 놓인 아이의 사례에서 우리는 중요한 사실을 깨달을 수 있다.

인간 사회에서 다른 사람들과 어울리며 자연스럽게 지적 능력을 발달시키고 인간의 생활양식을 습득하는 경험을 전혀 하지 못하는 경우 사람으로 태어났을지언정 결코 사람다운 삶을 영위할 수 없다. 야생에서 침팬지와 함께하며 동물의 삶을 살았던 아이가 끝끝내 인간 사회에 속하지 못했다. 인간은 타인의 존재를 끊임없이 필요로 하며 타인과의 끊임없는 사회적 상호작용을 통해 인간답게 살게 된다.

② 꿀벌(Honeybee) 🐾

꿀벌은 사회적 곤충이다. 집단을 구성하는 꿀벌이 너무 많아지면, 새로 여왕벌이 등장해 전체의 절반 정도를 이끌고 새로운 이주지로 집단 이주를 단행한다. 집단을 이끌고 이주했는데 그곳의 환경이 좋지 않다면 집단 전체는 큰 곤란을 겪을 수밖에 없다. 좋은 이주지를 고르는 것은 집단의 생사가 걸린 무척 중요한 일이다.

어디로 이주할지, 꿀벌 집단은 어떻게 결정할까? 먼저, 꿀벌집단은 여러 곳으로 정찰병을 보낸다. 정찰을 나간 꿀벌은 집으로 돌아와, 동료 앞에서 일종의 춤으로 자기가 보고 온 곳이 마음에 들었다면 그 위치를 알려준다. 집에서 그곳까지의 거리와 방향을 춤의 길이와 형태로 표시한다. 각기 다른 곳을 다녀온 정찰병 꿀벌은 다음에는 다른 친구가 추천한 장소를 또 가본다. 그리고는 자기가 처음 간 곳보다 새로 방문한 곳이 더 좋으면 마음을 바꿔 이제 그곳을 춤을 통해 추천하고, 처음 방문한 곳이 더 좋으면 원래의 의견을 유지한다.

이런 과정을 여러 번 반복되고 결국 만장일치로 합의하면, 드디어 그곳으로 꿀벌 집단이 이주하게 된다. 새 이주지를 결정하는 과정에서 꿀벌이 보여주는 행동으로부터 우리가 배울 점이 많다. 먼저, 의견을 조율하는 과정에서 꿀벌은 자기의 의견이라고 고집을 부리지 않는다. 친구가 추천하는 곳을 다녀오고 그 곳이 더 좋다면 얼마든지 자기의 의견을 바꾼다. 처음 가진 생각을 잘 바꾸려 하지 않는 인간보다 훨씬 더 열린 마음을 지녔다.

전 세계 곳곳에서 일벌들이 나갔다가 돌아오지 못하는 일이 벌어지면서 벌집에 있던 애벌레와 여왕벌이 폐사하는 '꿀벌 군집붕괴현상'이 발생하고 있다. 꿀벌이 멸종 위기종이 된 원인으로는 전자파에 의해 길을 잃거나, 지구가열화(지구온난화)에 따른 폐사, 농약 등 화학물질, 전염병 등이 지목받는다. 특히 꿀벌 개체 수 감소의 주된 원인은 지구온난화다. 꿀벌은 기온이 떨어지면 활동량을 줄이기 위해 동면에 들어간다. 벌통에서 서로 뭉치면서 체온을 유지한다. 기온이 높아지니 꿀벌들은 동면에 들어가지 않고 꿀 채집에 나섰다가, 일교차가 심해지자 추워서 얼어 죽어버린 것이다.

꿀벌의 감소는 지구촌 각 대륙 전역에서 공통적으로 나타나는 현상이다. 따라서 각 지역별로 편차가 있는 농약 사용이나 개발로 인한 서식지 감소는 주된 요인이라고 보기 힘들다. 유엔식량농업기구(FAO)에 따르면 전 세계 식량의 90%를 차지하는 100대 농작물들의 약 63%가 꿀벌을 매개로 열매를 맺는다. 꿀벌이 꽃가루를 묻혀주기 때문에 번식이 가능한 것이다. 이에 따라 꿀벌 개체수가 감소하거나 사라지면 전 세계는 식량위기에 빠질 가능성이 크다.

꿀벌

🐝 꿀벌의 사회생활

꿀벌은 무리를 지어 단체 생활하는 사회적 동물[13]이기 때문에 꿀벌무리로서의 기본습성이 있다. 꿀벌은 단체를 구성하고 그 단체의 구성원으로 개개의 기능과 생활능력을 발휘하여 주어진 임무를 수행하며 생산적 기능과 번영능력을 보존, 유지할 수 있다. 따라서 꿀벌은 속해 있는 무리와 벌집에 대한 애착심이 강하여, 외적의 침해로부터 적극적으로 방어하며 자기 집을 보호하고 여왕벌의 안전을 꾀하는 습성이 있다.

하나의 꿀벌무리에는 살림나는 꿀벌들과 여왕벌이 망실되었을 때 비상왕집을 만들어서 새 여왕벌을 양성한다. 여왕벌은 계속 알을 낳고 일벌들은 새끼 벌을 키운다. 지속적인 번영을 위해 공간을 제한받았을 때에도 새 여왕벌의 양성을 꾀한다. 여왕벌이 노쇠하여 종족의 보존, 번영에 지장이 초래될 염려가 있을 때에도 후계 여왕벌을 양성하려는 습성이 강하다. 꿀벌은 자기 집에 속해 있는 동료가 아니거나 꿀벌무리가 아닌 경우에는 배타성이 대단히 강하다. 꿀벌의 귀소능력은 예민한 감각기의 훈련과 이용 또는 연습훈련을 통해서 발달한다. 꿀벌은 자기 집의 위치를 정확히 기억하고 있기 때문에 벌꿀을 훔치기 위한 도둑벌과 환경의 급변에서 오는 표류 벌을 구별한다. 벌통을 이리저리 함부로 옮겨 놓는 경우를 제외하고는 일벌은 자기 집에 정확히 돌아오는 습성이 있다.

꿀벌은 천부적으로 주어진 선천적 분업과 생리적 기능에 따라 주어진 후천적인 분업이 잘 발달되었기 때문에 사회생활이 조직적으로 잘 운영되고 있다. 일벌의 주요 노동과 활동을 파악하는 일은 꿀벌의 사회생활을 보다 과학적으로 이해하는데 필요한 기초 지식이 된다. 벌집을 짓는 일에 참가할 일벌들은 일시에 많

---

13 꿀벌은 여왕벌(queen bee), 일벌(worker bee), 수벌(drone)들로 무리를 구성하고 사회 생활하는 동물이다.

은 꿀을 섭취하고 벌집[14]을 지을 주변에 24~36시간 동안 머물다가 밀랍[15]을 분비하여 벌집을 짓기 시작한다.

일벌이 하는 일 중에서 밀랍을 분비하여 벌집을 짓는 일과 애벌레를 키우는 일[16]은 대단히 중요하다. 일벌은 일벌, 여왕벌, 수벌들에게 먹이를 전달하는 행동[17]을 한다. 일벌의 꽃 찾기 속도와 수밀 량은 밀원의 종류에 따라 큰 차이가 있다. 일반적으로 꽃 꿀 수집[18]에는 긴 시간이 소요되고 꽃가루 수집[19]에는 짧은 시간이 소요된다. 일벌은 각종 기원식물을 찾아다니면서 나무진 즉 수지(resin)를 수집한다. 수지와 꿀벌의 타액과 혼합된 물질이 프로폴리스[20]이다. 문지기 벌(guard bee)들은 밖의 일 활동을 끝낸 늙은 일벌들이다. 문지기 벌들[21]은 유밀기

---

14 각 벌방은 다른 벌방의 3면과 접해 있고 각 벌방 밑은 3각추 형을 이루며 3각추의 정점은 반대쪽 벌방의 주각이 된다. 자연왕집은 주로 밀랍과 꽃가루를 섞어 짓는데 방벽이 비교적 두껍고 견고하며 처음에는 술잔 모양이지만 여왕벌 애벌레가 성장함에 따라 아래쪽으로 커지며 마치 땅콩껍질의 모양이다.

15 밀랍은 벌집을 짓는 기본재료이다.

16 알에서 부화한 애벌레의 먹이 종류는 일령과 성에 따라 다르다. 부화 후 3일간은 애벌레의 성에 상관없이 모두 왕유를 먹여 키우고 3일이 지나면 여왕벌 애벌레에게는 계속 왕유를 급여하지만 일벌이나 수벌의 애벌레에게는 꿀과 꽃가루를 급여해서 키운다.

17 일벌은 일벌, 여왕벌, 수벌들에게 먹이를 전달하는 행동을 한다. 소요되는 시간은 보통 1~5초이다. 먹이 전달 행동은 머리를 맞대고 촉각을 접촉, 두 다리를 비벼대면서 어느 한쪽이 구걸하는 행동을 하고 다른 한쪽은 제공하는 행동을 한다.

18 일벌의 밖일 활동은 기온과 풍속에 밀접한 관계가 있다. 벌꿀이 완숙되면 수분함량은 20% 이하가 되며 벌방에 가득차면 밀랍과 꽃가루를 섞어 벌방을 꿀 덮개를 한다. 꿀 덮개 된 벌꿀은 절대 변질되지 않아 영구보존이 가능하다.

19 꽃가루는 수술 꽃 밥에 있는 가루로서 단백질을 비롯한 각종 미량원소를 지닌 중요한 물질이다.

20 프로폴리스는 건조하거나 저온에서는 굳어 잘 부서지나 실온에서는 끈적끈적하다. 프로폴리스의 수집 정도는 꿀벌의 종류에 따라 차이가 있을 뿐만 아니라 품종 또는 계통에 따라 큰 차이가 있다. 프로폴리스와 밀랍을 섞어 벌통 내 틈새를 메우거나 부착하여 벌통보호, 벌집의 보수, 외적보호, 내부정화와 소독살균, 병원균 번식방지, 부패방지의 예방을 비롯하여 산란과 성장, 꿀의 숙성보관, 최적위생유지 등 번식을 위해 이용된다.

21 문지기 벌이 착륙 판을 돌아다니면서 그 벌통에 드나드는 꿀벌들을 일일이 검문 조사하는데 소요되는 시간은 1~2초이다. 어린 꿀벌들은 검문에 잘 응하나 밖일 벌은 잘 응하지 않으며 대개 늙은 일벌들은 머무르지 않고 벌문으로 들어가기도 한다. 이때 문지기 벌들이 뒤를 쫓아가면서 검문하기도 한다. 수상한 꿀벌들에게 다가가서 더듬이를 그 꿀벌에 접촉하여 몸에서 나는 냄새로 확인한다. 특히 도둑벌이 드나들 때는 벌 문의 통과를 저지하기도 하고 때로는 벌침으로 죽여 버리기도 한다. 거센 꿀벌무리에서 문지기 벌들은 가운데 다리와 뒷다리로 서서 앞다리를 번쩍 들고 더듬이를 앞쪽으로 뻗으면서 큰 턱을 열고 날개를 펼치며 공격태세를 취한다. 대개 여름

인 봄철에는 활동이 눈에 잘 띄지 않으나 무밀기에는 활동이 활발하다.

유밀기에 꽃 꿀이 폭주하거나 월동먹이를 먹이 그릇에 가득 줬을 때 일벌들은 꽃 꿀과 당액을 먹이로 전환시키며 수분을 발산시킨다. 아카시아 꽃 꿀 유밀기의 초저녁에는 바람 일으키기 소리가 매우 요란하며 다음날 아침에는 벌 문 입구로 물이 흐르는 것[22]을 볼 수 있다. 갓 태어난 일벌들은 태어난 벌방에 남아 있는 탈피 각질, 배설물을 꺼내 벌통 안 밑판으로 떨어뜨려 깨끗이 청소[23]를 한다. 비상연습을 통해 날개의 힘을 단련하는 일도 되지만 벌통의 위치, 주변 환경을 익히는 일도 된다. 낮 놀이 즉, 유희비상활동[24]은 봄철에 자주 눈에 띄는데 보통 5분 이내로 한다. 밀원이 부족할 때에 일벌들은 다른 이웃벌통에 침입하여 꿀을 훔쳐온다[25]. 특히 무밀기에 벌통을 자주 열어 꿀 냄새를 풍기거나 설탕 용액

철이나, 날씨가 무덥거나, 유밀기에 꽃 꿀을 많이 수집된 벌통 내에서 미숙한 벌꿀의 수분을 증발시킬 목적으로 늦은 오후나 초저녁 때는 벌 문의 착륙 판에서 날개를 세게 흔들어 벌통내의 환기를 위한 바람 일으키기를 한다. 바람 일으키기에 참여하는 일벌의 수는 목적과 필요성에 따라 차이가 있는데 적을 때는 몇 마리, 많을 때는 수백 마리에 이른다. 벌 문에서 바람 일으키기를 할 때는 착륙 판을 점령하는데 벌 문을 반 정도 점령하고 서로 지장이 없을 정도의 간격을 취한다. 머리를 벌 문 쪽으로 향하면서 배를 약간 추켜들고 날개를 세차게 흔든다. 바람 일으키기를 통하여 벌통 내 무더운 공기가 한쪽 벌 문 밖으로 배출된다. 착륙 판에서 배를 높이 추켜들고 배 끝 마디를 구부려 향선을 노출시키고 유인물질(pheromone)을 분비하여 방향을 잃은 동료 일벌들에게 벌 문의 위치를 알려준다.

22 무더위가 기승을 부릴 때 일벌들은 물을 운반하여 벌집틀 윗부분과 벌방 즉, 소방에 바르고 날개로 바람을 일으켜 수분을 발산시키며 벌통내부를 시원하게 한다. 때로는 꿀벌 무리의 2/3이상이 밖으로 나오므로 애벌레를 키우는데 지장을 초래하기도 한다. 물은 자란 꿀벌들에게도 필요할 뿐만 아니라 이른 봄철에 어린 새끼 꿀벌들에게 꿀을 묽게 타서 먹이는데 필요하기 때문에 일벌들이 물을 운반해 들이는 활동이 활발하다. 물은 벌통 내의 온습도 조절에도 필요하다. 특히 여름철 외기 온도가 33℃를 넘으면 수밀활동이 감소하고 급수 꿀벌의 활동이 활발해진다. 일벌의 1회 물 운반량은 25~50mg 정도이다.

23 일벌들은 밑판의 이물질과 벌방 내 죽은 유충을 밖으로 내다 버리며 청소를 한다. 꿀벌의 힘으로 꺼낼 수 없을 때는 밀랍과 프로폴리스를 발라 노출을 막는다.

24 일벌들은 벌통 밖일 활동 중에 환경의 급변으로 방향을 잃어 표류하여 자기 집을 찾지 못하는 예가 자주 있다. 첫 유희비상에서 일부의 일벌이 이웃 다른 벌통에 표류되는 일이 있다. 특히 강풍이 몰아 칠 때 더욱 심하다. 표류현상은 꿀벌의 품종에 따라 방위감각이 둔하여 발생하기도 하지만 방향표시가 애매할 때, 유밀기에 꿀벌 터와 밀원지 중간에 다른 벌통이 있을 때 자주 발생한다. 벌통색이 같고 벌 문의 방향이 같으면서 가깝게 있을 때, 나이가 어릴수록, 어두운 곳에 오래 갇혀 있을 때 잘 일어난다. 꿀벌무리 세력의 강약, 여왕벌의 유무에 따라서 차이가 있으며 약군에서 강군 쪽으로, 여왕벌이 있는 군에서 없는 군 쪽으로, 바람이 심한 곳에서 온화한 장소로, 소란한 장소에서 안전한 장소로 표류한다. 수벌은 방위감각의 차이 때문에 일벌에 비해 표류현상이 잘 일어난다.

25 도둑벌은 봄철, 가을철에도 발생하나 여름철에 가장 많이 발생한다. 나들 문 즉, 소문을 향해 들어가는 일벌의

을 줄 때 냄새를 풍기는 일은 도둑벌의 발생을 유발하는 원인이 되기 쉽다. 꿀벌의 의사전달은 춤[26]의 형태, 냄새[27], 날개의 진동수[28], 목욕행동[29] 등으로 복잡하게 이루어진다.

3 개미(Ant)

개미는 꿀벌과 함께 대표적인 사회적 곤충이다. 전체를 위해 스스로를 희생하는 놀라운 이타성을 보여주기도 한다. 한 마리 개미의 인식능력은 아마도 정말 보잘 것 없다. 하지만, 여럿이 함께 하면 놀라운 집단행동을 만들어 낼 수 있다. 개미 한 마리는 간단한 규칙을 따라 단순한 행동을 하더라도, 개미 집단 전체는 현실의 문제를 놀랍도록 효율적으로 해결할 수 있다. 개미 집단은 집에서 먹이를 향해 나아갈 때 놀랍도록 효율적인 길을 만든다. 심지어 빈 공간을 가로지르는 다리를 스스로의 몸을 서로 엮어 만들어 내기도 한다. 다리를 구성하는 개미

배가 홀쭉하면서 뒷다리에 꽃가루덩어리가 없다든지 또는 벌통에서 나오는 일벌의 배가 홀쭉하면서 거칠고 민첩하게 나는 벌은 도둑벌이다. 벌 문에서 문지기 벌의 활동이 활발하여 문 앞의 경계가 철저하면 도둑벌의 침입이 어렵다. 그러나 여왕벌이 없거나 무밀기에 벌 문에 훈연하여 문지기 벌의 활동을 저해한다거나 꿀벌무리 세력이 약하거나 문지기 벌의 활동이 약해지면 도둑벌이 마음 놓고 출입할 수 있다.

26 일벌들은 밀원을 발견하면 그 정보를 동료들에게 알리는데 그 정보의 전달은 벌통 내 벌집 면을 기어 다니면서 추는 여러 가지 형태의 춤으로 이루어진다.

27 꿀벌은 페로몬 즉, 유인물질 냄새를 풍긴다. 페로몬(pheromones)이란 어떠한 물질이 꿀벌 몸 밖으로 분비되어 꿀벌 동료 상호간의 기능적 반응을 나타내는 일련의 물질을 말한다.

28 꿀벌의 날개 진동음은 모스 부호와 같은 역할을 한다. 짧은 연속음은 먹이가 가까운 거리에, 길게 끄는 소리의 반복은 먹이가 먼 거리에 있다는 신호이다.

29 저녁때 일벌들이 벌통 앞쪽 벽에 떼를 지어 있는 모습을 자주 볼 수 있다. 이 목욕행동을 하는 일벌들은 벌 문을 향해 가운데 다리와 뒷다리로 꼿꼿이 서서 머리와 앞다리를 숙이고 몸을 앞뒤로 흔드는 행동을 한다. 이때 앞다리의 발바닥 즉, 부절을 굽히고 빠른 움직임으로 벌통을 긁어 대고 큰 턱으로 계속 문질러 대는 행동을 한다. 더듬이 즉, 촉각 끝을 그 표면에 대고 있다가 잠시 후 큰 턱 아래쪽 끝에 액상 물질이 모이게 되면 이 물질로 큰 턱과 발바닥을 깨끗이 닦는다. 목욕행동은 벌통 밖에서 뿐만 아니라 벌통 안에서도 한다.

들은 자신의 자리에 얼어붙은 듯 가만히 머물러, 동료 개미들이 자신의 등을 밟고 나아가는 것을 돕는다. 그러다 등위를 지나 먹이를 나르는 동료가 줄어들면, 다리를 저절로 해체해 집으로 돌아온다. 정말로 흥미롭고 대단한 집단행동이다. 장마로 인해 강물이 불어 개미집이 침수되면 개미들이 서로 몸을 이어 엮어 뗏목을 만들어 다른 장소로 전체가 함께 이주하는 현상이 관찰된 바 있다. 개미와 인간은 많은 공통점을 가지고 있다. 둘 다 똑같이 자원이 가득 찬 도시와 주거지가 있는 정교한 구조물로 이뤄진 큰 사회 속에서 살아간다. 작은 개미무리도 그룹 생활을 함으로써 생존에 더 유리하고 새끼들도 더 빨리 자라는 현저한 이익을 얻는다.

아프리카 군대개미

아프리카 군대개미[30]는 협동성과 집단성 면에서는 거의 최고봉이다. 이들은

---

30 아프리카 군대개미는 개체가 모여 형성된 거대 덩어리인데 이 행렬이 지상에 모습을 드러낼 때는 마치 검은 이불이 펼쳐지는 듯한 형상이다. 지하 둥지에는 인간도 들어갈 만한 집채만 한 관이 형성돼 있는데, 그 안으로 무수한 통로들이 이어진다. 군대개미에겐 지도자가 없다. 수백만 개체가 뭉친 거대 덩어리가 그 자체로 하나의 생명처럼 기능한다. 전방의 일개미들은 앞뒤로 바쁘게 움직이고, 최전방의 일개미들은 짧은 거리를 오가다 뒤따르는 거대 군체로 귀환한다. 그런 다음 그 자리로 다음 군체가 치고 나가는 식이다. 이 과정은 무수히 반복된다.

마치 거대한 포식자 행렬을 이루듯 움직인다. 거대한 그물망처럼 군대개미 무리의 길이만 70여 미터가 된다.

잎꾼개미

사회성에서 둘째라고 하면 저리 가라는 협동성과 집단성의 특징을 이루는 개미가 또 있는데, 바로 잎꾼개미[31]이다. 멀리서 바라보면 이 거대한 포식자 행렬은 마치 하나의 살아 있는 생명체처럼 보인다. 사회성 곤충은 이성을 사용하지 않고도 인류처럼 문명을 건설할 수 있다. 개미사회는 원시 인간사회 못지않게 굵직한 체계들이 잡혀있다. 계급이 있고, 노동 분담이 있으며, 페로몬을 통한 정교한 의

실제로 보면 이 포식자 행렬은 상당히 위협적이다. 수백만 개미가 검붉은 파도처럼 일렁인다. 맨 앞 군체는 시속 20m 정도로 움직이는데, 미처 이 행렬을 못 피하면 인간도 목숨을 담보할 수 없다. 뱀 같은 파충류는 물론이고 심지어 거대한 동물까지 집어삼킨다. 그렇게 포식을 마치고 몇 시간이 지나면 이 무시무시한 집합체는 지하에 있는 둥지로 유유히 돌아간다.

31 잎꾼개미들이 살아가는 모습을 관찰하는 건 경이로움이다. 수많은 일개미가 나무에 매달려 열심히 잎을 자른다. 그런 다음 그걸 입에 물어서는 10m가 넘는 먼 길을 한 줄로 내달린다. 그렇게 집에 다다르면 몸집이 더 작은 일개미들에게 잘라낸 이파리들을 건넨다. 그러면 이 작은 일개미들이 이파리들을 잘게 썰어 제 침과 섞은 다음 부식시킨다. 그렇게 퇴비가 만들어지는데, 더욱 놀라운 건 이것을 거름 삼아 이들이 거대 농장을 경영한다는 거다. 그것도 버섯농장. 이들은 마치 농부처럼 밭을 갈고, 씨앗을 뿌리며, 거름을 준다. 그렇게 경작을 마치면 버섯을 수확해 거대한 개미집 저장고에다 축적해 둔다.

사소통도 가능하다. 개미 무리마다 위계질서가 형성돼 있는데, 가끔 치고 올라오는 혁명 개미들이 이 위계를 바꾸기도 한다. 개미 무리의 노동 분담과 의사소통 수준은 원시적이지만, 그럼에도 우월 과시나 복종 행동, 번식 지위를 알리는 화학 신호, 개체 인식 등은 상당히 문명적이다.

보통 한 무리의 개미 집단은 강력한 독재의 여왕개미를 중심으로 수많은 일개미들이 함께 모여 산다. 이들은 모두 암컷이다. 즉 기본적으로 개미는 모계사회를 구성하며, 수컷은 번식 시기에 잠깐 나타나 정자를 건네는 역할을 할 뿐 평상시엔 별 볼 일 없는 존재에 불과하다. 불임의 일개미는 온갖 궂은 살림살이를 다하며 여왕과 여왕이 낳은 알을 돌본다.

여왕개미는 계급분화 페로몬을 분비해 일개미들의 반란을 억누른다. 흔히 여왕물질이라고 불리는 이것은 냄새 전달을 통해 일개미들의 난소 발육을 억제시킨다. 따라서 이 물질을 생산하는 한 여왕은 자신의 위치를 유지할 수 있다. 그렇지만 똑같은 암컷인 여왕개미와 일개미는 모두 자신의 알을 남기려는 본능을 갖고 있다.

가끔 산길을 지나다 보면 주변에서 쉽게 볼 수 있는 큰 개미들이 벌이는 동족 간의 치열한 전쟁을 목격하는 일이 있다. 물고 뜯고 싸우고 여러 마리가 한 마리를 에워싸 다리마다 붙들고 늘어져 공격하기도 한다. 가까운 지역에 서로 다른 여왕개미가 자리 잡게 되었을 때 한정된 먹이 자원을 두고 전쟁이 일어나게 된다. 이 싸움은 어느 한쪽이 패배해 완전히 물러날 때까지 끝나지 않는다. 이런 지독한 습성 또한 사람과 닮은 면이라고 할 수 있다.

개미는 같은 식구끼리라면 굶주린 동료를 위해 뱃속의 먹이를 토해 먹여주는 미덕이 있다. 이른바 '사회적 위'라는 것이 있어 개미사회 구성원 모두를 위한 먹이 저장고 역할을 한다. 같은 식구의 개미끼리 만나면 우선 더듬이를 맞부딪쳐 서로를 확인하고 다음에 입을 마주치고 키스를 하는데, 이것이 먹이를 나누는 모습이다.

개미의 사회생활을 보면, 개미 중 20%만 일하고 나머지 80%는 그저 빈둥거리는 것으로 나타났다. 이를 20대 80의 법칙이라 한다. 부지런한 소수의 개미가 전체 집단을 유지시키는 데 큰 역할을 한다. 신기하게도 이들 20%의 개미를 제거하면 나머지 개미들 가운데 역시 20%가 같은 역할을 담당해 준다. 따라서 나머지 80%도 언젠가의 상황에 대비하는 잉여 구성원으로서 쓸모없는 존재가 아님을 알 수 있다.

개미는 또한 다른 생물을 이용할 줄도 안다. 개미와 공생하는 진딧물이 대표적인데, 진딧물을 돌보는 개미의 모습은 마치 사람이 가축을 키우는 것과 다름없다. 자기를 희생하며 식구를 먹여 살리고 체제를 유지하는 개미의 집단행동을 보면 전체 사회를 위해 존재하는 부속품 같다.

꿀단지 개미

꿀단지 개미는 주로 호주 건조한 지역에서 볼 수 있는데 죽을 때까지 평생 천장에 매달려서 꿀만 먹다가 죽는다. 건조한 지역에서 먹이를 구하기가 쉽지 않기 때문에, 먹이를 구하기 쉬운 때 저장을 해놓고 배로부터 조금씩 빼서 먹는다. 개미는 위가 두 개인데 소화를 담당하는 위와 동료들과 나눠 먹기 위한 식량을 저장하는 위가 있다. 후자를 '사회적 위'라고 한다. 배를 툭툭 치면 입으로 꿀을 뱉어 준다. 꿀단지라고 해서 꿀만 집어넣는 건 아니고 곤충과 동물의 체액, 곤충들이 만들어낸 감로 같은 것들이며 먹을 수 있는 건 다 저장해 놓는다. 꿀단지 개미들은 호주 원주민들의 영양만점 간식거리이기도 하다.

산에서 조심해야 할 곤충의 하나로 불개미(*Formica yessensis*)[32]를 들 수 있다. 불개미에 물리지 않으려면 개미집을 건드리지 않아야 하는데, 개미집은 대체로 흙무덤 모양이나 나무 등에도 있을 수 있으므로 야외에서 작업하기 전에는 항상 확인해야 한다.

불개미

---

32 불개미는 인적이 드문 양지 바른 숲속에 마른 솔잎 가지 등을 수북이 쌓아 눈에 띄는 커다란 개미집을 만든다. 지나가던 사람이 개미집을 밟으면 다리를 타고 올라온 개미떼가 물거나 쏘는 일이 있다. 이때 개미집 가까이에서는 시큼한 냄새가 진동한다. 먹을 것이 없던 예전 어린이들은 개미를 잡으면 똥구멍을 빨아먹기도 했는데, 시큼한 식초 맛이 나는 이 물질이 개미 엉덩이에서 나오는 방어물질인 개미산 즉, 포름산(formic acid)이다. 적을 위협할 때 불개미는 엉덩이를 높이 치켜 올리고 특유의 개미산을 발사한다. 그 분비액은 사람 눈에도 보일 정도이며, 물린 상처에 들어가면 쓰라리다.

핵심 쟁점

꿀벌 집단 사라짐 현상(Colony Collapse Disorder, CCD)

우리나라에서 발생한 꿀벌 실종과 관련해서 농촌진흥청은 해충인 응애 발생과 이상기후 등이 복합적으로 작용했기 때문으로 분석했다. 응애는 꿀벌에 기생하면서 체액과 조직을 먹고 자라서 꿀벌 성장을 저하시키는 진드기이다.

꿀벌의 군집이 동시다발적으로 붕괴되는 현상은 꿀과 꽃가루를 채집하러 나간 일벌들이 둥지로 돌아오지 못하는 현상이 발생하는 것으로 시작된다. 둥지에서 일벌을 길러낼 수 있는 여력이 있을 때까지는 근성으로 버티지만, 결국 꿀과 꽃가루가 부족해지면서 벌통 하나가 몰살당한다. 일부만 그러면 다행이지만, 대부분의 벌집에서 동시다발적으로 발생하고 있는 현상이다. 미국과 유럽에서 먼저 보고되었으며, 한국의 경우에도 유사한 증상이 나타나고 있다. 다음과 같은 가설들이 제시되어 있다. 사람이 제조한 각종 무선장비들이 발생시키는 전자파에 노출되면 벌이 길을 찾는 메커니즘을 상실한다. 벌레에 강하도록 유전자가 조작된 식물이 벌에게 해를 끼치고 있다. 사람이 실험실에서 만들어 낸 각종 유기화합물, 특히 안정성이 확인되지 않은 농약 물질에 노출된 벌이 생체활동을 교란당하면서 길을 찾는 메커니즘을 상실한다. 벌이 내성을 지니지 못한 정체불명의 바이러스에 걸리면 벌들이 나갔다가 죽거나 혹은 어떠한 형태로든 길 찾기 메커니즘을 상실하여 벌집으로 귀환하지 못한다. 지구 온난화로 개화시기가 변화하면서 일벌이 꿀과 꽃가루를 찾기 위해 너무 멀리 나가는 바람에 돌아오지 못한다. 이상고온으로 예년보다 일찍 동면에서 깨어났다가 얼마 뒤 예년기온으로 돌아가 버리거나, 동면에서 깬 뒤 이상저온이 발생해 냉해로 얼어 죽는다. 이 경우 식물까지 냉해를 입거나, 꽃이 한꺼번에 피어나면 벌들이 피해를 더 본다. 지구 자전축이 현재 서서히 변화하고 있으며, 이로 인해 꿀벌의 귀소본능에 혼란이 빚어졌다. 가설 중에서 실험을 통해 휴대전화 전자파에 노출된 꿀벌들이 집을 제대로 찾지 못한다는 사실이 증명하면서 신빙성 높은 가설로 전자파가 받아들여졌다. 정체불명의 바이러스가 있다는 가설은, 바이러스에 걸렸다면 집단으로 사망한 벌의 사체와 같은 징후가 보여야 되는데 그런 것은 없다. 지구 온난화의 경우에는 벌들의 생태가 적응을 하면 바뀔 수 있다는 점 등을 이유로 인정하지 않는 경우도 있다. 농약 성분은 군집 붕괴 현상을 일으킨다. 농약 성분을 식물의 씨앗에 뿌리면 식물이 자랄 때 모든 부위로 퍼진 뒤 진딧물 등 벌레의 신경계를 마비시켜 죽이는데, 이때 꽃가루나 꽃 꿀에도 미량이 섞여 들어간다. 또한 양봉업자들이 꿀벌의 먹이로 주는 옥수수당에도 섞여있다. 문제는 꿀벌이 이 농약에 노출되면 길 찾기 능력이 크게 떨어지고 해당 군집의 여왕벌 출생이 감소하는데, 매우 적은 양으로도 이러한 현상이 나타난다. 태양의 흑점 활동이 꿀벌들의 방향 감각을 잃게 만드는 것이 꿀벌 집단 폐사의 유력한 원인 가운데 하나로 인정된다. 꿀벌들은 꿀과 꽃가루 채취가 끝나면 자신의 위치를 파악하고, 벌집으로 돌아오기 위해 새나 돌고래처럼 지구에서 발생하는 자기장을 이용한다. 그런데 태양 흑점 활동으로 발생하는 자기장의 혼란이 꿀벌의 자기감지능력에 영향을 미쳐 꿀벌이 벌집으로 돌아오지 못하게 된다. 꿀벌들이 돌아오지 못하면, 먹이 부족으로 애벌레와 여왕벌도 모두 죽게 돼 집단폐사를 초래하게 된다. 자기장 변화의 영향을 가장 많이 받는 벌은 여기저기 날아다니며 무리들에게 먹이를 공급하는 일벌들이고, 이들이 태양흑점에 의한 자기장변화로 길을 잃고 죽게 되면 무리의 집단 폐사라는 재앙으로 이어진다. 이밖에도 검은 말벌 등 일벌 포획력이 탁월한 종을 완전히 방제하지 못한 점, 몇몇 농가에서 뒤늦게 응애 방제를 하기 위해 예년의 3배 이상에 달하는 과도한 양의 살충제를 사용한 점도 피해를 키운 것으로 분석됐다.

미국 정부는 꿀벌을 멸종 위기 생물로 지정하였다. 꿀벌 수가 점점 줄어들고 있으며 기후변화 영향으로 이 현상이 더욱 악화할 가능성이 크다고 우려를 표명한 것이다.

Chapter 6

제15장 인간과 동물의 생명과학적 차이들
  1. 이빨
  2. 혈액형
  3. 눈
  4. 12지신에 나오는 12종류 동물들의 해부학적 특징들

인간과 동물의 비교

인간과 동물은 매우 다르다. 하지만 구체적으로 무엇이 어떻게 왜 다른지에 대해서는 잘 알지 못한다. 이빨이 동물마다 확연히 다르고, 눈이 각 동물마다 완전히 다르며, 청각이나 후각이 동물마다 다르고 왜 다른지를 알아본다. 인간보다 더 많이 더 멀리 보는 동물도 있고, 인간보다 더 많이 더 세밀하게 듣는 동물들이 있으며, 인간보다 뚜렷하게 다른 후각 기능을 갖고 있는 동물들이 있다. 초식동물이나 육식동물이나 잡식동물들의 이빨이 다를 수밖에 없다. 이렇게 다른 인간과 동물을 비교하여 봄으로서 인간과 동물을 더 잘 이해할 수 있다.

제 15 장

인간과 동물의 생명과학적 차이들

① 이빨

초식 동물과 육식 동물의 치아 사이의 주요 차이점은 육식 동물의 이빨이 더 날카롭고 먹이를 잡고, 죽이고, 찢는 데 적합하다. 음식 습관에 따라 3가지 유형의 동물이 있다. 육식 동물, 초식 동물 및 잡식성 동물이다. 전적으로 다른 동물의 육체에 의존하는 동물은 육식 동물이며 전적으로 식물을 먹이로 먹는 동물은 초식 동물이다. 다양한 식이 패턴과 음식물의 영양소 양 때문에 이 세 그룹 사이의 치아의 구조, 수 및 위치가 매우 다양하다.

초식 동물은 긴 끌과 같은 절치를 두개골 앞에 두고 갈아 먹거나 긁는 데 사용한다. 그들은 개의 송곳니가 없다. 위턱의 각질이 있는 패드가 개과 절치를 완전히 대체한다. 또한, 그들의 전치는 비슷하고 풀을 자르고 모으기 위한 날로 작용한다. 초식 동물의 구강과 소구치는 평평한 표면을 가지고, 평생 동안 계속 성장한다. 육식 동물의 치아는 육식 동물의 식습관에 매우 적합하다. 그들의 소구치와 어금니는 모서리가 고르지 않아 평평해지고 작은 동물로 먹이를 깎는 데 사용된다. 그들의 절치는 뾰족한 이빨이며 먹이를 잡는 데 사용된다.

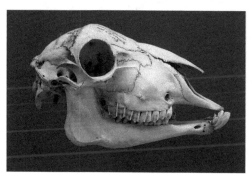 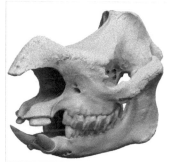

초식동물의 이빨

개는 육식동물이며 치아구조와 소화기관이 그에 맞게 갖추어져 있다. 개는 사람과 같이 생각하지 않고 사람처럼 먹지 않는다. 개가 잡식성이라는 가정은 증명되지 않았지만 개가 타고난 육식동물이라는 사실은 충분한 증거들로 확인되어 있다. 개는 생후 3주에서 6주 사이에 28개의 유치가 나고 생후 4개월이면 유치가 빠지고 영구치로 대체된다. 견종에 따라 차이가 있지만 대부분의 개들은 생후 6~7개월에 전구치 즉 앞어금니가 맨 마지막으로 나와서 42개의 이빨을 가진다. 개의 입속을 보면 날카로운 송곳니가 있는데 이것들은 고기를 물고 찢고 절단하고 뜯도록 되어 있다. 개는 식물을 가는 크고 편평한 어금니가 없다. 개의 어금니는 뾰족하고 다른 이빨들과 같이 윗니와 아랫니가 가위처럼 맞물리게 나 있으므로 고기와 뼈, 가죽을 강력하게 처리한다. 개는 독특한 절단치아 세트가 있는데 위턱의 4번째 앞어금니(PM4)와 아래턱 1번 어금니(M1)이다. 그러므로 개는 씹지 않고 물고 찢고 절단한 후 삼킨다.

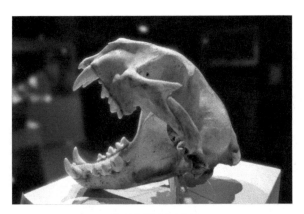

육식동물의 이빨

견치(송곳니)는 물어서 잡고 구멍을 내고, 절치(앞니)는 갉아먹고, 전구치(앞어금니)는 찢고, 구치(어금니)는 뼈를 부순다. 씹는 것이 아니다. 애완견이 야생의 친척보다 모습은 훨씬 문명화되어 보이지만 먹고 방어하는 도구는 야생의 친척과 같다. 개의 입 안쪽에는 위턱과 아래턱의 양쪽으로 각각 4개씩 합 16개의 전구치가 있는데, 먹이의 살코기 덩어리를 큰 덩어리로 찢는 가위 같은 이빨이다. 위턱에는 양쪽으로 2개씩, 아래턱에는 3개씩 어금니가 있는데 이것들은 늑대가 그렇듯이 뼈를 부수는 이빨이다. 턱은 넓게 벌려져서 큰 고기 덩어리와 뼈를 삼킬 수 있다. 개의 두개골과 턱 구조는 깊고 C자 모양의 대악 구이므로 턱이 측면 운동을 하지 않는다. 측면으로의 동물 구강의 움직임은 풀을 먹을 때 필요하다. 개는 씹는 것이 아니라 그냥 삼킨다. 개의 위산은 사람보다 훨씬 강해서 큰 덩어리의 고기나 웬만한 크기의 생 뼈는 소화 시키도록 되어 있다.

육식동물은 송곳니가 발달하였고, 짧고 뾰족한 치아이며, 초식동물은 어금니가 발달하였다. 턱관절(single hinge joint)은 먹잇감을 그대로 삼킬 수 있도록 입을 크게 벌릴 수 있는 구조이어서 움직임이 상하로만 제한되고, 턱이 닫힐 때 칼날형의 어금니가 서로 미끄러지는 움직임을 취하는데 이는 뼈를 부수는데 효과적이다.

개는 비교적 짧은 식도와 짧고 유연한 대장을 가져서 음식물이 빨리 통과한다. 야채와 식물류를 소화하려면 장기가 길어야 하는데 개는 그렇지 못하다. 그래서 식물류는 분해되고 소화될 시간이 없이 그냥 배출된다. 이 때문에 야채와 곡물은 사전 가공을 거쳐야 하는데, 그렇다고 해도 야채와 곡물을 육식동물에게 급여 하는 것은 의심스러운 행위다.

개는 일반적으로 침 속에 탄수화물과 전분을 분해하기 위한 효소 즉, 아밀라제가 없다. 잡식성이나 초식동물은 타액에 아밀라제가 있지만 육식동물에게는 없다. 그 때문에 식물속의 녹말, 섬유소, 탄수화물을 처리하기 위해 췌장에서 다량의 아밀라제를 만들어야 하는 부담을 주게 된다. 육식동물의 췌장은 섬유소를 포도당으로 분해하는 셀룰라아제를 분비하지 않는다. 개는 식물류를 효과적으로 소화하고 흡수하여 고품질의 단백질원으로 사용할 수 없다. 따라서 개에게 사람처럼 잡식으로 먹이는 것은 개가 일반적인 단백질과 지방을 분해하는 정상적인 양의 효소를 몸 속에서 만드는 것과는 달리, 전분과 탄수화물을 소화하려고 다량의 효소가 필요하므로 췌장에 큰 부담을 주게 된다.

개는 섬유소와 전분을 분해하는 좋은 박테리아가 초식동물과는 달리 없으므로 식물류를 사전 가공했다 하더라도 대부분의 영양소를 흡수하지 못한다. 그래서 개 사료 제조회사들은 개가 필요로 하는 양보다 더 많은 다량의 비타민과 미네랄을 사료에 첨가해야 한다. 개에게 곡물류의 음식을 급여하면 결과적으로 면역기능을 떨어뜨리고 생고기 뼈를 완전히 소화시키는데 필요한 효소도 적어진다.

치아의 종류로는 먹이를 물어 자르는데 편리한 절치(incisor), 물어 찢는데 편리한 견치(canine), 깨물고 부수는데 편리한 전구치(premolar)와 후구치(molar)가 있다. 우선 유치가 나왔다가 일정시기를 거쳐 탈락하고 대신 영구치가 나와 대치된다.

동물종	절치 Incisor	견치 Canine	전구치 Premolar	후구치 Molar	동물종	절치 Incisor	견치 Canine	전구치 Premolar	후구치 Molar
마우스	1	0	0	3	개	3	1	4	2
	1	0	0	3		3	1	4	3
랫드	1	0	0	3	고양이	3	1	3	1
	1	0	0	3		3	1	2	1
햄스터	1	0	0	3	돼지	3	1	4	3
	1	0	0	3		3	1	4	3
기니피그	1	0	1	3	원숭이	3	1	2	3
	1	0	1	3		3	1	2	3
토끼	2	0	3	3	사람	3	1	2	3
	1	0	2	3		3	1	2	3
사람 (유치)	2	1	2	0	소	0	0	3	3
	2	1	2	0		3	1	3	3
말	3	0	3	3	사슴	0	1	3	3
	3	0	3	3		3	1	3	3
개 (유치)	3	1	3	0	고양이 (유치)	3	1	3	0
	3	1	3	0		3	1	2	0

개의 영구치 표준 치식은 절치 6/6, 견치 2/2, 전구치 8/8, 후구치 4/6으로 총 42개이다. 개의 유치 표준 치식은 절치 6/6, 견치 2/2, 전구치 6/6으로 총 28

개이다. 사람의 치아는 32개로 되어 있고, 앞니 2개, 송곳니 1개, 앞어금니 2개, 뒤어금니 3개이며, 송곳니가 없는 암말에서는 모두 36개이고, 위턱의 앞니와 송곳니가 소실된 소에서는 모두 32개이다. 육식동물인 개는 42개이며, 고양이는 28개이다. 쥐는 16개이고, 원숭이는 36개이다. 성인의 치아는 사랑니를 포함하게 되면 32개가 될 수 있지만, 매복되기도 하고, 발치하기도 하고, 변수가 있기 때문에 28개를 기본으로 한다.

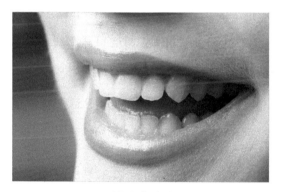

인간의 이빨

② 혈액형

🐾 인간의 혈액형

ABO식에 따라 서로 구분되는 인간의 혈액형의 종류는 A형, B형, AB형 그리고 O형 네 가지이다. O형은 과거 C형으로 불렸다. 기본적으로 사람과 사람의 혈액을 섞었을 때 일어나는 응집반응의 여부로 구분하며, 이는 면역에서 말하는 항원과 항체 반응의 결과이다.

19세기만 해도 수혈은 환자의 목숨을 걸고 해야 할 위험한 의료행위였다. 17세기 초 혈액 순환에 대한 개념이 정립된 이후 17세기 후반에는 동물의 피를 사람에게 수혈하는 치료법이 시도되었으며 19세기 초에는 산후 출혈이 심한 산모에게 혈액 제공자가 직접 수혈을 시도하는 '직접수혈요법'이 시도 되었다. 그러나 당시에는 원인을 알 수 없었던 치명적인 수혈 부작용으로 인해 48번의 수혈 중 18번의 수혈이 죽음에까지 이르는 치명적인 결과를 가져왔다. 혈액형의 구분이 발견되기 전까지 수혈은 매우 위험한 치료 방법이었다. ABO식 혈액형 구분의 방법은 건강한 사람의 혈액도 서로 다른 혈액과 혼합하게 되면 응고현상이 일어난다는 사실에 착안해 발견하였다. 이 방법을 통해 사람의 혈액형을 A형, B형 그리고 C형(후에 'Zero'라는 의미로 O형으로 이름을 고침)으로 명명하였고 이후 네 번째 혈액형인 AB형은 후에 발견되었다.

이후 20세기 들어 혈청학의 발전을 통해 적혈구 혈액형 항원을 찾아내 혈액형을 구분할 수 있는 혈액형 군을 발견하였으며 현재에는 23개의 혈액형군(Blood Group System-혈액형을 구분하는 방법)과 약 250개 이상의 혈액형 항원이 발견되었다. 그런데 이렇게 다양하지만 또한 간단하기도 한 사람의 혈액형과 같이 동물에게도 혈액형의 구분이 있을까? 동물들도 사람과 같은 형태는 아니지만 사람의 혈액보다 더 다양한 여러 종류의 혈액형이 존재한다.

🐾 동물의 혈액형

동물들도 수혈을 받을 수 있을까? 인공적인 출혈로 사망 직전인 개에게 다른 개의 혈액을 주입하여 살린 실험을 완료한 1667년 루이 14세의 주치의는 동물의 피를 사람에게 수혈하면 사람도 살 수 있지 않을까라는 가설을 토대로 송아지의 혈액을 출혈이 심한 15세 소년에게 수혈한 것이 인류 역사상 처음으로 기록된 동물과 사람간의 수혈이었다. 다행이도 우연히 그 초반의 시도는 위험한 부작용을 일으키지 않았으나 그 이후 여러 명의 사망사고가 발생하면서 동물과 사람과의 수혈 행위는 이후 금지되었다.

아픈 동물을 위해 인간이 헌혈을 하고 그 동물은 수혈을 받아 목숨을 구할 수 있다면 좋겠지만 그렇게 할 수는 없다. 그 이유는 사람의 혈액형은 항체, 단백질 그리고 적혈구의 수 등에 의해 분류되는데 동물의 피는 사람의 그것과 확연히 다르기 때문이다. 사람의 피를 수혈 받을 수 없다고 해서 동물들이 혈액형이 없는 것은 아니다. 동물들도 혈액형이 있으며 인간과 같이 그들도 항체, 단백질, 적혈구의 수 등에 의해 혈액형이 결정된다.

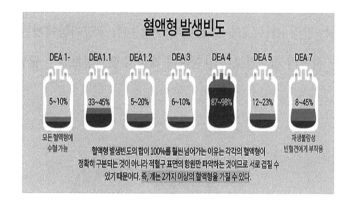

개의 경우 DEA 1.1, DEA 1.2, DEA 3, DEA 4, DEA 5, DEA 6 등의 8개 이상의 항원이 존재하며 이것에 따라 개의 혈액형이 결정된다. 이를 보면 사람의 혈액형 보다 개의 혈액형이 더 복잡하다. 개는 혈액형에 대한 연구가 많이 진행

되었는데 개는 또한 A, B, C, D, F, Tr, J, K, L, M, N 등 11개의 혈액형 군이 있다. 이중 Tr 항원은 사람의 ABO 혈액형과 마찬가지로 그 항원을 가지지 않은 개에서는 항 - Tr 항체가 존재해 Tr 항원이 음성인 개에게 양성 혈액을 주사하면 수혈의 부작용이 일어나기도 한다. 그래서 개에 대해서 Tr 항원의 검사를 실시한 다음 수혈하려고 준비할 정도로 연구가 상당히 진전되어 있다.

하지만, 개의 경우 수혈을 할 때 A 인자가 중요한 역할을 하며 약 63%의 개가 A+(양성)이고 나머지 37%가 A-(음성)이다. 수혈을 할 때 피를 제공하는 개는 반드시 A-(음성)인 개이어야 하는데, 그 이유는 사람의 O형처럼 A-(음성)의 피는 양성이나 음성인 개 모두에게 특별한 부작용 없이 피가 서로 섞일 수 있기 때문이다. 그리고 A+(양성)인 개는 A+(양성)인 개에게만 수혈을 할 수 있다. 일반적으로 동물의 경우는 서로의 혈액형에 관계없이 1회에 한하여 그냥 수혈을 할 수 있다. 고양이 혈액형의 경우는 의외로 인간과 꽹장히 비슷하다. 고양이의 경우 A, B의 항원을 가지고 있어 그에 따른 혈액형을 가지게 된다. 하지만 사람의 경우와는 달리 RH+, RH-로 나뉘지는 않는다. 고양이들에게는 A, B, AB형만 존재한다. 사람의 혈액형보다 간단하며 개들의 혈액형보다는 훨씬 더 간단하다.

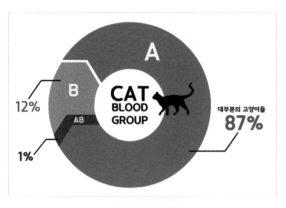

고양이의 혈액형

DEA	혈액 유형	빈도율	자연항체	수혈 의의
1.1	A1	40~60%	×	급성 용혈 반응
1.2	A2	10~20%	×	급성 용혈 반응
3	B	5~20%	○	용혈 지연
4	C	85~100%	×	
5	D	10~25%	○	용혈 지연
6	F	98~99%	×	알 수 없음
7	Tr	10~45%	○	용혈 지연
8	He	40%	×	알 수 없음
Del		100%	×	일부 급성 용혈

개의 혈액형

소의 경우에는 A, B, C, F-V, J, L, M, N, S, Z, R'-S', T' 등 12가지 혈액형이 있으며, 말은 7가지, 면양은 8가지, 닭은 13가지 그리고 돼지는 무려 15가지의 혈액형을 가지고 있다. 원숭이의 경우 사람과 유사한 A, B, AB, O형이 있으며 침팬지는 B형 인자가 없어 A형과 O형뿐이 없다. 고릴라 같은 경우는 B형만 있으며 오랑우탄은 A, B, AB형만 있는 것으로 알려지고 있다.

동물의 경우 혈액형이 틀리더라도 사람처럼 혈액의 응집 반응이 잘 일어나지 않기 때문에 같은 혈액형이나 응집이 일어나지 않은 혈액형을 꼭 사용해야 하는 것은 아니다. 그러나 처음 수혈할 때는 거부 반응이 거의 일어나지 않아 상관없지만 두 번째 수혈할 때는 항체가 이미 만들어져서 거부반응이 일어날 수 있으므로 연달아 수혈을 피하는 것이 좋으며 지속적으로 혈액을 수혈해야 할 상황이라면 해당 혈액형과 동일한 혈액을 수혈하는 것이 좋다. 지금까지는 혈액을 보충하기 위해서는 수혈과 같은 방법이 유일했지만 앞으로는 이를 대체할 인공혈액을 통한 혈액의 수혈이 보편화 될 것으로 보고 있다. 인공혈액은 혈액형에 상관없이 수혈이 가능해 지금과 같이 복잡한 혈액형을 구분할 필요가 없다. 사람과 비슷한 동물 중 하나인 원숭이에게도 혈액형이 있으며, 사람의 Rh 혈액형은 붉은 털 원숭이 'Rhesus'에서 따온 이름이다. 1940년 사람의 적혈구에 붉은 털 원숭이(Rhesus)와 같은 혈액형 인자가 있음을 발견하고 이를 연구해서 Rh식 혈액형 체계를 발표했던 것이다.

③ 눈

하늘에서 눈이 내리면 강아지들은 팔짝팔짝 뛰면서 어쩔 줄을 모른다. 투우사는 소를 유인하는데 빨간 망토와 빨간 깃발을 사용한다. 뛰어난 후각과 청각을 가지고 있는 것과는 반대로 개는 심한 근시이다. 냄새를 맡지 못하면 바로 앞에 있는 주인도 알아보지 못할 정도이다. 개는 완전한 색맹에 가깝다. 개의 눈에는 어둡고 밝은 것을 구분하는 간상세포는 많지만 색깔을 구분하는 원추세포가 매우 적다. 그래서 개가 보는 세상은 온통 검은색과 흰색의 흑백텔레비전과 다름없다. 개는 시력 자체로 보면 인간보다 다소 떨어지고 특히 근시의 경향이 높아 멀리 있는 물체는 인간보다 잘 보지 못하고 노견은 더욱 그런 경향이 높지만 야간 시력은 인간의 5배 정도이다. 개는 본래 새벽이나 저녁에 주로 활동하던 야행성 동물인데, 색깔을 구분하는 원추세포 수는 적고 명암을 구분하는 간상세포가 인간의 눈에 비해 압도적으로 많기 때문이다. 개뿐만 아니라 대부분의 포유류는 색을 거의 구별하지 못한다. 포유류 중에서 색을 구별할 수 있는 동물은 인간과 원숭이 뿐이다. 따라서 투우사가 쓰는 붉은 색은 소에게는 아무 의미가 없다. 소는 단지 투우사가 흔드는 깃발의 움직임을 보고 달려들 뿐이다.

어두운 밤에 빛나는 고양이의 눈을 보면 무서움을 느낀다. 고양이는 위·아래로 길쭉한 독특한 눈동자를 가지고 있다. 이 눈동자는 인간이 도저히 흉내 낼 수 없을 만큼 가늘게 수축되는데, 수축된 눈동자는 아주 미세한 빛을 모을 수 있고 영상의 명암도 분명히 해준다. 그래서 고양이는 어둠 속에서도 자유로이 활동할 수 있다. 또 고양이는 희미한 빛을 최대한 감지하기 위해 망막 뒤에 거울과 같은 반사막을 가지고 있는데, 이 막이 망막에서 흡수하지 못한 빛을 다시 반사해준다. 반사되는 빛 때문에 고양이의 눈이 어둠 속에서 빛나는 것이다. 고양이는 밤에 인간보다 훨씬 밝은 세상을 보고 있다. 밤이 되면 동공의 크기를 조절하여 인간보다 6배 이상 물체를 잘 구분할 수 있다. 고양이와 같은 야행성 동물인 올빼미도 인간과 비교해서 100분의 1 정도의 빛만 있어도 사물을 뚜렷하게 볼 수 있다.

개구리 역시 그들만의 독특한 눈으로 세상을 본다. 개구리의 눈은 고정돼 있어 움직이지 않는 사물은 볼 수 없다. 개구리의 눈에 처음 들어간 빛은 신경세포를 자극해 신경신호를 만들지만, 같은 신경세포에 계속 빛이 비춰지더라도 연속적으로 신경신호를 만들지 못하기 때문이다. 한 여름날 물가에서 정지된 듯 아무 행동도 하지 않고 꼼짝없이 앉아 있는 개구리를 본 기억들이 있다. 개구리는 물체가 움직이지 않으면 아무것도 볼 수 없다. 아무리 맑고 깨끗한 물가의 아름다운 자연이라도, 고정된 눈을 가진 개구리에게는 아무 것도 없이 단지 회색의 옅은 안개로 뒤덮인 풍경으로 비춰질 뿐이다. 가만히 앉아 있는 개구리 옆에 작은 파리 한 마리가 날아간다. 이때 개구리에게 보이는 것은 회색 세상을 배경으로 날아가는 파리가 전부이다. 그 파리가 개구리의 시야에서 도망치는 일이 가능할까. 개구리는 쓸데없이 이것저것 보는 대신 필요한 것만 확실히 챙기고 있다.

뱀은 우리가 볼 수 없는 세상을 본다. 인간이 볼 수 없는 적외선을 감지하는 눈을 가지고 있기 때문이다. 그래서 뱀이 보는 세상은 적외선 투시카메라로 보는 세상과 비슷하다. 뱀은 적외선을 볼 수 있기 때문에 사람이 입은 옷을 투시해 볼 수 있다. 하지만 적외선 투시카메라로 찍은 영상은 명암만 구별되는 흑백이다. 색은 가시광선 영역에 있는 빛의 조합으로 얻어지기 때문에 적외선만으로는 신체 부분을 컬러로 보는 것이 불가능하다.

곤충은 홑눈이 아닌 겹눈을 가지고 있다. 겹눈은 수천 개의 홑눈이 모여서 이루어진 눈이다. 개개의 홑눈은 각막과 수정체에서 망막세포까지 모두 갖추고 있지만, 그 시력은 근시이다. 결국 곤충들은 엉성한 모자이크 세상을 보게 된다. 모자이크 세상에서 움직이는 물체는 그 움직임이 더욱 과장돼 보이기 때문에 어떤 움직임도 놓치지 않는다. 또한 나비와 꿀벌을 비롯한 여러 곤충들은 자외선을 감지할 수 있다. 그래서 꿀벌은 해가 구름에 가려도 해의 위치를 쉽게 알아낸다. 나비도 꽃에서 반사된 자외선을 잘 본다. 특히 꿀샘은 자외선을 잘 반사해 나비와 벌들이 쉽게 찾을 수 있다. 곤충은 홑눈이 수천 개 모여 이루어진 겹눈을 가지고 있다. 그래서 곤충이 보는 세상은 모자이크로 이루어져 있다.

동물 중에서 가장 민감한 눈을 가지고 있는 것은 사냥의 명수인 매다. 매는 인간에 비해 4~8배나 멀리 있는 사물을 볼 수 있다. 새는 머리에서 눈이 차지하는 비율이 매우 크다. 새는 눈의 구조가 인간과 차이가 있다. 눈에 있는 원추세포와 간상세포는 망막 중앙에 약간 들어간 황반이라는 부분에 집중 분포한다. 인간의 눈은 각기 하나의 황반을 가지고 있는데 비해, 매는 앞쪽과 옆쪽을 향한 황반을 각각 두 개씩 양쪽 눈에 가지고 있다. 또한 매의 황반에는 색을 감지하는 원추세포가 집중적으로 분포돼 있는데, 그 밀도가 인간의 약 5배이다. 따라서 매는 훨씬 넓은 시야를 확보하고 이들을 정확하게 볼 수 있다. 그러나 매는 밝은 빛 아래서는 놀라운 시력을 뽐내지만, 해가 떨어지면 거의 장님이 되고 만다. 희미한 빛 아래에서 형태와 움직임을 포착하는 간상세포를 거의 가지고 있지 않기 때문이다.

새는 조그마한 얼굴에 비해 눈이 차지하는 비율이 매우 큰데, 그만큼 시력이 예민하다. 특히 새 중에서도 육식 조류가 가장 좋은 시력을 갖고 있다. '매의 눈'이란 말이 전하듯 사람보다 4~8배나 멀리 볼 수 있다. 18m 높이의 나무에 앉아 땅에 기어가는 2mm의 작은 벌레까지 찾아낸다.

🐾 인간의 눈과 동물의 눈의 차이

초식동물들의 시각은 공통적으로 눈동자가 얼굴 옆에 자리했다. 단안시야이므로 넓어져 볼 수 있는 각도가 크다. 그래서 먹이를 먹는 동안에도 천적이 오는지 잘 살필 수 있으며, 도망갈 때도 좋은 자리를 빠르게 파악할 수가 있다. 토끼눈의 시야는 360도로 사방을 관찰할 수 있다. 토끼 뒤에서 살금살금 다가간다고 해도 토끼는 다 보고 있다. 즉 토끼의 눈은 얼굴의 옆에 달려 있을 뿐만 아니라, 동공마저 동그랗고 크기 때문에 하늘에서 날아오는 독수리 같은 천적도 예의주시하고 있다. 염소의 동공을 보면 가로로 길게 늘어져 있다. 이는 수평방향에 대한 시야를 넓혀 포식자를 더욱 빠르게 감지하기 위함인데, 마치 파노라마 사진처럼 보인다. 토끼와 다르게 독수리같이 하늘에서 날아오는 천적은 없기 때문이다. 인간의 눈은 앞으로 되어 있다. 이는 양안시야가 120도로 다른 동물에 비해 높은데, 이는 거리감과 입체감이 높아 손으로 섬세한 작업을 할 수 있게 해준다.

고양이 같은 포식자는 밤낮으로 사냥을 하기 때문에, 홍채가 마치 카메라의 조리개처럼 빛의 양을 조절하기 위해 커졌다가 작아졌다 한다. 밤이 되거나 어두운 곳에 있으면 동공의 면적이 눈의 대부분을 차지할 만큼 커지면서 미미한 빛도 감지하지만, 밝은 곳에서는 최대한 막아 과잉 노출을 막는다. 고양이는 기분에 따라 동공의 크기가 변하기도 한다.

뱀, 악어, 상어는 동공을 세로로 만드는데, 순간적으로 먹잇감을 핀트에 맞추기 위해서이다. 집중해서 순식간에 먹잇감을 낚아채야 하므로 동공을 최대한 세로 길이로 만든다. 인간의 눈은 다른 동물의 눈에 비해 대단히 우수하다고 생각할 수 있다. 원숭이와 인간을 포함한 영장류의 동물만이 색채를 구별할 수 있고, 다른 동물은 대부분 색맹이다. 또한 인간의 카메라 눈은 곤충이 지닌 겹눈에 비해 이미지를 보다 뚜렷하게 맺을 수 있는 장점이 있다.

그러나 인간의 눈이 모든 측면에서 다른 동물보다 뛰어나다고 할 수는 없다. 인간의 눈이 볼 수 있는 가시광선 이외의 파장 대역, 즉 근적외선이나 자외선을 감지할 수 있는 동물들이 적지 않다. 갯가재의 눈은 매우 독특해서 인간이 도저히 볼 수 없는 것들을 충분히 감지하고 구별해낼 수 있다. 즉 인간의 눈은 빨강, 파랑, 초록이라는 빛의 삼원색에 기반한 시각 요소를 지니고 있고, 이 세 가지 색을 조합하여 다른 색상들을 인식할 수 있다. 반면에 갯가재는 무려 16개의 시각 채널을 가지고 있어서 근적외선과 자외선도 보고 인간보다 훨씬 많은 색을 인식할 수 있을 뿐 아니라, 빛의 편광마저도 구별해낼 수가 있다. 또한 눈을 통하여 시각이 전달되는 갯가재의 뇌에서는 여섯 개의 이미지가 동시에 생성된다.

몸 밖으로 눈이 돌출되어 있는 갯가재는 두 눈을 각각 따로 굴릴 수가 있는데, 빛의 특정 편광 각도에 맞도록 눈 안의 광수용체를 정렬함으로써 편광을 감지할 수 있다. 갯가재는 편광을 인식함으로써, 빛이 부족한 심해에서도 물체를 보다 뚜렷하게 구분할 수 있는 장점이 있다. 갯가재는 이런 능력으로 바다 속에서 먹이를 찾고 다른 개체들과 소통할 수 있다.

갯가재의 독특한 눈과 유사한 기술을 개발하여 다양한 방면으로 응용하려는 연구가 활발히 진행되고 있다. 예를 들어 자율주행 차량에 갯가재처럼 편광을 인식할 수 있는 카메라를 장착하면, 어두운 밤길에서도 도로와 전방의 상황을 더욱 잘 파악할 수 있다. 카메라에 이 기능을 추가하면 밝기 측면에서는 다소 손해를 볼 수 있을지라도, 물체에서 반사된 빛의 편광을 감지하여 훨씬 선명하게 볼 수 있다. 이런 방식의 자율주행차량용 카메라가 개발되고 있다.

갯가재 눈에서 힌트를 얻어서 암세포를 효과적으로 진단할 수 있는 카메라 기술도 개발되었다. 육안이나 보통의 현미경으로 보면 암세포와 일반 세포를 구별하기가 쉽지 않다. 갯가재의 눈은 바다 속에서도 위치를 확인할 수 있는 수중 GPS 카메라에도 응용될 수 있다. 갯가재처럼 편광을 인식할 수 있는 또 다른 동물로 사막 개미를 꼽을 수 있다. 일반적으로 개미들은 페로몬을 분비하여 냄새를 통하여 서로 의사소통을 하고 길 찾기 등을 효과적으로 할 수 있다. 그런데 뜨거운 사막에서는 페로몬이 곧 증발하고 말 것이기 때문에 이런 방법을 쓰기가 곤란하고, 먹이를 찾고 집으로 돌아오기 위해서는 다른 능력을 발휘해야 한다.

사하라 사막개미는 먹이를 찾으려 집에서 출발할 때부터 발걸음의 수를 세어서 얼마나 멀리 왔는지 파악할 수 있다. 또한 방향은 하늘을 보고 햇빛의 편광 패턴을 감지하여 알아낼 수 있어서, 이동 거리와 방향을 조합하면 자신의 위치를 정확히 파악하여 길을 잃지 않고 집으로 돌아갈 수 있다. 사막개미의 겹눈이 일종의 센서나 편광필터처럼 작용하여, 햇빛의 편광 패턴을 측정하여 감지해 내는 것이다. 사막개미의 눈 역시 기존의 GPS를 채용하지 않는 내비게이션 등으로 응용할 수 있다.

현존하는 가장 덩치가 큰 조류인 타조는 눈 주변에 속눈썹처럼 깃털이 나 있어 모래바람으로부터 눈을 보호하고, 눈의 가로 길이가 약 5cm 정도로 땅 위의 척추동물 중 가장 큰데 눈이 큰 만큼 시력이 무려 25.0으로 알려져 있다. 최대 가시거리가 20km 정도로 제자리에서 지평선 끝에 서 있는 포식자들을 감지할 수 있다. 기린 역시 시력이 매우 좋다. 시력이 모든 포유류 중에서도 뛰어나 4~7km

에 있는 천적을 발견할 수 있다. 시력이 뛰어난 동물을 살펴보면 조류가 대부분인 것을 알 수 있는데 빠른 속도로 비행해야 하는 특성상 높은 하늘에서 먹이나 천적의 위치를 파악하고 또한 장애물에 충돌하지 않도록 인지 능력이 좋아야 하기 때문에 시력이 발달한다. 인간보다 뛰어난 시력을 가진 동물들은 각자마다 생존을 위해 발달된 것을 알 수 있다. 인간 역시도 탁 트인 넓은 곳에서 생활하면 시력이 좋은 반면 비좁은 곳에 살고 있으면 시력이 안 좋다. 책이나 전자기기를 오래 보고 있는 현대인들도 야외활동을 하면서 먼 곳을 바라보며 안 좋았던 시력을 회복해야 한다.

단세포 생물인 유글레나도 눈은 있다. 유글레나가 안점으로 본 세상은 가장 단순하다. 그의 세상은 빛과 어둠이 전부이다. 이 단세포생물보다 한 단계 발달된 눈을 가진 동물은 바로 불가사리이다. 불가사리의 몸 표면에는 눈에 해당되는 광세포가 산재한다. 불가사리는 주변의 세상을 밝음과 어두움만으로 식별한다. 해파리의 눈은 촉수의 끝, 편평하다 해서 평안이라고 부르는 것을 가지고 주변의 세상을 흑백으로 볼 수 있지만, 물체의 형태는 구별하지 못한다.

두족류의 일종인 앵무조개 즉, 오징어처럼 생기고 달팽이처럼 껍질 안에 들어있는 동물은 구멍 눈을 사용한다. 작은 피부조직이 입구의 구멍 위를 덮게 된다. 원래는 눈을 보호하기 위해 있었던 것이 부가적인 기능을 갖게 되었다. 투명한 이 피부조직은 빛을 한 곳으로 모을 수 있는 렌즈 즉, 수정체 역할을 한다. 오징어가 보는 상은 예리할 뿐만 아니라 앵무조개보다 훨씬 밝다. 오징어의 눈의 창은 색깔이 있고 선명해진 세상이다.

파리는 4,000개의 홑눈을 갖고 있지만 연못 위를 날면서 텃세를 부리는 잠자리는 3만개의 홑눈으로 이루어진 겹눈을 갖고 있다. 겹눈의 세상은 모자이크 상이다. 사람은 초당 25개의 장면을 소화할 수 있는 반면 파리는 250개의 장면을 소화한다. 인간은 자외선을 볼 수 없지만 곤충들은 자외선을 본다. 꽃잎의 안쪽으로 갈수록 자외선은 더 강렬하며 꿀벌은 그곳으로 유인되어 꿀을 모은다.

물고기는 시세포에 색을 구별하는 추상체가 있기 때문에 색을 구별할 줄 안다. 하지만 물고기가 눈의 창으로 보는 세상은 불과 1m 이내이다. 물고기의 렌즈 역할을 하는 수정체는 구슬처럼 둥글기 때문에 거의 360도의 사물이 모두 눈에 들어온다. 오징어의 구슬 눈은 원거리에 있는 사물의 초점을 맞추기 어렵다. 그러므로 사람 눈의 수정체처럼 가늘고 굵게할 수 없고 다만 수정체에 붙은 근육을 수축 또는 이완시켜 전후로 움직여 초점을 맞출 뿐이다.

개구리도 수정체의 굵기를 조절할 수 없기는 마찬가지이므로 먼 거리를 보기는 어렵다. 다만 근접거리에서 빠르게 움직이는 물체의 상을 볼 수 있다. 뱀도 구슬처럼 생긴 수정체를 전후로만 움직일 수밖에 없어서 눈 밑의 적외선 감지기가 뱀눈의 도우미가 되며 다른 동물에서 발사되는 적외선을 감지한다. 새와 포유류는 수정체의 굵기가 자유롭게 조절된다. 그래서 먼 거리의 물체를 볼 수 있다. 매나 독수리와 같은 맹금은 사람이 볼 수 있는 거리보다 3배 멀리 본다. 조류의 눈은 한번 흘깃 보고도 전체의 풍경을 잡는 데서 사람의 눈과 시야가 다르다. 인간은 풍경 전체를 한 눈에 볼 수 없고 대상의 한 지점에 눈을 고정시켜 초점을 맞추어 볼 수 있지만 하늘 높이 날아오른 매는 나뭇가지와 풀숲 사이로 움직이는 쥐의 모습을 뚜렷하게 순간 포착한다.

인간은 누군가 공중에서 쥐를 찾아 그 위치를 알려주고 그것에 초점을 맞췄을 때 비로소 쥐를 볼 수 있다. 인간이 보는 세상과 동물들이 보는 세상은 다르다. 인간이 젊어서 보는 세상과 나이 들어서 보는 세상은 다르다. 인간을 제외한 그 어떤 동물도 흰자위가 바깥으로 드러나지 않았다. 흰자위는 사람이 소통하는 데 중요한 역할을 한다. 덕분에 인류는 서로 협력하는 공동체를 이룰 수 있다.

인간의 눈

볼 수 있는 다양한 색깔을 너무나 당연하게 여긴다. 선천적인 맹인도 색깔 개념을 갖고 있다. 맹인도 일상생활에서 색에 대한 단어를 사용하면서 감정을 표현한다. 맹인들이 비록 흰색·파란색·빨간색을 볼 수는 없지만 흰색은 깨끗하고, 하늘 색깔인 파란색은 차갑다는 느낌을 알며, '새빨간 거짓말' 같은 비유를 사용할 수도 있다.

스킨스쿠버 다이버들은 반드시 마스크를 착용한다. 인간의 눈은 공기층을 통해서만 제대로 선명하게 볼 수 있기 때문이다. 물과 공기 속에서는 빛의 굴절률이 다르다. 마스크의 유리를 통해 빛이 통과할 때 빛이 굴절해 수중에서의 물체는 실제 위치보다 25% 가까이 그리고 33% 더 크게 보인다. 그래서 갓 입문한 다이버들은 충분히 닿을 것 같은 곳에 손을 뻗지만 실제로는 닿지 않는 경험을 한다.

물고기는 먹이를 비롯한 물체들이 원래 위치에 원래의 크기대로 보인다. 물고기 눈의 렌즈에 담긴 액체가 물의 농도와 같아서 굴절이 일어나지 않고 직선으로 보이기 때문이다. 수중에서 빛은 깊어질수록 거의 흡수돼 약해지므로 홍채로 빛의 양을 조절할 필요가 없다. 또 빛도 적고 항상 젖어 있으므로 눈을 깜빡일 필요도 없으니 눈꺼풀도 없는 게 당연하다.

비밀이 눈의 흰자위에 있다. 흰자위가 외부로 드러난 동물은 사람뿐이다. 흰자위 덕분에 우리는 다른 사람이 어디를 보고 있는지 파악할 수 있으며 눈으로 이야기할 수 있다. 그래서 자기가 어디를 보고 있는지 감춰야 하는 경호원들은 선글라스를 낀다. 흰자위는 공동체를 이루고 고도의 협력을 해야 하는 인류에게 결정적인 장치다. 흰자위가 드러나지 않는 사람은 공동체에서 신뢰받기 어렵다. 빨간색을 볼 수 있다는 것은 동물에게 있어서 엄청난 행운이다. 하지만 인간이 지금과 같은 공동체를 이룰 수 있는 까닭은 드러난 흰자위 때문이다. 인간이 인간인 까닭은 자연을 보는 능력뿐만 아니라 서로에게 자신의 마음을 솔직하게 보이는 능력 때문이다.

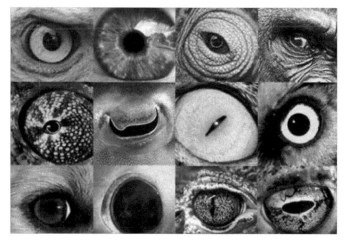

동물들의 눈

④ 12지신에 나오는 12종류 동물들의 해부학적 특징들 🐾

열두 동물들의 이름을 붙여 '무슨 띠'라고 불린다. 띠 문화가 있는 나라에서는 태어나는 순간 띠가 운명적으로 정해져 싫든 좋든 평생 따라 다닌다. 나이를 물을 때도 몇 살이 아니라 무슨 띠냐고 묻는다. 같은 해에 태어난 사람은 그 해의 동물 이미지가 심성에 투영되어 비슷한 성격이나 운명을 갖는다고 생각한다. 양띠 해에 태어나면 착하고 온순하다거나, 호랑이해 태어나면 범처럼 날쌔고 용맹할 것이라고 여긴다. 십이지란 12종류 동물들을 나타내는데 이는 자아의 내면세계를 대변하는 12가지 동물의 얼굴을 나타낸다. 그렇다면 많은 동물 중 하필 12 동물만이 선택되었을까? 그중 하나가 신체결함설이다. 십이지에 뽑힌 동물들은 하나같이 신체상으로 이상이 있다.

🐁 쥐와 말은 쓸개가 없다?

좀 엉뚱한 행동을 하거나 실없는 말 하는 사람을 가리켜 '쓸개 빠진 인간'이라고 한다. 겁이 없거나 통이 크고 당찬 사람에게는 '담이 크다'는 표현을 쓴다. 노루가 다른 동물보다 잘 놀라고, 도망가서는 다시 멍한 듯 두리번거리는 것은 쓸개가 없기 때문이라고 한다. 쓸개는 담즙을 저장하는 담낭을 뜻하는데, 사실 노루는 담낭이 없다.

담낭이 저장하고 있는 담즙은 간에서 생성돼 십이지장으로 유입된다. 주성분인 담즙산염은 지방을 유화시키는 한편 이자에서 분비되는 소화효소인 리파아제의 작용을 촉진한다. 그 결과 생긴 지방산을 용해시켜 장에서의 흡수를 용이하게 하는 기능도 한다. 이렇게 담즙은 소화에 필수적인 역할을 하기 때문에 어느 척추동물이든 담즙을 만들지 않을 수 없다.

동물에 따라 담낭이 왜 있고 없는지는 과학적으로 규명되지 않았지만 먹이를 섭취하는 간격과 관련된 것으로 알려져 있다. 고양잇과 동물이나 갯과 동물같이 먹이 섭취 간격이 있는 동물은 먹이 섭취 때 담즙이 일시적으로 많이 필요하기 때문에 담즙을 담아둘 수 있는 담낭이 발달된 반면, 먹이 섭취 간격 없이 수시로 먹는 동물은 담즙이 계속 소요되므로 담낭이 필요치 않다.

쓸개가 없는 동물로는 사향노루를 제외한 모든 종의 사슴, 얼룩말을 포함한 말 종류, 낙타, 기린, 코끼리, 코뿔소, 고래, 비둘기 등 일부 조류, 쥐, 일부 어류까지 다양하다. 그렇다면 쓸개 없는 동물은 그렇지 않은 동물에 비해 '쓸개 빠진 동물'이란 소리를 들어야 할 정도로 실없는 행동을 하거나 능력이 떨어질까?

노루가 놀란 듯 뛰고 나서 두리번거리는 것은 어리둥절해서가 아니라 일단 포식자로부터 안전거리를 확보한 뒤 피하기 좋은 곳을 찾으려는 것이다. 얼룩말의 경우 함께 모여 휴식을 취할 때나 먹이를 섭취할 때 포식자를 경계해야 하기 때문에 몸을 서로 다른 방향으로 두고 항시 사방을 살핀다. 위기에 처하면 급히 달아나야 하는 처지라 편히 누워 쉬는 경우도 드물다. 코끼리는 동물 중에서 가장 사려 깊고 신중하다. 큰 몸집을 유지하기 위해서는 매일 250kg 정도의 풀을 먹어야 한다. 하루의 3분의 2를 먹이 찾는 데 쓰기 때문에 잠잘 틈도 거의 없다.

낙타는 척박한 사막지대에 살기 때문에 먹이를 찾아 돌아다닐 수밖에 없다. 사막의 열기 속에서 250kg 이상의 짐을 지고 매일 10시간 넘게 걸으면서 50km 이상을 이동할 수 있는 낙타의 적응력과 강인함은 상상을 초월한다. 기린은 5m가 넘는 큰 키로 멀리 있는 포식자를 일찍 알아볼 수 있어서 다른 동물에게도 조기에 위험을 알려준다. 또 높이 있는 나뭇잎을 먹음으로써 다른 동물과 먹이경쟁도 피하는 신사적인 동물로 통한다. 고래는 포유류이면서도 뭍에 한번 오르지 못하고 막막한 대양에서 쉴 새 없이 움직인다. 먹이를 섭취하기 위해 무리들과 서로 협력하는 지혜도 갖추고 있다. 쥐는 항상 움직임이 바쁘고, 비둘기와 같은 조류는 이른 아침부터 활동을 시작한다.

이렇듯 쓸개 없는 동물들을 살펴보면 하나같이 다른 동물에 비해 한가한 시간을 가질 여유가 없다. 늘 부지런히 움직인다. 또 지혜와 순발력이 뛰어나고, 인내심이 강하다. 외적의 공격에 대비해 경계태세를 항상 늦추지 않기 때문에 편안한 휴식은 찾아보기 힘들다. 모든 동물은 나름대로 살아가는 방식이 있다. 그러나 인간의 눈에는 마음껏 먹고, 깊은 휴식을 취하는 것보다는 항상 움직이고 무엇을 찾으려 하는 역동적인 모습이 좋게 보인다.

사람에게 '담이 크다'고 말하는 것도 따지고 보면 그리 좋은 표현이 아닐 수 있다. 고지방 음식에 미련할 정도로 식사량이 많다는 뜻일 수 있기 때문이다. 이런 인간이 소화를 시키려면 많은 양의 담즙이 필요할 터이니 담, 즉 쓸개도 클 수밖에 없다. 쓸개가 없는 동물은 사슴, 말, 낙타, 기린, 코끼리, 코뿔소, 고래, 비둘기, 쥐 등 많이 있으니 쥐만이 유일하게 쓸개가 없는 것이 아니다.

🐀 쥐는 어금니가 없다?

쥐를 포함한 설치류 가운데 어금니가 없는 종은 지금까지 발견된 적이 없다. 그런데 긴 코를 가진 파우시덴토미스 베르미닥스(*Paucidentomys vermidax*)로 명명되는 쥐의 이름 가운데 '파우시덴토미스'는 '이가 적은 쥐'를 의미하고, 베르미닥스는 '지렁이를 먹는 것'이란 뜻이다. 이 쥐는 고도가 높은 지역의 습하고 이끼가 낀 숲에서 산다. 이 쥐는 주로 지렁이를 먹고 산다. 이 쥐가 설치류 가운데 독특한 점은 이가 없다는 것이다. 모든 설치류는 먹이를 분쇄하기 위한 어금니를 갖고 있다. 입의 앞부분에 있는 앞니의 구조도 독특하다. 정확히 말하면, 대부분의 설치류들처럼 갉아먹기 좋은 쐐기 모양의 앞니가 아니라 두 개의 뾰족함을 가진 앞어금니만 갖고 있다. 이 독특한 치아는 지렁이를 분절하기 위한 것으로 보인다.

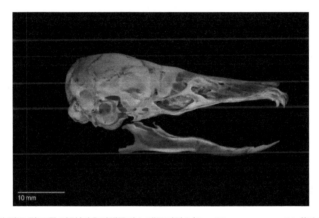

이가 적고 긴 코를 가진 '파우시덴토미스 베르미닥스(*Paucidentomys vermidax*)'의 이빨

🐾 소는 윗니가 없다?

소는 이가 32개인데 아래턱에 앞니가 8개 있고, 위와 아래턱에 어금니가 각각 12개씩 있다. 소는 위턱에 앞니가 없어 풀을 잘라서 먹을 수 없기 때문에 입 안쪽에 있는 어금니로 씹어 삼킨다. 풀을 먹을 땐 긴 혀로 휘감아 입에 넣은 뒤, 아래턱의 앞니를 위턱으로 밀며 뜯어낸다. 즉, 소는 어금니는 위아래 모두 있지만, 앞니는 아랫니만 있고 윗니는 없다.

우람한 소가 사람의 손을 꽉 물어도 소한테 물려 죽지는 않는다. 소뿐만 아니라 되새김질하는 초식동물의 위 앞니는 없다. 낙타, 기린, 소, 양, 염소, 사슴과 같이 되새김질을 하는 동물들은 신기하게도 모두 위 앞니가 없다. 위 앞니 대신에 '덴탈 패드(dental pad)'라고 부르는 가죽질 단단한 판이 있어 이빨 역할을 한다. 즉, 소만이 앞 윗니가 없는 것이 아니다.

🐾 호랑이는 목이 없다?

호랑이 뼈가 몸에 좋다는 속설이 있고, 호랑이 뼈 술, 이른바 호골주가 있다. "호랑이 골수를 고아 만든 젤라틴이 간 질환에 효능이 있으며 다리뼈는 요통에 좋다"고 알려져 있다. 호랑이 뼈를 구하지 못하면 고양이 뼈나 개 뼈를 대용품으로 쓴다. 호랑이는 목과 등에 총 30개의 뼈가 있고 꼬리에는 25~26개의 뼈가 있어서 모든 척주 뼈를 합치면 55~56개의 뼈가 있으니 호랑이도 당연히 목이 있다.

🐾 토끼는 신장이 없다?

토끼의 신장은 개의 신장과 비슷하지만 신장 피라미드가 1개의 유두로 합쳐져서 중앙 부분이 신장 깔때기를 향하여 둔한 결절 모양을 갖고 있다. 특이하기는 해도 당연히 토끼는 신장이 있다.

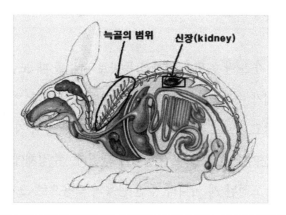

늑골의 범위   신장(kidney)

토끼의 신장은 당연히 있으며 다만, 갈비뼈로 보호받지 못하는 부분에 위치해 있다.

용은 귀가 없다?

용은 상상의 동물이니 확인할 수 없으나 문헌에 있는 글을 옮긴다. 용은 귀가 성치 않은 귀머거리라 하여 한방에서는 귀머거리를 용이 즉, 용의 귀를 가진 사람이라고 부른다. 중국 송나라의 책에서는 용을 설명하기를 '뿔은 사슴, 머리는 낙타, 눈은 토끼, 목덜미는 뱀, 배는 이무기, 비늘은 물고기, 발톱은 매, 손바닥은 호랑이, 귀는 소'라고 하여 용의 모습을 아홉 가지 다른 동물의 생김새로 기록한다.

뱀은 다리가 없다?

뱀은 다리가 없다. 그런데 뱀은 왜 다리가 없을까? 뱀은 파충류임에도 불구하고 육상 척추동물이라면 대부분 가지고 있는 다리가 완전히 없다. 하지만, 비단뱀과 보아 뱀은 몸속에 작은 다리뼈가 있다.

🐑 양은 눈동자가 없다?

고양이가 노란 눈으로 인간을 똑바로 마주볼 때 노란 눈 한가운데는 작고 새까만 막대가 수직으로 서 있다. 양의 눈은 뜻밖이다. 양의 눈동자 즉, 동공은 동그랗지 않고 가로로 길쭉하다. 실눈을 뜬 건가 싶어 자세히 보게 되지만 정상적인 양의 눈이다. 염소 눈도 이상하게 생겼다. 수정체에서 빛이 통과하는 부분인 눈동자는 고정된 게 아니라 주변 근육의 작용으로 크기가 변한다. 즉 망막으로 들어오는 빛의 양을 조절하는 조리개로, 빛이 강하면 크기가 작아지고 약하면 커진다. 따라서 인간처럼 원형인 게 가장 무난한 구조일 텐데 왜 동물들은 다르게 생겼을까. 그것도 양이나 염소는 가로로 길쭉하고 고양이는 세로로 길쭉하니 뭔가 이유가 있다.

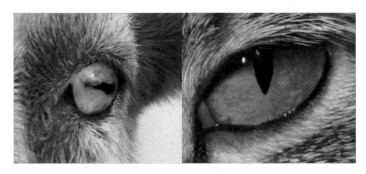

염소의 눈과 고양이의 눈

하지만, 길쭉한 형태가 원형보다 더 효과적인 조리개이다. 즉 눈동자가 원형을 유지하면서 면적을 줄이려면 원둘레의 길이도 비례해서 정확히는 제곱근에 비례해서 줄어들어야 하는데 고양이의 경우는 좌우를 좁히면 되기 때문이다. 실제로 인간에서 동공의 최소 크기는 최대 크기의 15분의 1인 반면 고양이는 135

분의 1이다. 그만큼 폭넓은 광량에 적응할 수 있다.

육상동물 214종을 생태적 지위에 따라 분류한 결과 초식동물 42종 가운데 36종이 가로로 길쭉한 눈동자이다. 반면 육식동물은 사냥 행태에 따라 눈동자 모양이 달랐다. 즉 양안형 육식동물의 경우 사냥감을 쫓아가서 잡는 활동형은 사람처럼 동그란 반면, 숨어있다 기습하는 매복형은 65종 가운데 44종이 세로로 길쭉한 눈동자이다.

매복형 육식동물에서 숨어서 타이밍을 노리는 사냥법의 경우 사냥감의 거리를 정확히 파악하는 게 중요하다. 거리를 파악하는 실마리 가운데 하나는 양안시이다. 즉 뇌는 양쪽의 눈에서 오는 정보의 차이 즉, 거리에 따른 상대적인 각도의 차이를 해석해 입체영상을 재구성하기 때문이다. 그런데 사람처럼 눈동자가 동그란 양안시도 입체영상을 보는데 문제가 없다. 그렇다면 고양이 눈동자가 굳이 세로로 길쭉할 필요가 있을까?

보통 동물에서 눈알의 크기는 몸의 길이에 비례하는 게 아니라 그 제곱근에 비례한다. 즉 작은 동물일수록 상대적으로 눈이 커 보인다. 그런데 두 눈의 간격 즉 몸의 길이에 비해 눈의 크기 차이가 상대적으로 작다는 건 소형 동물일수록 심도가 얕아져 양안시의 입체영상 해상도가 떨어짐을 의미한다. 따라서 눈동자의 가로 폭을 좁혀, 즉 세로형 눈동자가 돼 심도를 깊게 해서 이 효과를 상쇄한다.

한편 초식동물의 가로형 눈동자는 천적을 감시하는데 최적화된 결과이다. 초식동물은 특정한 개체를 주시하는 게 아니라 언제 어느 방향에서 급습할지도 모르는 천적을 경계해야 한다. 따라서 눈도 표적에 초점을 맞추는 양안시형이 아니라 좌우로 많이 벌어져 있는 단안시형이다. 즉 두 시야가 겹쳐 입체영상을 볼 수 있는 영역은 정면으로 제한돼 있는 대신 바로 뒤를 빼면 거의 전 영역을 커버하는 파노라마 사진 같은 시야를 확보하고 있다.

초식동물의 경우 천적의 정확한 거리보다는 존재 차체를 확인하는 게 더 중요하므로 심도가 깊은 게 더 좋다. 이 경우 세로가 납작하므로 지평선에 따라 펼쳐진 광경을 보는데 유리하다. 한편 눈동자가 가로로 길쭉하기 측면에서 들어오는 빛이 위아래에서 들어오는 빛보다 많다. 즉 천적이 나타날 확률이 희박한 경우, 위아래에서 오는 빛은 줄이면서 천적이 출몰하는 좌우에서 오는 빛은 늘리는 구조이다. 파노라마 영상을 밝게 볼 수 있는 장치인 셈이다. 개가 고양이보다 친숙하게 느껴지는 것은 눈동자 모양 때문이다. 동물의 세계에는 많은 종류의 놀라운 존재가 있다. 타조의 경우처럼 뇌보다 더 큰 눈이 있고, 물고기와 같이 절대로 닫지 않는 눈이 있으며, 눈이 아예 없는 동물들도 있다.

왜 눈이 없는 동물이 있을까? 많은 동물들에게 눈이 없다는 사실이 그들의 일상 활동에 방해가 되지는 않는다. 대부분의 존재들은 일상생활에서 거의 모든 장기에 대해 이들 기관이 필요하지는 않는다. 왜냐하면 보통 매우 어두운 곳 에서 적응하여 살고 있기 때문에 눈의 부족은 그들의 적응에 기인한다. 다른 한편으로, 시력이 없는 대신 청각, 냄새 또는 촉감과 같은 다른 감각이 강조 되어 있어 스스로를 방어하거나 음식을 먹을 수 있다. 전기 활동을 감지하거나 만들 수 있는 능력을 가지고 있기 때문에 눈의 부족은 전혀 문제가 되지 않는다. 성계는 눈이 없는 동물의 가장 놀라운 예이다. 고슴도치도 눈을 통해 볼 수가 없다. 고슴도치는 '걷는 눈'으로 정의 될 수 있다. 지렁이는 피부로 숨 쉬고, 피부로 볼 수 있다.

🐾 원숭이는 엉덩이와 지라가 없다?

원숭이는 다른 동물에 비하여 엉덩이가 거의 나와 있지 않다. 원숭이의 엉덩이에는 털이 없고, 피부가 그대로 노출되어 있어 빨갛기도 하고, 네 발로 걷는 동물과 달리 두 발로 걷게 되어 혈액이 항문에 모여서 항문이 빨갛게 보인다. 어쨌든 원숭이는 인간처럼 배변을 참지 않기에 치질에는 걸리지 않는다. 원숭이는 지라가 없어서 비위도 약하고 화도 잘 낸다고 하는데 원숭이가 지라 즉, 비장(speen)이 없다는 것은 근거가 없으며 원숭이는 지라가 있다.

🐾 닭은 양물이 없다?

닭, 메추라기, 꿩 등의 육상조류는 양물 즉, 수컷의 생식기가 축소돼 흔적만 남아 있다. 반면 닭 등 육상조류와 분류학적으로 가까운 오리, 고니, 거위 등 물새류 수컷은 생식기가 완전하게 발달해 있다. 또 에뮤, 타조 등 일찍 분화된 집단도 잘 발달한 수컷 생식기를 지닌다.

🐾 개는 위와 땀샘이 없다?

개의 위가 없다는 것은 근거가 없다. 개는 위가 있다. 개와 고양이의 경우 온몸에 인간과 같은 땀샘이 있지는 않으며 발바닥에만 땀샘이 있어서 걸어 다니면 바닥이 흠뻑 젖곤 하는 경우가 있다. 인간과 같은 땀샘이 온몸에 모두 없다 보니 개의 경우 입을 벌리고 헐떡거리는 경우가 많고 고양이의 경우 혓바닥으로 털을 핥는 경우가 많다. 개에게는 두 종류의 독특한 땀샘이 있는데 인간과는 다른 역할을 하고, 소량의 땀을 생성하며, 몸에 적당한 염분을 제공하고, 좋은 냄새가 나도록 만들어준다. 개 발바닥에 있는 샘 분비 땀샘은 개가 더위를 느낄 때, 이곳을 통해 땀을 배출하여 체온을 조절하게 한다. 또한 개는 몸 전체에 부분 분비 땀샘이라는 것을 가지고는 있는데 이 특별한 땀샘에서는 땀이 많이 나지는 않지만, 냄새가 나며 개들은 이 냄새를 통해서도 서로를 알아본다.

돼지는 힘줄이 없다?

돼지가 힘줄이 없다는 것도 근거가 없다. 돼지는 힘줄(tendon)이 있다.

동물들의 발가락 수는 각각 다르다?

쥐, 호랑이, 개, 원숭이는 모두 발가락이 다섯 개이고 말은 발가락이 1개이다. 소는 발굽이 둘로 갈라져 있고, 토끼는 입술이 갈라져 있고, 뱀은 발가락이 없는 대신 혀가 두 개이고, 양과 돼지는 모두 발톱이 네 개이다. 쥐는 앞 발가락이 4개, 뒤 발가락이 5개이고, 번식력이 가장 왕성하고 가장 빠르게 늘어 다산과 생명력의 상징으로 비유된다. 그 외 동물들의 발가락 수는 소(4), 호랑이(5), 토끼(4), 용(5), 뱀(0), 말(7), 양(4), 원숭이(5), 닭(4), 개(5), 돼지(4)의 순으로 홀수와 짝수로 서로 교차하여 배열되었다.

핵심 쟁점

동물복지를 위한 동물의 '다섯 가지 자유' 실천

'행복한 삶'으로 간단히 정의될 수 있는 복지가 인간에게는 생존을 위한 기본적인 욕구 충족 그 이상의 발전 단계를 뜻하지만, 동물에게 복지는 바로 '생존을 위한 필수욕구'의 충족을 뜻한다. 인간 복지의 결핍은 결국 그 개인 삶의 질과 양의 감퇴를 가져오게 된다. 동물도 다름없다. 특히 동물복지의 결핍으로 인한 생산성 하락은 경제적인 손실로 이어져 바로 인간에게 그 악영향이 전달된다. 동물에 대한 세심한 배려, 즉 동물복지의 구현은 결국 인간행복을 위한 가장 좋은 방법인 셈이다.

동물 복지를 이루는 뼈대는 바로 '다섯 가지 자유 (Five Freedoms)'이다. 핵심은 동물들에게 '서고, 눕고, 돌아 서고, 스스로 털을 고르고 그리고 자신의 다리를 뻗을 수 있는 자유'를 주는 것이다. 이 뼈대를 바탕으로 다섯 가지 실천방안이 제안되었다. 첫째 자유는 배고픔과 갈증으로부터 자유로서 충분한 건강과 활기를 유지할 수 있도록 신선한 물과 먹이의 제공이다. 둘째 자유는 불편함으로부터 자유로서 쉼터와 편안한 휴식 공간을 포함하는 적절한 환경을 마련함이다. 셋째 자유는 통증, 부상과 질병으로부터 자유로서 예방이나 신속한 진단 그리고 치료를 통하여 이루어진다, 넷째 자유는 정상적인 행동 표현의 자유로서 충분한 공간, 적절한 시설 그리고 동물 자신과 같은 동물 종의 동반에 의하여 완성된다, 다섯 번째 자유는 불안과 고통으로부터 자유로서 심적 고통을 피하는 조건과 처치를 확보하는 것에 의하여 성취된다.

내용을 잘 들여다보면 '자유'라는 용어에서 오는 오해를 풀 수 있다. 동물의 다섯 가지 자유는 바로 죽음을 면하기 위한 생존의 기본적인 요구이다. 인간이 계속 동물을 이용하려면 당연히 다섯 가지 자유를 그들에게 제공하여야 한다. 모든 인간의 행복은 모든 동물들의 행복에서 비롯될 수 있다. 인간 배려의 첫 걸음은 동물 생존의 다섯 가지 필수 요건을 살피고 마련해 주는 일이다. 인간의 장수와 행복을 위해서라도 동물의 '다섯 가지 자유' 실천은 꼭 이루어져야 한다.

Chapter 7

제16장 인간 문명과 관계된 동물들
1. 말
2. 소
3. 양
4. 돼지
5. 쥐
6. 닭
7. 개

제17장 우주개발 역사에서 기억될 동물들
1. 침팬지
2. 원숭이
3. 개
4. 고양이
5. 거북이, 개구리, 거미, 선충과 지렁이, 초파리, 바퀴벌레, 쥐, 물고기, 다람쥐

인간 역사 속에서의 동물들

어떤 동물들은 인간 역사 속에서 중요한 역할을 하였고, 독특한 인류 문화를 형성한 동물들도 있으며, 인류문명에 영향을 끼치는 동물들도 있었다. 말은 전쟁 무기로 사용되어 오랫동안 그 역할을 수행하였고, 소는 부요의 상징으로 역할을 하였으며, 때때로 인간을 살리는 동물들도 역사 가운데에는 전설로 내려오기도 한다.

제 16 장

인간 문명과 관계된 동물들

❶ 말

　인간이 사육한 최상의 동물인 말은 인류 문명에 번영을 가져다줬다. 고대부터 말은 전쟁을 통한 정복의 수단이었고, 물리적 이동거리를 단축하는 교통수단이었으며, 짊어진 물품들을 빠르게 세계로 공급하는 화물유통의 통로이었다. 고도로 산업화한 사회에서 말은 권위를 상징하였는데 북미와 유럽 국가에서는 기마경찰이 말에 올라 시위 현장을 통제한다. 의전행사에서 제복을 입은 채 말에 오른 사람들은 말에 오르지 않은 사람들에게 권위를 나타내기도 한다. '마력(horse power)'은 속도를 나타내는 단위의 하나인데, 현대사회에서 가장 흔하게 접하는 말의 모습은 속도를 최대치로 끌어올린 경마 경기이다. 치타처럼 말보다 빠른 동물도 있기는 하지만 장거리를 말처럼 빨리 달리는 동물은 없다.

몽골은 그 어느 나라보다도 말을 많이 사용하고, 말을 많이 기르는 대표적인 기마민족이다. 말과 함께 한 몽골 문명은 세계를 제패했고, 말이 없는 문명은 찬란한 문화에도 불구하고, 어느 한 지역에서만 불꽃을 피우다 역사의 뒤안길로 사라져버렸다. 말이 없던 아메리카 대륙에서는 인간 짐꾼들이 상품을 지고 날랐다. 인간이 '지상에서 가장 똑똑한 두 발 동물'이지만, '가장 빠르게 원거리를 달릴 수 있는 네 발 동물인 말'과 협력관계를 맺었을 때 비로소 그 잠재력을 폭발시킬 수 있었다. 아이러니하게도 야생말의 원산지는 북아메리카이다.

말은 시속 60~70km로 자동차보다는 느리지만, 사람에 비하면 엄청나게 빨리 달린다. 세계적인 마라톤 선수는 42km 거리를 시속 20km 정도로 달릴 수 있지만, 그 속도로 계속 달릴 수는 없다. 1,000m를 전속력으로 달리면 어지간한 사람들은 심장이 터질듯 한 고통을 호소할 것이다. 하지만 말은 몇몇 짐승들보다는 단거리에서 비록 속도가 느리지만, 장거리에서는 오래도록 계속해서 달릴 수 있는 지구력을 갖고 있다. 이것이 말의 가장 큰 장점이다. 말 위에 탄 사람은 자신의 발로 달리는 것이 아닌 만큼, 말이 지치면 조선시대 파발마처럼 다른 말로 갈아타고 하루에도 많은 거리를 주파할 수 있다. 이처럼 말은 속도와 거리 혁명을 가져왔다.

인간은 말을 타게 됨으로써, 세상을 보는 눈이 달라졌다. 말을 타면 세상이 달라 보인다. 말이 귀했던 조선시대 사람들은 3개월을 걸어서 명나라와 청나라의 수도였던 북경에 오고 갔다. 조선 사람들이 본 세상은 중국이 거의 전부였다. 하지만 말을 타고 다녔던 고구려 사람들은 초원길을 달려 우즈베키스탄의 사마르칸트까지 달려가, 동서 교역을 주도했던 소그드왕국과 외교 교섭을 했다. 고구려인이 바라본 세계는 광활한 아시아 대륙이었다.

이처럼 말은 자동차, 비행기 등이 발명되기 전에 살았던 사람들에게 넓은 세상을 볼 수 있는 눈을 갖게 해주었던 소중한 친구였다. 인간은 말을 이용해 힘들이지 않고 먼 거리를 자유롭게 왕래할 수 있었다. 그래서 초원길, 실크로드와 같이 동서를 연결하는 교통로가 만들어졌고, 이를 통해 인류 문명을 더 빠르게 발전시킬 수 있었다. 말 덕분에 소식을 더 빨리 전달할 수 있었고, 더 많은 물자들을 더 신속하게 옮길 수 있었다. 그로 인해 인간의 행동반경은 크게 넓어졌고, 국가를 운영하는 사람들은 넓은 영토를 효과적으로 다스리게 되었다.

인간이 말을 타게 됨에 따라, 사냥의 효율도 크게 높아졌다. 빨리 달리는 사슴을 사냥할 수도 있게 되었고, 호랑이와 같은 맹수 사냥도 좀 더 안전해졌다. 화살이 떨어졌을 때에도 말이 있으면 빨리 도망갈 수 있었다. 사냥터도 넓어졌고, 더 많은 짐승을 사냥할 수 있게 되었다. 말을 타고 사냥하면, 예전보다 더 많은 사냥감을 잡을 수 있게 되어 수렵민의 삶도 나아졌다.

값비싼 말을 소유한 기병은 보병보다 여러모로 우월한 자들이다. 또한 전투력에서도 보병보다 앞섰기 때문에 기병은 대체로 상급 군인의 신분을 누렸다. 그래서 중세 유럽에서는 영주 아래에 기사라고 하는 전문 군인이 등장해, 서민들의 지배계급으로 군림했다. 그러다 기병은 장갑차와 탱크의 등장으로 인해 사라진다. 하지만 기병이 수천 년간 세계 전쟁사를 바꿔왔고, 인류 역사를 변화시킨 주역의 하나였음은 분명하다.

말은 초식동물이며 겁이 많은 동물이다. 함부로 상대를 공격하는 성격도 아니다. 그런데 말이 호랑이를 추격하기도 하고, 포탄이 날리는 전쟁터를 누비기도 한다. 말이 혼자라면, 도저히 불가능한 행동을 하는 것은 말을 탄 사람과의 신뢰와 교감이 이루어졌기 때문이다. 말을 잘 다루려면 정서적 교감이 대단히 중요하다. 승마 경기도 그렇다. 사람이 말에게 믿음을 주면, 말도 사람을 신뢰한다. 그래서 말도 사람을 믿고, 심지어 무서운 맹수를 추격할 수 있다. 말과 사람이 한

몸이 되면 무서울 것이 없는 천하무적의 생명체가 된다. 그래서 그리스 사람들은 말을 타는 유목민인 스키타이 사람들을 보고 크게 놀라, '반인반마'인 켄타우로스 종족을 상상해냈던 것이다.

말은 인류에게 매우 소중한 동물이었다. 그렇기 때문에 수의학의 역사도 인간에게 오랫동안 가장 소중한 가축이었던 말을 치료하는 말 수의사 즉 '마의'로부터 시작했다. 이 책의 독자들에게 '피타 켈레크나(Pita Kelekna)'의 '말의 세계사 (The Horse in Human History)'라는 책을 권하여 드린다.

❷ 소

인류 역사상 소는 세상을 바꾼 위대한 가축이다. 소가 인류의 역사에 큰 영향을 준 것은 생산수단으로 쓰였기 때문이다. 소는 인류가 인력으로 농사짓던 단계에서 축력으로 농사짓는 단계로 나아가게 만든 주인공이다. 소를 이용한 농사는 사람을 이용한 농사보다 최대 10배 정도 효과가 높다. 소를 통한 생산력의 향상은 단순히 생산의 증가에 그치지 않고 인간의 사고를 혁명적으로 바꿨다. 소는 축력을 대신한 동력 기계의 등장 전까지 매우 신성한 동물이자 귀한 존재였다. 소를 의미하는 캐틀(Cattle)은 '동산(Chattel)'과 '자본(Capital)'에서 유래했다. 이는 그만큼 소의 재산가치가 높았다는 증거다.

인간은 소를 축력으로 이용하던 시대가 끝나자 본격적으로 식용하기 시작했다. 인간의 생활이 나아지면서 쇠고기 소비가 급증했다. 이에 소를 식용으로 키우는 농가도 늘어나기 시작했다. 대체로 꼴을 먹으면서 되새김질하는 이른바 '반추동물' 중 소가 차지하는 비중이 거의 절반이다. 그만큼 소가 가축에서 차지하는 비중이 높다는 뜻이다.

식용을 위한 가축의 수가 늘어나면서 적잖은 부작용이 발생했다. 그중 온실가스와 황사를 빼놓을 수 없다. 반추동물이 생성하는 온실 가스는 전체 온실가스의 6% 이상을 차지하고, 가축이 먹어치우는 풀은 황사를 발생시킨다. 소의 사육면적만 해도 전 세계 토지의 24%를 차지하며, 소가 먹는 곡식은 수억 명이 먹을 수 있는 양이다. 전 세계 소의 무게는 70억 세계 인구의 무게를 능가한다.

소는 수천 년 동안 인간의 삶에서 필수적인 존재였다. 인간이 소와 만나서 만든 역사와 문화도 매우 풍부하다. 가축의 힘을 빌리지 않은 농사는 높은 생산성을 기대할 수 없었다. 물론 옥수수와 같이 생산성이 높은 작물을 키운 아메리카에서는 가축 없이도 마야 문명을 탄생시킨 예외는 있다. 하지만 대다수 고대 문명이 싹튼 곳은 소 등을 농업에 이용하여 단위당 높은 생산성을 올려 좁은 지역에 많은 사람들이 밀집해 살 수 있게 된 지역들이다. 이런 곳에서 도시가 형성되고 문명이 탄생했다.

인간이 만든 위대한 발명품인 수레를 끌어주었던 소, 당나귀, 노새, 코끼리, 낙타 등의 동물들이 있다. 이 가운데에서도 특히 소는 말보다 느리지만, 끄는 힘은 더 세다. 말이 여행용, 의장용, 지휘용 수레를 끌었다면, 소는 많은 짐을 실은 달구지와 좋은 승차감을 원하는 귀족들의 수레를 끌었다. 인도나 태국에서는 코끼리가 수레를 끌기도 했는데, 코끼리를 키우려면 워낙 많은 비용이 들었으므로 왕과 귀족들 정도가 코끼리 수레를 이용했다. 인도에서는 낙타가 수레를 끌기도 한다. 발이 넓은 낙타는 평지에서 수레를 끌기보다는 발이 푹푹 빠지는 사막에서 사람과 짐을 안전하게 운반해주는 것으로 정평이 나 있다.

말은 낙타보다 빠르지만, 물이 없는 사막에서는 낙타만큼 목마름을 견딜 수가 없다. 그래서 사막에서는 낙타가 가장 유용한 교통수단으로 지금까지도 각광받고 있다. 하지만 전 세계적으로 볼 때 수레를 가장 많이 끌었던 동물은 말과 더불어 소였다. 인류의 교통혁명을 일으킨 주역이 말이었다고 하지만, 소 역시 많은 짐을 실어 날라준 수레의 소중한 동력원이었다.

소는 평상시 말보다 훨씬 쓸모가 많은 동물이다. 소는 농사를 짓는 사람들이 가장 귀중히 여긴 가축이었다. 농사를 지으려면, 먼저 씨를 뿌려야 하는데 굳은 땅에는 싹이 잘 나지 않기 때문에 먼저 땅을 갈아야 한다. 농부들은 소가 끄는 쟁기를 뒤에서 조정하면서 논밭을 간다. 쟁기에 철로 만든 보습을 끼우는데, 고구려에서 만들어진 보습 가운데는 폭이 50cm가 넘는 초대형도 있다. 대형 보습을 복원한 연구에 따르면, 보습 자체 무게가 약 27kg, 쟁기에 장착하면 무려 48kg에 달한다. 이런 것들은 소가 끌지 않으면 사용하기 어렵다. 2마리의 소를 이용해 쟁기를 끄는 것을 '겨리'라 한다. '겨리 농사'는 우리의 옛 땅인 만주와 한반도 중북부 일대에 널리 행해졌다. 이렇듯 소는 농민들에게 너무나 소중한 존재였다. 농부들은 벼 심기 전 논을 무르게 한 뒤 논바닥을 평탄하게 하는 일인 써레 끌기도 소를 시킨다. 소는 볏단 등 농산물을 운반하는 달구지도 끌어준다. 농부들은 소 덕분에 보다 넓은 농경지에서 힘들이지 않고 쉽게 농사를 지을 수 있었다.

이러한 '우경'의 힘은 농업생산성을 높여 주어, 전업농의 잉여농산물이 늘어났다. 그 결과 식량의 거래가 활발해졌다. 따라서 농사를 짓지 않고도 살아갈 수 있는 전문 직업인이 더 많이 탄생할 수 있었던 것도 소 덕분이라고 할 수 있다. 아메리카의 경우 옥수수가 워낙 생산성이 높은 곡물이기 때문에 소 없이도 고대문명을 건설할 수 있었지만, 아시아와 중동에서 고대 문명이 등장할 수 있었던 것은 단연 소의 역할 때문이었다. 다 자란 소는 무게가 400㎏에 이를 만큼 거대하고 힘도 세지만, 성격이 온순해서, 나이어린 소년들도 쉽게 부릴 수 있다. 소는 신의 가축이라고 말할 정도로, 인간에게 모든 것을 제공해주는 동물이기도 하다. 소가 죽으면 등심, 안심 등 살코기 부위뿐만 아니라, 꼬리와 뼈는 사골로, 발은 우족탕으로, 창자는 곱창과 대창구이로, 머리는 소머리국밥으로, 피는 선지 해장국으로 각각 먹는다.

소의 담낭에 생긴 응결물인 우황은 신경안정제인 우황청심환의 주재료로 사용되며, 소의 연골은 퇴행성관절염 예방 및 통증 완화제의 원료가 되고, 소뿔은 국궁의 소재나 화각 공예품을 만들 때 사용하며, 가죽은 가죽제품의 재료로 사용되고, 소의 기타 여러 다양한 부위는 잡식동물 사료의 주원료 및 각종 화장품의 필수 원료가 된다. 또 고기만큼이나 중요한 우유도 제공해준다. 심지어 소의 배설물은 비료로 활용되거나 말려서 연료로도 사용된다. 그야말로 소는 머리부터 발끝까지 하나도 버릴 것이 없는 아주 귀중한 가축이다.

소는 주인을 잘 따르고 의리가 있는 동물이다.[33] 1970년대까지만 하더라도 소는 시골에 사는 농부들에게 중요한 재산이었다. 그래서 자식이 대학에 입학하게 되었을 때, 소를 팔아서 등록금을 마련했다는 '우골탑' 이야기[34]가 나올 정도였다.

---

33 의로운 소 이야기 : 소는 주인을 잘 따르고 의리가 있는 동물이다. 경북 구미시 산동면 인덕리 문수점에 '의우총'이라 불리는 소의 무덤이 있다. '의우총'과 관련해 다음과 같은 이야기가 전해온다. 문수점에 사는 김기년이 암소 한 마리를 길렀는데 어느 해 여름 이 소를 부려 밭을 갈고 있을 때, 갑자기 숲 속에서 사나운 호랑이가 뛰어나와 소에게 덤벼들었다. 김기년이 당황하여 소리를 지르며 가지고 있던 괭이를 마구 흔들었다. 그러자 호랑이는 소를 버리고 사람에게 덤벼들었다. 김기년이 급하여 양 손으로 호랑이를 잡고 어찌할 바를 모르고 있을 때 소가 크게 우짖고는 쇠뿔로 호랑이의 배와 허리를 무수히 쳐 받았다. 마침내 호랑이는 피를 흘리며 달아나다가 몇 걸음 못 가서 힘이 다하여 죽고 말았다. 김기년은 비록 다리를 여러 군데 물렸으나 정신을 차려 소를 끌고 집으로 돌아왔다. 그는 이때 입은 상처가 덧나 시름시름 앓다 20일 후 죽고 말았다. 죽기 전에 가족에게 이르기를 "내가 호랑이에게 잡아먹히지 않고 살아남은 게 누구의 힘이었겠는가? 내가 죽은 후에도 이 소를 팔지 말고, 늙어서 스스로 죽거든 그 고기를 먹지 말며 내 무덤 옆에 묻어 달라." 하고는 숨을 거두었다. 소는 물린 데가 없었고, 김기년이 누워 있을 때는 평상시처럼 스스로 논밭 일을 했다. 주인이 죽자 마구 뛰며 크게 울부짖으며 쇠죽을 먹지 않더니 삼일 만에 그만 죽고 말았다. 마을 사람들이 놀라 이 사실을 관가에 알렸다. 당시 선산부사로 있던 조찬한이 그 사실을 알고 1630년, '의우전'을 기록하고 돌에 새겨 무덤가에 비를 세우고, 이를 '의우총'이라 불렀다 한다. 이처럼 소는 주인에게 충성심이 높은 가축으로, 농부들에게 사랑을 가장 많이 받은 가축이었다.

34 '우골탑(牛骨塔)'에 관한 이야기 : 대학을 흔히 상아탑이라 일컫는다. 프랑스에서 처음 사용한 '상아탑'은 속세를 떠나 오로지 학문이나 예술에만 잠기는 경지를 이르는 것을 뜻한다. 과거 우리나라에도 대학을 비유적으로 이

1670년 조선에 기상재해가 겹쳐 온갖 재앙이 닥쳤는데[35], 이때 소의 전염병이 크게 번져 경기도에 남은 종자가 거의 없을 지경이 되었다. 그래서 소 대신 사람이 논밭 갈이를 했는데, 9명의 힘으로 겨우 소 한 마리의 일을 해낼 수 있었으므로, 힘이 너무 들어 농사일을 포기하는 백성이 속출했다.

조선시대에는 소가 중요한 노동력이었다. 그런데, 소가 없어져 국가의 중요한 사업조차도 중단될 정도니 '역우'[36]로서의 소의 가치는 실로 엄청났다. 산업혁명을 거치면서 가축이 하던 일을 기계가 대신하면서, 소의 역할이 줄어든 것은 사실이다. 우리나라에서도 20세기 후반 들어 농업이 빠르게 기계화됨에 따라 소가 끄는 쟁기 대신 트랙터, 소달구지 대신 경운기 등으로 대치되었다. 그렇다고 해서 소의 중요성이 사라진 것은 결코 아니다.

르는 말이 있었는데 우골탑(牛骨塔)이다. 1960, 1970년대 우리나라 농촌에서 자식을 대학에 보내기 위해서는 전답과 소를 팔아 등록금을 마련해야 했던 사회상을 반영하는 것으로 당시 대학 건물 대부분이 수많은 농촌 부모가 소를 판돈으로 지어졌음을 의미한다. 농촌에서 소는 가족 이상의 존재다. 소는 농업이 주된 일인 농촌에서 논밭을 갈고, 수확물을 운반하는 등 여러 역할을 묵묵히 해냈기 때문이다. 덕분에 소는 가족 공동체의 일환으로 늘 함께하는 존재였다. 그럼에도 불구하고 자식을 대학으로 보내기 위해서 많은 농촌 부모는 자식처럼 아끼던 소를 팔아야만 했다. 등록금을 마련하기 위해서다. 그래서 그 시절 대학생은 대학을 상아탑 대신 우골탑이라 부르기도 했다.

35 1670년 대기근을 연구한 학자에 따르면, 이때 소 전염병으로 인해 소가 죽어서 생긴 피해액이 최소 120만 냥에서 최대 240만 냥이었다. 당시 조선 8도 1년 치 벼농사와 맞먹고, 호조의 2년 수입과 비슷한 엄청난 규모였다고 한다. 심지어 소가 없어서, 한강에서 얼음을 저장하던 '빙고'에서 얼음을 떠내가는 일도 중단될 형편이었다.

36 역우란 농사를 짓거나 수레에 짐을 실어 나르는 노역 따위에 사용하는 소를 말한다.

③ 양 🐾

　양에 관한 이야기는 기독교의 성경에 많이 기록[37]되어 있다. 인류시조인 아담과 하와의 사이에 낳은 맏아들 가인은 농사짓는 자이었고, 동생 아벨은 양을 치는 자이었다고 기록되어 있다. 성경에는 양의 속성을 사랑스럽고, 비공격적이며, 끊임없는 보호와 관리를 필요로 하는 동물로 기록되고 있다. 착하고 아름다우며 의로움과 순결, 평화와 상서로움, 희생, 성직자, 제물, 속죄의 대표적 상징으로 등장[38]한다. 또 질서와 평화의 상징이기도 하다.

　비가 거의 내리지 않는 황량한 초원지대에 인간이 살 수 있게 된 것은 양을 가축으로 사육하면서부터라고 할 수 있다. 양은 성질이 온순하며, 무리를 지어 다니기 때문에 가축으로 키우기가 편해 가축화됐다. 양은 인간에게 대단히 유용한 가축이었는데 그 이유는 털은 깎아 옷을 만들어 입을 수 있고, 젖은 짜서 마실 수 있으며, 고기는 맛있기 때문이다.

　양은 사람을 해치지 않는 순한 동물이지만, 가축들은 때때로 인간에게 위협이 되기도 한다. 사나운 발톱과 송곳니 혹은 엄청난 괴력의 뒷다리를 갖고 있기 때문이다. 양고기는 돼지고기, 소고기, 닭고기에 이어 인류가 소비하는 4번째 육류다. 미국과 유럽연합에서는 칠면조가 4번째 육류이지만, 광범위하게 사육되지는 않는다. 칠면조는 오직 미국, 유럽연합이 전 세계 소비량의 83%를 차지할 정도로 미국과 유럽에 치우쳐 있다. 하지만 양고기는 사우디아라비아, 이란 등 무슬

37　성경에서 양에 대한 언급은 500회가 넘을 정도로 양의 상징적 의미는 매우 크다.

38　한자에서 양(羊)이라는 글자는 착함(善), 아름다움(美), 상서로움(祥), 의로움(義) 등을 표현 할 때 반듯이 따라다닌다. 이러한 글자들 모두가 양에서 유래했다. 특히 착할 선(善)자는 제단 위에 세 마리의 양이 올리어진 형상을 딴 글자여서 하늘에 바칠만한 제물로서는 양이 최상품이었음을 말해 주고 있다.

림국가들 뿐만 아니라, 중국 등 세계 각국에서 널리 소비되고 있다. 최근 우리나라와 일본도 양고기 소비량이 크게 증가하고 있다. 인류는 소와 말, 양과 염소 등에서 채취하는 젖을 음료로 이용하기도 했다. 가공하여 치즈, 요구르트, 버터, 크림 등 다양한 유제품을 만들면 식량을 구하기 어려운 겨울철에도 풍족하게 식생활을 즐길 수 있다.

양젖은 우유나 염소젖과 비교해 진하고 영양가도 높다. 하지만 젖소에 비해 단위당 생산량이 적기 때문에, 양을 키우는 목장에서는 양젖 보다는 털과 고기 생산에 중점을 두기 마련이다. 대량 생산은 어렵지만, 유목민들에게 양젖은 무엇보다 소중한 식량이었다. 양이 없었다면, 사람들은 황량한 초원에서 살아남을 수 없었을 것이다.

양은 행동반경이 하루 평균 6km이기에, 어린 소년이나 여성들도 양떼를 돌볼 수가 있다. 양은 온순하기 때문에, 유목민들은 남성들이 외지에 나가도 별 탈 없이 양떼를 관리할 수 있다. 양이 없었다면, 칭기즈칸과 같은 몽골 유목민의 등장은 결코 보기 어려웠을 것이다. 유목민이 없었다면, 동서 문명 전파와 세계적인 교역 등이 단절되었을 것이고 인류는 각자 저마다의 세상에서 오래도록 고립된 채, 교역을 통한 발전이 거의 정체된 상태에서 지내왔을 것이다. 양피지는 8세기 무렵부터는 파피루스[39]보다 훨씬 많이 사용되기 시작했다. 양가죽을 석회수에 담가 털을 제거하고, 깎아 얇게 펴서 햇빛에 건조시킨 후 돌 등으로 문질러서 반질반질하게 마무리해서 양피지를 만든다. 양피지는 부드럽고 유연한 표면에 양쪽 모두 글을 쓰기에 좋았으므로, 바느질로 묶어 책을 만들 수 있었다. 하지만 양피

---

39 플리니우스가 쓴 『박물지』에 양에 관련된 글이 있다. 프톨레마이오스왕조의 이집트가 현재 터키 아나톨리아반도 서부지역에 위치한 페르가몬왕국에 파피루스 수출을 금지하자, 페르가몬의 왕 에우메네스 2세가 양피지를 개발했다고 한다. 파피루스는 이집트 특산의 카야츠리그사 과(科)의 식물을 재료로 해서 만든 일종의 종이를 말한다.

지는 값이 비싸고, 부피가 크며 무겁다는 단점이 있었다.

따라서 중국에서 시작된 종이가 14세기경 유럽에 대거 전파된 이후로 양피지의 사용량은 급속히 줄게 된다. 그렇지만 종이에 비해 품격이 뛰어나므로, 최근까지도 조약 등 중요한 문서에 일부 사용됐다. 양피지가 없었다면 중세 유럽의 지식은 후세에 전달되기 어려웠을 것이다. 이처럼 양은 다방면에 걸쳐 인류에게 큰 도움을 주고 있는 가축이다.

④ 돼지

돼지는 임신 기간이 짧아 번식이 빠르고, 고기는 저장과 보관이 용이하다. 이렇게 돼지는 훌륭한 가축으로서의 조건을 잘 갖추고 있지만, 인류의 역사는 '돼지 사랑'과 '돼지 혐오'로 양분되어 있다. 인간과 돼지의 소화기관은 상당히 흡사하다. 성경 레위기에서 이스라엘 백성이 먹을 수 있는 '발굽이 갈라지고 되새김질을 하는 동물'에 소와 양, 염소는 들어갔지만, 돼지는 제외되었다. 코란[40]도 돼지고기를 금지한다. 덕분에 인류의 4분의 1이 돼지고기를 먹을 수 없다. '되새김질을 하는 동물'이란 풀을 먹는 동물을 의미하는데, 섬유질을 잘 소화하지 못하는 돼지는 풀 대신 열매와 곡식, 심지어는 썩어가는 고기, 배설물도 먹는다. 돼지가 더러운 동물로 낙인찍힌 것은 아마도 더러운 음식을 먹기 때문이다. 이 때문에 유대인은 물론, 메소포타미아와 이집트 문명에서도 지배계층은 돼지고기를 절대 먹지 않았다. 그러나 지중해 반대편의 로마인들은 돼지고기를 너무 좋아하였다. 이런 차이는 돼지들이 처한 환경 때문일 가능성이 크다. 근동의 건조한 땅에서

---

40 코란은 이슬람교의 경전이다.

돼지들은 도심의 쓰레기통을 뒤지고 다니는 존재였지만, 이탈리아 반도에는 숲이 많고 곡식도 풍부했다.

인류가 가장 많이 소비하는 육류는 무엇일까? 단연코 돼지고기다. 전 세계 인류의 1/5을 차지하는 무슬림들[41]이 혐오하는 육류임에도 불구하고, 돼지고기가 닭고기나 소고기를 제치고 소비순위 1위인 이유는 세계 인구의 약 19%를 차지하는 중국인들이 전 세계 돼지고기의 51.9%를 먹어치우고 있기 때문이다. 고기를 많이 먹기로 유명한 미국인들은 전 세계 인구에서 약 4.5%의 비중을 차지하지만, 전 세계 소고기의 19.5%를 소비하고, 닭고기도 16.6%를 소비하고 있다. 하지만 돼지고기는 덜 먹는 편이다. 중국 다음으로 돼지고기를 많이 소비하는 곳은 유럽연합으로, 중국과 유럽연합은 전 세계 돼지고기의 70%를 소비하고 있다.

유럽에서 장기 저장식품인 소시지가 발전하고, 중국에서 돼지고기 요리가 발전한 것도 두 지역에서 오랫동안 돼지를 많이 길러왔기 때문이다. 유럽인들의 주식인 밀은 쌀과 달리 영양학적으로 불완전 식품이기 때문에, 밀이 주식인 경우, 부족한 영양분을 고기로 보충해주어야 한다. 밀이나 호밀을 주로 재배한 탓인지, 유럽과 북중국 사람들은 돼지를 키워 곡식에서 부족한 단백질을 보충했다. 유럽인들은 돼지고기로 소시지를 만들어 먹었고, 우리나라에서는 돼지 창자로 순대를 만들어 먹기도 한다.

잡식성인 돼지는 아무것이나 잘 먹어, 키우기도 편하다. 돼지가 번식력이 뛰어나고, 지방이 풍부해 부족한 영양을 보충하는데 아주 좋다는 것을 깨닫게 되면서 많이 키우게 되었다. 다만 돼지는 이동시키기에 불편해서 유목민들은 돼지를 키우기 어려웠다. 또 돼지고기는 영양가가 너무 높아 더운 여름철에 빨리 상한다

---

41 무슬림은 이슬람교 신자를 말한다.

는 문제가 있다. 이러한 이유로 더운 사막과 초원에서 살았던 무슬림들은 돼지를 키우지 않았다.

하지만 숲이 많은 곳에서는 돼지에 필요한 먹이도 풍부해, 사람들은 돼지를 널리 키웠다. 큰 코를 가진 돼지는 특별한 향을 가진 최고급 버섯인 송로버섯을 찾을 때에도 아주 유용했다. 중국은 물론 고구려[42]도 돼지를 많이 키웠다. 돼지가 인간의 곡물을 축내는 동물이란 생각 때문에, 조선에서는 돼지를 많이 키우지 않았다. 돼지고기 요리도 다양하지 못했다.

한국인들이 소고기만큼 좋아하는 삼겹살은 불과 몇 십 년도 안 된 역사를 갖고 있다. 맛과 영양가가 뛰어나지만 상온에서 빨리 상하는 돼지고기는 여름철 식중독의 주범으로 취급받았다. 그러다 냉장고의 등장으로 보관상의 문제가 해결되자 돼지고기는 널리 소비되기 시작했다. 값도 소고기 보다 훨씬 저렴한 돼지고기는 삼겹살을 필두로, 족발, 목살, 대창, 막창 등 여러 부위를 이용한 다양한 요리가 개발되었다. 그래서 이제는 돼지고기가 소고기를 제치고 명실상부 한국인이 가장 많이 먹는 대표적인 육류가 되었다.

⑤ 쥐

자연에서 문명을 탄생시킨 인류에게 가장 큰 적은 무엇일까. 인간의 권력경쟁에 의해 일어난 전쟁은 자연의 생존경쟁의 산물인 질병에 비하면 아무 것도

---

42 고구려는 돼지를 키우는 관리를 두어, 신에게 바치는 제물로 사용하기도 했다. 고구려 특유의 고기요리인 맥적
   돼지는 풍요의 상징으로, 신에게 바치는 제물로, 맛있는 고기를 제공하는 동물로 널리 사랑받았다.

아니다. '흑사병'[43]이라 불렸던 페스트는 중세유럽인구의 3분의 1을 몰살시킨 전염병이다. 치사율이 50~80%에 달한 치명적인 전염병인 페스트로 죽은 유럽인의 수는 적게는 7천5백 만 명, 많게는 2억 명으로 어림잡기도 한다.

페스트균은 중앙아시아에 서식하던 쥐 등 설치류에 기생하던 쥐벼룩을 숙주로 하는 박테리아이다. 중세유럽은 지금과 위생관념이 달라 사체를 거름으로 사용했으며, 흙으로 시체를 닦았다고 한다. 의사들은 시신을 부검하던 손으로 산모의 출산을 도왔고, 병에 감염된 환자의 피가 묻은 손으로 다른 환자를 치료했다고 한다. 이러하니 사망자가 많을 수밖에 없었다.[44]

페스트는 쥐가 매개하고, 코로나바이러스(COVID19 바이러스)는 박쥐가 매개하는 것으로 밝혀졌는데 대체 쥐와 전염병은 무슨 관계에 있는지 궁금증을 더하게 한다. 쥐는 인간과 같은 잡식동물로서 비록 몰래 먹기는 하지만 인간과 음식을 공유하는 포유류이다. 이에 비해 박쥐는 인간과 멀리 떨어져 동굴에 살고 있지만 인간이 식용으로 다룸으로써 인간과 가까워졌다.

사스와 메르스와 코로나를 비교해보면 공통점은 모두 호흡기 계통 감염질병으로 '코로나 바이러스'가 그 원인이다. 이 코로나 바이러스는 사람과 동물에서 흔히 나타나는 감기 바이러스 중 하나로 발열, 기침, 근육통, 호흡곤란 등이 주요 증상이다. 2003년 확산되었던 사스(SARS · 중증급성호흡기증후군)는 세계적으로 8,000여 명이 감염되었으며, 이중 10%가 사망했다. 박쥐에서 사향고양이로 전파되었던 바이러스로 약 2~10일 정도의 잠복기, 치사율 9.6%, 전파력은 1인

---

43 흑사병은 이 병에 걸린 환자의 피부가 검게 변하여 부패한다고 하여 붙여진 이름이다.

44 중국과 중앙아시아에 창궐하기 시작한 페스트는 몽골제국의 킵차크한국의 유목민들이 쥐와 접촉하면서 그 감염이 시작됐다. 1347년 킵착한국의 군대가 크리미아반도에 있는 제노바의 식민도시 카파, 지금의 우크라이나 페오도시야를 침공했다. 이 전투에서 몽골군은 페스트에 감염된 죽은 시체를 적진에 쏘아 보냄으로써 유럽에 확산되는 비운을 맞게 한다.

당 평균 4명 정도였다. 2015년 유행한 메르스(MERS · 중동호흡기증후군)는 세계적으로 약 1,400여 명이 감염되었으며, 이중 37%가 사망했다. 메르스는 박쥐에서 낙타로, 낙타에서 사람으로 전파된 바이러스로 사스처럼 '박쥐'로부터 시작된 것이다. 치사율은 34%, 전파력은 평균 0.9명 수준으로 2003년 사스에 비해 '감염자수'는 적었지만 사망자비율은 훨씬 높았다. 2019년 12월 중국 우한에서 발원한 새로운 유형의 '코로나 바이러스'도 박쥐에서 원인을 찾고 있다.

쥐를 활용해 발견한 주요 연구 업적들은 노벨상 수상자들이 쥐를 사용하여 연구한 결과를 보면 알 수 있다. 그 후 수많은 노벨상 수상자들이 쥐를 실험동물로 이용한 연구결과를 발표하였다. 수많은 노벨상이 쥐와 함께 배출됐다. 과학의 발전과 역사에서 쥐를 빼놓을 수 없다는 의미다. 사람의 의약품 개발은 규정에 따라 안전성과 효능을 동물과 사람에게서 평가한 다음에 신약으로서 탄생하게 된다. 안전성을 평가하기 위해 쥐와 같은 설치류와 쥐 종류가 아닌 비설치류 각각 1종을 이용하여 안전성을 평가한다.

❻ 닭 🐾

닭은 지네의 천적이다. 지네는 독을 가진 곤충이다. 지네의 독은 히스타민 성분으로 사람이 물리면, 빨간 반점 등 알레르기를 일으킨다. 지네 독이 사람을 죽이지는 않지만, 발열 증세를 일으켜 사람들을 대단히 아프게 한다. 그래서 지네의 화를 모면하기 위해 닭을 이용했다는 이야기가 많이 전해온다. 닭은 사람들을 해치는 해충을 제거해주는 착한 가축이다. 수탉은 울음을 울어 새벽을 알린다. 시계가 없던 시절, 수탉의 울음소리는 알람시계와 같은 역할을 했다. 또 암탉은 지구촌에 존재하는 가장 완벽한 영양식품인 달걀을 낳아준다. 그래서 닭은 오래 전부터 집집마다 몇 마리씩 키우고 있다가, 귀한 손님이 오면 잡아 대접하는 동물이었다.

30~40년 전만 해도 닭고기는 귀한 음식이었다. 닭 한 마리를 잡게 되면, 온 가족이 먹을 수 있도록 쌀과 인삼, 야채 등을 넣어서 백숙을 만들었다. 양을 크게 불려야 여러 사람이 먹을 수 있기 때문이다. 그런데 지금은 누구라도 기름에 튀겨 만든 치킨을 손쉽게 먹을 수 있기에 국민간식이라 불린다. 사람들의 큰 사랑을 받는 치킨의 등장은 인류의 식생활에 커다란 변화를 일으킨 사건이라고 할 수 있다. 언제 어디서고 쉽게 고기를 먹을 수 있는 시대로 대전환이 이루어진 것이다.

치킨의 등장은 한국 식생활사에서 혁명적 사건으로 기록될 만하다. 양계도 집집마다 몇 마리 키우는 방식에서 탈피해서 대량생산으로 접어들었다. 닭은 돼지와 더불어, 현대인들에게 풍족한 식생활을 만들어준 귀중한 가축으로 자리 잡았다. 해마다 전 세계에서는 1억 톤의 닭고기와 1조 개의 달걀이 소비된다. 지구에 살고 있는 개, 고양이, 돼지, 암소를 모두 더해도 닭의 수보다 적다. 약 200억 마리가 살고 있으니 지구 인구의 세 배에 달한다.

닭은 인류의 대안 식량이다. 그래서 닭이 없어진다는 것은 인류의 재앙이다. 가까운 예로 지난 2012년 조류독감의 여파로 멕시코에서 수백 만 마리의 닭이 살 처분 돼 달걀 값이 크게 오르자 시위대가 몰려나와 정부의 무능함을 규탄했다. 같은 해 중동 이란에서 닭고기 값이 세 배까지 폭등하자 이란 경찰청은 닭을 먹을 경제적 여력이 되지 않는 서민들의 폭동을 막기 위해 방송국에 닭고기를 먹는 장면을 내보내지 말라고 경고했다.

⑦ 개 🐾

　누구나 반려동물이 오랫동안 인류의 삶의 일부였다는 사실을 알고 있다. 고대 문명에서 개들은 인간의 곁에서 중요한 역할을 했다. 처음에, 인류는 자신들의 집을 지키기 위해 개를 이용했다. 후에, 개들은 사냥꾼이 되었고 군견으로서 전쟁에 참여했다. 개들은 방어적이고 공격적인 목적이나 심지어 전령으로도 사용되었다. 불행히도, 고대 문명에서 개가 전령으로 사용되었을 때, 개들은 보통 죽어야 했다. 이들의 역할은 서신을 안에 넣은 구리 관을 삼켜서 운반하는 것이었다. 서신을 되찾을 수 있는 유일한 방법은 개를 갈라 서신을 빼내는 것이었다. 개는 인간을 돕는 동반자로서 사랑을 받았다. 개가 인간에게 사랑받은 가장 중요한 이유는 인간에 대한 충성심[45] 때문이다. 그래서 '개는 사흘을 기르면 주인을 알아본다', '사람이 개를 버려도 개는 사람을 배신하지 않는다'는 속담도 있을 정도다.

---

45 고려시대 문인인 최자가 1254년에 간행한 『보한집』에 거령현(전북 임실군)에 사는 김개인(金盖仁)과 개와 관련된 이야기가 실려 있다. '김개인은 개 한 마리를 길렀는데 매우 귀여워했다. 어느 날 그가 외출하는데 개도 따라 나섰다. 김개인이 술에 취해서 풀밭에 쓰러져 잠을 잤다. 이때 근처에서 들불이 크게 번져 오고 있었다. 개는 곧 곁에 있는 냇물에 몸을 흠뻑 적셔 주인 주위를 빙 둘러 풀과 잔디를 적셨다. 이렇게 불길을 막기를 수십 차례나 했다. 개는 너무 지치고 탈진해 그만 죽고 말았다. 김개인이 잠에서 깨어나 개가 한 자취를 보고는 감동해서 노래를 지어 슬픔을 기록했다. 그리고는 무덤을 만들어 장사 지낸 뒤에 지팡이를 꽂아 이것을 표시했다. 그런데 이 지팡이가 나무로 자라났다 한다. 사람들은 그 땅의 이름을 개 오(獒), 나무 수(樹)를 써서 오수라고 했다' 김개인이 지어 불렀던 개 무덤 노래가 견분곡(犬墳曲)이다. 이 이야기가 전해오는 전북 임실군 오수면 오수리 원동산 공원에 의견비(義犬碑)가 세워져 있다. 이곳에서는 현재 오수개 육종사업장이 만들어져 오수개를 널리 보급하고 있다. 또 임실군에서는 매년 오수의견문화제가 열린다.

제 17 장

우주개발 역사에서 기억될 동물들

　가장 먼저 우주 궤도를 비행한 최초의 생명체는 유리 가가린도, 닐 암스트롱도 아니었다. 인간을 대신해 위험천만한 도전에 나서야 했던 동물들이 있었다. 1969년, 닐 암스트롱의 인류 최초 달 착륙은 20세기의 가장 위대한 사건으로 손꼽힌다. 하지만 사람보다 한 발 앞서 우주를 여행한 동물들을 기억하는 것은 중요하다. 1950년대 말, 우주개발에 돌입한 미국과 소련은 우위를 점하기 위해 경쟁적으로 개와 고양이, 원숭이, 토끼 등의 동물들을 우주에 쏘아 올렸다. 목표는 하나, 우주선에 사람을 태우기 전 우주 환경이 생명체에 어떤 영향을 미치는지 알아보기 위한 일종의 동물실험이었다. 우주 비행이라는 근사한 명목 아래 떠난 동물이 살아 돌아올 확률은 극히 적었다. 운 좋은 몇몇을 제외한 대부분의 동물이 우주선 안에서 죽거나, 추락하거나, 폭발해 먼지로 흩어졌다. 컴퓨터도 없던 시대였다. 비록 무사히 돌아왔다 하더라도 후유증에 시달리다가 고통스러운 최후를 맞이하기 일쑤였다. 1961년, 소련 출신 유리 가가린이 인류 최초로 우주 공간 탐사에 성공하기 전까지 이러한 비극은 계속되었다. 동물 보호 단체의 비난이 있었지만, 인류의 발전을 위한다는 명목으로 추진되었다.

실험동물의 종류는 국제우주정거장이 건설된 이후엔 더 다양해졌다. 이들은 주로 무중력, 강한 방사선, 추위 등 우주의 극한 환경에서 생명체가 어떤 영향을 받는지 파악하려는 목적으로 쓰였다. 설치류는 무중력 상태에서 근육 손실 현상을, 물고기의 투명한 피부는 우주 방사선이 내부 장기에 미치는 영향을 파악하는 데 기여했다. 최근엔 장기 우주여행과 행성 이주에 대비해 인간의 생식 가능성을 타진하는 쥐에 대한 연구로 확대되었고, 우주에서 포유류의 생식 가능성을 확인하였다.

반세기가 지난 지금, 인간은 드디어 화성 이주를 꿈꾸는 진정한 우주 시대를 맞이하고 있다. 사람을 대신해 안타까운 희생을 치른 동물들을 기리는 건 우리의 당연한 의무인 셈이다. 침팬지, 원숭이, 개, 고양이, 거북이, 다람쥐 등 수많은 동물이 우주 연구에 사용되면서 인류의 우주 개척에 큰 기여를 하고 있다. 미국항공우주국 NASA에 따르면 지금까지 우주 실험에 동원된 동물은 귀뚜라미, 개구리, 전갈, 도롱뇽 등 60여종이다.

❶ 침팬지

최초로 우주여행 한 영장류는 침팬지이다. 1961년 미국에서 로켓이 발사되었는데 이 로켓 안에는 최초로 우주에 나간 영장류가 타고 있었고 우주로 나갈 때만 해도 이름이 없었지만 무사 귀환한 이후 이름을 붙였는데 햄(Ham)이라는 이름으로 명명된 침팬지이었다. 1950년대 과학자들은 인간이 지구 밖으로 나갔을 때 육체적으로나 정신적으로 견뎌낼 수 있는지에 대해 완전히 이해하지 못하고 있었다. 1957년 소련은 개 라이카(Laika)를 스푸트니크 2호에 실어 지구 궤도로 보냈지만 수 시간 후 궤도로 재 진입하던 위성에서 온도 조절 시스템 오작동으로 추정되는 과열이 발생했고 라이카는 목숨을 잃었다. 이렇게 당시 소련은 개에 초점을 맞춰 연구를 진행한 반면 미국은 인간과 가장 유사한 동물인 침팬지를 이용한 실험을 준비하였다. 특히, 1960년대 말까지 인간을 달에 착륙시키겠다고 공표하며 우주비행에 있어 침팬지는 더 중요해졌다.

햄은 1957년 당시 프랑스령이었던 중앙아프리카 카메룬의 열대 우림에서 태어났고 포획된 후 뉴멕시코의 홀로만 공군기지(Holloman Air Force Base)에 있는 침팬지들을 위한 우주 비행 학교에 보내졌다. 우주 비행사들은 보상으로 바나나를 주고, 실패할 경우 전기 충격을 가하며 침팬지들에게 레버를 당기는 훈련을 시켰는데 훈련을 통해 선택된 침팬지들은 생명유지 시스템을 시험 받았고, 우주 비행 중에 장비가 작동할 수 있다는 걸 보여줬다. 햄은 뛰어난 소질을 보이며 비행 전날 밤, 로켓에 탑승할 최종 후보에 올랐다.

1961년 햄은 캡슐에 묶여 우주로 발사되었는데 로켓은 시속 9,000km이었고 251km 고도에 도달하였으며 전체 비행은 발사에서부터 귀환까지 16분이 걸렸다. 16분 동안 햄은 레버를 당길 수밖에 없었는데, 약 50번 레버를 끌어당겼고 그 중 2번은 정확하게 수행하지 못해 전기 충격을 받았다. 햄은 체온을 모니터링하기 위해 설치된 약 16cm 가량의 직장용 체온계를 착용한 채 이 일을 수행하였다. 햄은 자유낙하 하며 중력 가속도를 경험했는데 예상했던 것 보다 훨씬 큰 수치였다. 생체 의학 데이터는 햄이 가속과 감속 때 스트레스를 받았다는 걸 보여줬다. 영장류 행동 전문가인 제인구달(Jane Goodall)은 16분간의 비행 중 녹화된 햄의 영상과 사진들을 보았는데 이에 대해 침팬지의 표정에서 공포를 본 적이 없다고 말했다.

햄은 무중력 상태였을 때 오히려 침착했고 결국 비행에서 살아남았다. 캡슐이 바다에 착수한 후 바닷물로 가득 차기 시작하면서 거의 익사할 뻔했지만 헬리콥터 수색 구조대가 제시간에 도착해 햄은 구조될 수 있었다. 햄이 로켓 밖으로 나왔을 때 보상으로 받은 먹이는 사과였는데 햄은 사과를 허겁지겁 먹었다. 우주비행 임무를 마친 햄은 워싱턴 DC의 한 동물원에서 20년 동안 혼자 살았고 1980년 침팬지 무리와 함께 살기 위해 다른 동물원에 보내졌으며 1983년 26세의 나이로 세상을 떠났다. 햄의 뼈는 워싱턴 DC에 있는 국립의료박물관에서 보존하고 있다. 햄이 우주비행을 마친지 불과 10주 후 소련의 우주비행사 유리 가가린(Yuri Gagarin)이 지구 궤도를 돌면서 드디어 우주에 간 최초의 인간이 되었다. 그 이후 침팬지 이노스(Enos)는 첫 지구궤도 비행에 성공했다. 우주비행의 역사 속에서 침팬지는 중요한 존재이었다.

침팬지 우주비행사 햄(Ham)

❷ 원숭이 🐾

1948년 미국은 원숭이 '앨버트'를 우주로 쏘아 올렸다. 그러나 무사히 귀환시킬 계획도 기술도 없었고, 우주원숭이 앨버트는 대기권 안쪽에서 2분여의 비행을 하는 데는 성공했지만 산소가 모자라서 고통스럽게 죽어가야 했다. 1958년에도 다람쥐원숭이 고르도(Gordo)라는 원숭이가 중거리 탄도 미사일에 동승해서 오랜 기간 생존했으나 고르도는 착륙 낙하산이 펴지지 않아 남대서양에 추락해 숨졌다.

원숭이 우주비행사 에이블(Able)과 베이커(Baker)

우주에 갔다가 지구로 귀환한 최초의 원숭이는 에이블(Able)과 미스 베이커(Miss Baker)라는 붉은 털 원숭이들이었다. 이들은 1959년 로켓에 탑승해 우주로 발사된 후 총 26분간 비행했는데 이 가운데 약 9분 동안은 무중력 상태에 있었다. 이 두 원숭이는 중거리 탄도 미사일에 탑승했는데, 이 미사일은 무중력 상태로 시속 1만 6,000km까지 비행했다. 이들은 비교적 양호한 상태로 돌아왔으나 에이블은 4일 후 마취 시술 과정에서 숨졌으며 베이커는 1984년까지 살았다.

③ 개 🐾

사람과 친근한 개들도 1950년대에 우주로 날아갔는데 특히 당시 구소련은 우주 개발에 야욕을 드러내며 많은 실험을 진행했다. 이 기간 약 12마리의 개들이 우주로 보내졌는데 가장 유명한 개는 바로 라이카(Laika)이었으며 떠돌이 개였던 라이카는 1957년 스푸트니크 2를 타고 우주로 날아갔었다. 그러나 스트레스와 열로 인해 처참한 죽음을 맞이하였다. 당시 라이카가 짖는 소리는 라디오를 통해 구소련 전역에 방송되면서 큰 화제를 모았다.

쥐, 토끼, 도마뱀, 파리 등 수많은 후보 동물 중 개가 선발된 이유는 고정 자세로 오래 참을 수 있었기 때문이었다. 약 6kg짜리 테리어 종이었던 개 '라이카(Laika)'는 개들 중에서도 유독 사람에게 순종적이고 영리했다. 최초의 '우주비행사'로 기록된 라이카는 유기견으로, 생존력이 강하고 추위에 잘 견딜 것이란 점이 고려되었다. 옛 소련은 라이카가 탑승한 공간에 10일가량 마실 수 있는 산소를 준비했다. 출발 직전, 상기된 표정으로 나타난 라이카의 모습은 충격적이었다. 길이 2m, 무게 504kg의 캡슐 안에 몸을 움직일 수 없도록 꽁꽁 묶여 있었고, 그 옆에는 약간의 음식, 그리고 생체 반응 감지 장치와 라디오 송신기 등이 함께 실렸다. 인류 최초의 인공위성 스푸트니크 1호가 발사된 지 한 달 만에 소련 인공위성 스푸트니크 2호에 실려 라이카는 지구 궤도로 향했다. 라이카의 맥박, 호흡, 체온 등은 실시간으로 지상 관제탑에 송신됐다. 지상 1500km 높이 우주궤도에서 초속 8km로 1시간 42분마다 지구를 한 바퀴씩 돌았고, 라이카는 1주일의 비행 후 준비된 약물로 생을 마감했다. 기술문제로 단열재가 떨어져 나가면서 우주선은 고온에 휩싸였다. 산소마저 부족해진 무중력 상태에서 라이카는 심장 박동 수치가 3배 이상 빨라질 정도로 공포를 느꼈다. 훈련은 아무 소용없었고 미친 듯이 괴로워하다가 숨지고 말았다.

애초부터 무사 귀환이란 있을 수 없는 일이었다. 당시 기술로는 인공위성을 대기권에 진입시키는 것만 가능했고, 우주선을 지구로 복귀시키기란 불가능했었다. 당시의 기술은 컴퓨터가 없던 시절이고 일일이 계산을 해서 우주선을 발사하던 때였다. 모든 것이 그저 '계획'인 시대였다. 1999년 문서가 공개되면서 밝혀진 바로는 라이카가 당시 치명적인 방사능과 살을 태우는 고온, 엄청난 진동과 소음에 시달리다가 출발한 지 5~7시간 만에 조기 사망하였다. 라이카가 실제로는 고열과 산소 부족, 스트레스로 죽었다는 진실이 밝혀진 건 2002년의 일이다. 이 슬픈 실험을 통해 소련은 무중력 상태에서도 온도와 습도만 조절하면 생명체의 생존이 가능하다는 사실을 알아냈다.

그 공로로 라이카는 모스크바 외곽 소련 우주개발 기념비에 우주 비행사들과 나란히 이름을 올리는 건 물론, 인간을 위해 희생한 노동 영웅으로 떠받들어지고 있다. 2008년에는 인근 군사연구소에 라이카를 기념하는 동상도 세웠다. 그 후에도 소련은 우주 실험에 개를 사용했다. 1960년, 벨카와 스트렐카라는 이름의 2마리 개가 스푸트니크 5호를 타고 우주로 떠나게 되었다. 결과는 다행히도 해피 엔딩이었는데 이들은 지구를 열일곱 바퀴 비행한 뒤 하루 만에 아주 건강한 모습으로 무사히 귀환했다. 이에 힘입어 인류는 1961년 최초의 우주비행사를 탄생시켰다. 유리 가가린이 보스토크 1호를 타고 우주비행에 성공한 것이다.

이처럼 '지구궤도 비행 후 살아 돌아온 최초의 생명체'라는 기록을 남길 수 있었던 건 스푸트니크 5호의 외벽에 녹아내리며 타는 냉각 물질을 발랐기 때문이었다. 대기권에 들어가며 발생하는 압축열을 이 물질이 빼앗아간 덕분에 우주선은 폭발하거나, 공중 분해되지는 않았다. 어쨌든 무사히 돌아온 2마리 개는 거의 우주급 스타로 견생 역전을 하게 되었다. 귀환한 지 3일 후 모스크바에서 열린 기자회견에는 벨카와 스트렐카를 비롯해 우주선에 함께 탄 쥐 40마리가 깜짝 등장하며 웃음을 자아내기도 했다. 라이카 이전에 우주에 첫발을 디딘 개는 치간(Tsygan)과 데지크(Dezik)이었고 이들은 1951년 처음으로 우주를 비행했는데 귀환에도 성공했다. 가장 긴 비행기록을 세운 개들은 베테로크(Veterok)와 유골리요크(Ugolyok)로 이들은 1966년 코스모스 110호를 타고 22일간 지구 궤도를 돈 후 지구로 돌아왔다.

개 우주비행사 라이카(Laika)

④ 고양이

고양이도 물론 우주로 날아간 전력이 있다. 1963년 프랑스 출신 고양이 펠리시테(Felicette)는 베로니크 AGI에 태워진 후 약 160km 정도까지 비행했다. 당시 이 고양이의 머리에는 상태를 모니터할 수 있도록 고안된 전극이 이식되기도 했으며 궤도 진입에는 실패했지만 대기권 진입은 성공한 덕에 전극에서 뇌파 변화에 대한 데이터를 얻을 수 있었다. 무사히 귀환했지만 이후 3개월간 연구 대상으로 활용되며 아픔을 겪었다. 고양이 최초로 우주로 날아간 펠리시테를 통해 얻은 결과들은 후에 그 가치를 인정받았다.

미국과 소련의 우주 경쟁이 한창 치열했던 당시, 항공 우주 강국 프랑스는 다소 늦게 레이스에 뛰어들었는데 프랑스 항공우주국은 다른 나라가 아직 시도하지 않은 고양이를 우주로 보내기로 결정했던 것이다. 프랑스는 1958년 드골 대통령의 강력한 의지로 우주개발 프로그램을 추진했으며, 1963년 고양이를 태워 올려 보낼 계획을 세웠었다. 쥐를 로켓에 올려 보내는 실험에 성공한 뒤, 쥐가 성공했다면 고양이도 할 수 있다고 생각했다. 그래도 프랑스의 계획은 무사귀환이 목표이긴 했다. 1963년, 사하라 사막에 자리한 프랑스 국립 우주센터에서는 암고양이 1마리가 우주로 쏘아 올려졌다. 바로 세계 최초이자 아직까지도 유일한 고양이 우주 비행사 펠리시테(Felicette)이다.

길고양이 14마리 중 선발된 펠리시테가 우주선에 탑승하기까지는 쉽지 않은 여정이 기다리고 있었다. 당시 우주 과학자들의 과제는 무중력이 동물에게 미치는 영향을 밝히는 것이었는데, 14마리의 고양이는 원심 분리기를 본뜬 작은 특수 상자에 갇혀 매일 지옥 훈련을 받아야 했다. 수십 바퀴를 도는 건 물론 두 달간 로켓 소리와 강한 소음에 적응하는 훈련을 받았고, 이들의 신경 활동은 뇌에

심은 전도체를 통해 과학자들에게 전달되었다. 이름 없는 길고양이였던 이 고양이에게 펠리시테란 이름은 언론이 붙여주었다. 당시 과학자들은 실험용 고양이와 정이 들까 두려웠기에 호칭조차 제대로 부르지 않았다. 고양이 14마리 중 훈련을 통과한 6마리가 선별되었고, 그 중에서도 제일 침착했던, 검은색과 흰색이 섞인 고양이가 1등에 올랐는데 그 고양이의 이름 '펠리시테(Félicette)'였다.

이 고양이는 1963년 지구에서 156km 가량 떨어진 대기권까지 15분간 비행하는 데 성공한 후 로켓에서 분리되어 낙하산을 탄 채 무사히 귀환했다. 뇌 신호를 계속 우주센터로 보내왔다. 하지만 이후 거듭된 연구로 인해 건강 상태는 점점 악화되었다. 결국 3개월 만에 프랑스 항공우주국은 펠리시테를 안락사 시켰다. 우주 비행에 성공한 유일한 고양이임에도 철저히 외면 받은 이유는 이미 유리 가가린이 우주 비행에 성공한 지 2년이나 지난 후라는 시기 탓도 있으나, 석연치 않은 사망도 한몫했다. 펠리시테가 돌아온 지 이틀 후 두 번째 고양이를 실은 로켓이 발사되었다. 이 실험은 실패했고 고양이도 살아 돌아오지 못했다. 그 뒤 다른 고양이들은 모두 임무 해제되었다.

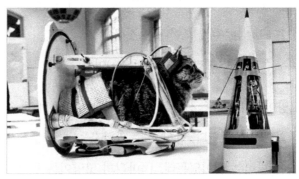

고양이 우주비행사 펠리시테(Félicette)

5 거북이, 개구리, 거미, 선충과 지렁이, 초파리, 바퀴벌레, 쥐, 물고기, 다람쥐

최초로 달 궤도에 성공한 소비에트 존드 5는 다양한 생명체를 태우고 지구 밖으로 날아간 우주선이었다. 당시 내부에는 2마리의 러시아산 거북이를 비롯해 파리와 식물, 씨앗, 그리고 박테리아까지 함께 있었는데, 모두 경미한 건강 문제를 안고 지구로 귀환했다. 1968년 소련이 거북이를 달 궤도까지 쏘아 올린 이유는 거북이가 무중력 상태에서 별도 장비가 필요 없었고, 오랫동안 안 먹고도 생존이 가능했기 때문이다. 달 탐사 실험에서 거북이는 살아 돌아왔다. 1959년 미국은 개구리 두 마리를 실은 로켓을 발사했다. 하지만 불행하게도 개구리들은 발사 후 얼마 안 돼 우주선 안에서 죽었다. 미국은 1970년 황소개구리를 궤도위성에 태워 멀미하는지 여부를 테스트했다.

우주로 향한 동물의 종류가 다양해진 것은 1970년대 이후다. 1973년 아폴로호의 마지막 비행에는 '아니타(Anita)'와 '아라벨라(Arabella)'라는 두 마리의 거미가 탑승해 무중력 상태인 우주선 안에 거미줄을 치는 데 성공했다. 이들은 미국 스미소니언 박물관에 전시돼 있다. 2011년에도 우주왕복선 엔데버에 두 마리의 거미가 탑승해 무중력 실험에 동참했다. 2006년 과학자들은 선충과 지렁이 등 4,000마리를 국제 우주 정거장으로 동행했다. 중력이 거의 없는 우주 궤도에서 이들이 어떻게 움직이는가를 관찰하기 위해서였다. 지렁이는 중력을 거의 느끼지 못하는 상태에 잘 적응한 것은 물론 우주선 안에서 12대에 걸쳐 자손까지 퍼뜨렸다.

2008년 최초의 한국인 우주인 이소연이 중력 반응과 노화 유전자를 실험하기 위해 초파리 1,000마리를 가져갔다. 우주 공간을 여행한 최초의 생명체는 초파리였는데 1947년 미국은 초파리를 탑재한 V-2 로켓을 109km 상공으로 쏘아 올렸다. 초파리는 무사히 살아서 돌아왔다. 미국의 우주개발업체 스페이스X의 우주선은 1,800마리의 초파리를 국제우주정거장으로 보냈다. 우주 환경이 유전자에 돌연변이를 일으켜 대대손손 물려주지 않을까 하는 의문을 해결하기 위해서다. 초파리가 우주 공간에서 알을 낳으면, 탄생에서 죽음까지 일생을 무중력 환경에서 보낸 초파리의 상태를 확인할 수 있다. 초파리는 유전적으로 인간과 비슷해 우주 환경이 인간의 유전에 미칠 영향을 어느 정도 유추하는 데 도움이 된다. 우주 공간에서 날아오는 방사선이 초파리의 유전자에 어떤 돌연변이를 일으키고 이 돌연변이가 자손 세대에 어느 정도 대물림되는지 확인하는 실험이었다.

2014년에도 미국 로켓개발 전문 민간업체 스페이스 엑스(Space X)사가 우주정거장에서 초파리 등을 드래곤 우주캡슐에 실어 우주로 보냈었다. 우주정거장에 NASA의 연구용 동물 사육장을 설치한 이후 거주자가 되었다. 초파리 가운데 절반은 굶주림과 탈수 등의 스트레스 요인에 저항력이 큰 돌연변이종이다. 이들은 일반 초파리에 비해 수명이 2배로 길다. 과학자들은 초파리의 두 그룹에서 유전적인 변화나 행동 변화를 관찰한다. 초파리는 드래곤 캡슐이 우주정거장에 도킹한 상태로 한 달간 지낸 후 드래곤 캡슐에 실려 산채로 지구로 귀환한다. 드래곤 캡슐은 태평양에 떨어진다. 초파리가 지구로 돌아올 때는 무중력 상태에서도 번식을 해 개체 수가 더 늘어날 것으로 예상되었다. 이전에 60마리의 초파리가 우주정거장으로 보내졌을 때 돌아올 초파리의 숫자는 3,000마리이었다.

2007년 나데즈다라는 이름의 바퀴벌레는 12일간의 우주 생활 중 '임신'에 성공해 지구 귀환 후 33마리의 새끼를 부화시켰다는 소식을 전하기도 했다.

2016년 중국은 쥐의 초기 수정란 6,000여 개를 첫 과학실험위성 '스젠 10호'에 실어 우주로 보냈다. 4시간 간격으로 수정란의 변화를 살폈고, 위성 발사 전

2세포 단계였던 수정란 중 일부가 세포 분열을 거쳐 80시간 뒤 배반포로 성장했음을 확인했다. 배반포는 자궁에 착상되는 시기 수정란의 상태다. 인간이 우주로 진출하려면 생존과 생식이 가능한지 파악하는 일이 먼저다. 쥐 수정란 연구로 그 첫 문을 연 셈이다. 크기가 작고 가벼워 운송이 용이했던 설치류를 대거 우주정거장에 보내 무중력 상태에서 근육과 피부의 형태 변화도 관찰했다. 우주에서의 쥐 수정란 연구로 인류가 달이나 화성 등 우주에서 대를 이어 번성할 가능성이 커졌다.

2014년 미국 로켓개발 전문 민간업체 스페이스 엑스(Space X)사가 우주정거장에서 쥐 등을 드래곤 우주캡슐에 실어 우주로 보냈었다. 암컷 실험쥐가 우주로 갔다. 우주정거장에 NASA의 연구용 동물 사육장을 설치한 이후 거주자가 되었다. 과거에도 우주정거장에 실험용 쥐가 보내졌으나 2주 이상 생존한 쥐는 거의 없다. 우주인들은 우주에 머무르는 동안 근육과 뼈 강도가 급격히 약화된다. 쥐에게도 같은 현상이 나타날 것으로 예상되었다.

2019년에도 스페이스X의 드래곤 캡슐은 유전적으로 개량한 슈퍼 쥐 등을 싣고 국제우주정거장(ISS)에 도착하여 성공적인 화물 배달에 성공했다. 2020년에는 중력이 거의 없는 국제우주정거장(ISS)에서 근육 감소를 막을 수 있는 약물을 개발해 쥐를 대상으로 실험했다. 우주에서는 척추가 중력을 받지 못해 키가 커진다. 반면 뼈 속 칼슘은 줄어들고, 중력을 받지 못한 근육에서는 단백질이 빠져나가 근육량이 감소한다. 국제우주정거장(ISS)에 머물며 임무를 수행하는 우주비행사들이 겪는 일반적인 신체 변화다. 쥐를 이용해 중력이 거의 없는 미세중력 환경에서 근육 감소를 예방할 수 있다는 사실을 확인하였다. 스페이스 X가 ISS에 물자를 보급하기 위해 쏘아 올린 화물에 어린 암컷 쥐를 함께 실어 보냈었는데 ISS에서 33일간 머문 뒤 다시 스페이스X의 화물 캡슐 '드래건'에 실려 2020

년 무사히 지구에 돌아왔다.

내장이 훤히 보이는 물고기를 통해 우주 방사선이 몸속 장기에 미치는 영향을 확인하는 연구에서도 성과를 냈다. 2017년 지구 중력에 적응해 사는 지구 동물이 중력 없는 우주 공간에서는 어떤 생물학적인 변화를 겪을지 연구하기 위해서 물고기도 우주 공간에 보내졌다. 무중력에 가까운 국제우주정거장(ISS)의 미세중력(microgravity) 환경에서 사는 물고기를 관찰해보니, 골밀도 감소 영향이 상당히 큰 것으로 나타났다. 인간 우주인들도 우주 공간에서 체류할 때 20일 이후부터 골밀도 감소 증상을 일으키는 것으로 알려져 있기에, 이런 결과가 아주 새롭지는 않지만 물고기의 골밀도 감소는 매우 빠르게 일어난다. 미세중력에 놓으면 동물 몸에서는 액체 이동, 혈압 상승, 현기증 같은 몇 가지 변화가 일어난다. 특히 미세중력에서 골밀도가 감소한다.

1958년 미국의 '도르도'라는 다람쥐는 살아서 내려오긴 했으나, 낙하산이 고장 나며 대서양에서 사라졌다. 인간은 그동안 각종 동물을 실험 삼아 우주로 내보냈다. 이런 실험들을 발판삼아 이후엔 인간이 직접 우주로 나가기 시작했는데 1969년 달에 착륙한 최초의 인간은 이미 역사가 될 만큼 파장이 컸다. 동물들의 희생으로 인간의 우주 정복이 가까워지고 있다는 점만은 잊지 말아야 한다.

| 소싸움 | 우리나라는 '전통 소싸움 경기에 관한 법률'이 있으며, 이 법을 통해 전통적으로 내려오는 소싸움을 활성화하고 소싸움경기에 관한 사항을 규정함으로써 농촌지역의 개발과 축산발전의 촉진에 이바지함을 목적으로 하고 있다. |

개싸움 수캐끼리 싸움을 붙여 승패를 가리는 행위이다. 특종의 싸움개를 출전시켜서 우승자를 결정하는 전국 규모의 투견대회가 열리기도 하였다. 1970년 9월에는 농림부의 정식 허가 아래 사단법인 한국도사견협회가 설립되어 전국 규모의 대회를 열어오고 있었다. 개싸움은 개끼리 싸우는 과정을 즐기는 동물 학대 행위이므로, 동물 애호 정신에 위배된다 하여 국가에 따라서는 이를 엄격히 금지하고 있다. 우리나라에서도 동물보호법이 시행된 2008년부터 전국투계대회가 더 이상 개최하지 않게 되었다. 개싸움을 법적으로 금지하고 있는데, 개싸움을 행할 경우 실형에 처해진다.

닭싸움 닭끼리 싸움을 붙여서 이를 보고 즐기거나 내기를 거는 놀이로서 싸움닭은 수탉이라야 한다. 이 닭들은 오로지 싸움을 시키기 위해서 기르며, 모이는 뱀, 미꾸라지, 달걀 등의 육식을 주로 한다. 목을 길게 늘이고 또 빨리 돌릴 수 있도록 하려고, 모이를 키보다 높게 빙빙 돌려가며 준다. 목을 길게 내뺐을 때 키가 1m에 이르는 것은 이 때문이다. 이들 중에서 일년생이 가장 투지가 왕성하다. 투계장도 현재 각국에서 불법으로 규정한다.

경 마 말싸움은 없다. 하지만 경마는 합법이다. 우리나라는 '한국마사회법'이 있으며 이 법을 통해 경마(競馬)의 공정한 시행과 말산업의 육성에 관한 사업을 효율적으로 수행하게 함으로써 축산의 발전에 이바지하고 국민의 복지 증진과 여가선용을 도모함을 목적으로 하고 있다.

Chapter 8

제18장 인간 문명과 관계없는 동물들
1. 공룡(Dinosaur)
2. 매머드(Mammoth)

인간 역사 속에서는 없는 동물들

어떤 동물들은 인간 역사 속에서 없는 이미 멸종된 동물들이 있다. 하지만 화석들이 증거물로 남아 있거나, 사진들이 증거들로 남아 있어서 인간들의 관심을 받고 있으며 때때로 영화를 통하여 소개되고 과학자들에 의해 탐구되기도 한다.

제 18 장

인간 문명과 관계없는 동물들

❶ 공룡(Dinosaur)

과학자들은 공룡 멸종의 원인으로 각종 지각의 변동, 운석 또는 소행성의 충돌 등으로 인한 급격한 환경 변화를 꼽고 있다. 지구상의 생물 종은 자연 상태에서도 마치 개체들이 출생하고 사망하는 것처럼 생성되고 소멸한다. 생물학에서는 이것을 개체발생과 계통발생으로 정의한다. 산업화에 따른 인류 문명의 발전이 생태계 살해로 돌진하고 있음을 많은 환경론자들이 수없이 역설하고 있고, 그 구체적인 실상을 다양한 자료를 근거로 적나라하게 밝히고 있다. 대부분의 사람들은 인간과 공룡이 공존하지 않았다고 믿는다. 상상 속에서만 가능한 일이라는 생각이 지배적이다. 하지만, 현실에서도 인간과 공룡의 만남이 가능했다는 주장이 제기되고 있다. 인간과 공룡이 공존했다는 증거가 곳곳에서 제시되고 있다. 전문가들에 따르면, 1999년 미국 텍사스주 팔룩시강 바닥에서 공룡의 발자국과 사람 발자국이 교차돼 지나간 화석 100여 개가 발견됐다. 우리나라 경상남도 남해군 가인리 바위 위에서도 공룡과 사람의 발자국 모양 화석을 볼 수 있다.

남해군 가인리 공룡 발자국 화석

전문가들은 공룡의 모습이 새겨진 작품들도 인간과 공룡의 공생 증거가 될 수 있다고 말한다. 16세기 초까지의 페루 잉카 문명의 유산인 점토 상에는 다양한 공룡의 모습이 표현됐다. 멕시코의 아캄바로 지역에서는 인디언이 만든 것으로 추정되는 다량의 공룡 점토상이 나왔다. 공룡을 직접 본 사람이 아무도 없었으면, 이러한 작품들이 나올 수가 없다는 것이 전문가들의 의견이다. 한반도는 온화한 날씨에 호수 주변의 식물과 먹이가 풍부했기 때문에 공룡들이 살기엔 안성맞춤인 환경이었다. 공룡 발자국이 발견된 경남 고성은 미국 콜로라도 주, 아르헨티나 서부 해안과 함께 세계 3대 공룡 발자국 화석지로 유명하다.

② 매머드(Mammoth) 🐾

멸종한 매머드 복제 프로젝트는 4,000년 전 멸종한 매머드를 현대 유전공학 기술을 활용해 복제하는 프로젝트이다. 시베리아 툰드라의 화석에 갇힌 매머드의 뼈와 사체를 가져다 유전자(DNA) 염기서열의 일부를 분석해냈다. 고대 매머드를 그대로 복제해내는 게 아니다. '완전한 매머드 복제'는 기술적으로도 불가능하다. 대신 아시아 코끼리의 피부 세포를 채취해 매머드 DNA 염기서열 공백을 메꾸는 방법을 택했다. 복원하려는 매머드는 사실상 아시아 코끼리-매머드 혼종[46]이다.

매머드

---

46 이는 1993년 개봉한 영화 '쥬라기공원'에서 소개된 공룡 복원 방식과도 비슷하다. 영화에서는 공룡의 피를 빨아먹은 모기가 나무 수액에 갇혀 화석화 된 것을 찾아내, 공룡의 피를 채취하고 DNA 염기서열 일부를 얻었다. 염기서열의 공백은 개구리 DNA로 메워 완벽한 유전자 코드를 생성해내는 과정이 소개됐었다.

코끼리-매머드 유전자 코드가 완성되면 인공 자궁을 통해 태아를 키우게 된다. 처음에는 암컷 코끼리에 매머드 배아를 이식해 대리모 출산을 할 생각이었지만, 너무 많은 대리모 코끼리를 필요로 하는 비실용적 방식이라 계획을 바꿨다. 유전자가위 기술을 적용해 매머드-코끼리 잡종 배아를 만들겠다는 것이다. 현재는 멸종해 더는 볼 수 없는 초대형 포유동물 매머드는 시베리아와 북미 일대를 누비고 다녔다. 과학자들은 시베리아 툰드라에 약 150만구 이상의 매머드 사체가 묻혀 있는 것으로 추정하고 있다. 일부 학자들은 이 사체에서 얻은 세포 속 DNA만 잘 보존돼 있다면 복원이 불가능한 것은 아니라고 보고 있다. 매머드 복원을 시도한 건 이번이 처음은 아니다. 2011년 러시아 연방 사하공화국의 북동 연방대 연구팀과 매머드 복원을 위해 실제 시베리아에 가서 매머드 사체 세포에서 핵을 추출한 것은 우리나라 수암바이오텍이다. 하지만 성공하지 못했다.

부록

인간과 함께 지구행성에서 사는 동물들의 표정들

동물별로 구별되어 활동하는 인간 수의사들의 현장

수의사들이 일하는 동물병원의 유형들

동물관련 법령들에서의 동물들

인간과 함께 지구행성에서 사는
동물들의 표정들

Chapter 1

인간의 음식으로 제공되어 인간의 먹이가 되는 동물들

제1장 인간에게 경제적인 이득을 주는 산업동물

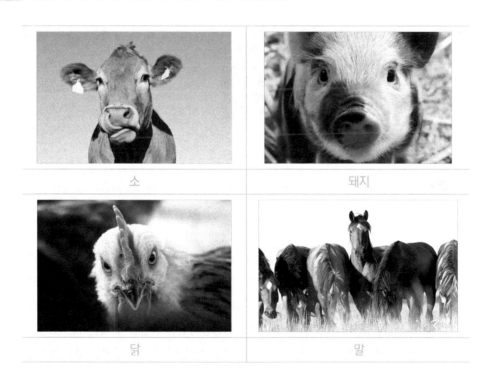

소	돼지
닭	말

면양	산양
가금	양봉

산업동물 수의사 : 소 전문 수의사와 말 전문 수의사는 대동물 수의사라고 하고, 돼지 수의사는 양 돈 수의사, 닭 수의사는 양계 수의사라고 각각 부르며, 산양, 면양, 돼지 수의사는 중동물 수의사로도 불린다. 꿀벌 수의사는 양봉 수의사로 불린다. 이러한 모든 수의사들을 통칭 하여 산업동물 수의사로도 불리는데 산업동물병원은 동물들이 내원하는 것이 아니라 주 로 동물병원 원장들이 출장 진료하는 것이 대부분이라, 대도시에는 없고 농장들이 많은 시골 근교의 중소도시에서 주로 근무하며, 동물 진료를 간호하는 일이 있으면 주로 농장 주들이 옆에서 도와줘야 되는 경우가 많다. 산업동물을 현장에서 진료하는 산업동물 수 의사는 산업동물들의 복지를 증진시키고 질병을 관리하며, 궁극적으로는 동물 각각의 역 할에서 최고의 품질, 최고의 능력을 발휘 할 수 있도록 도와주는 농장 컨설턴트로서의 활 동도 함께 수행한다. 동물복지 사각지대에 놓여 있는 많은 산업동물들은 인간을 위해 무

수히 많은 생산물을 제공해 주고 있지만 산업동물들의 동물복지 처우개선을 위한 제도와
정책은 늘 부족한 것이 사실이다. 하지만, 꾸준히 개선되고 있는 것도 또한 사실이다. 동
물보호라는 측면은 아마도 산업동물과 실험동물과 반려동물을 각각 따로 놓고 접근해야
만 해결책이 나올 듯하다.

Chapter 2

인간의 연구를 위해 희생되거나
연구에 의해 태어나는 동물

제3장 인간을 위해 희생되는 실험동물

마우스

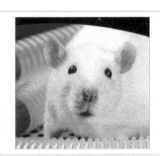

랫드

기니피그

비글

실험동물 수의사 : 동물복지의 사각지대에 놓여 있는 실험동물들은 인간을 위해 무수히 희생되고 있지만 처우개선을 위한 제도와 정책은 아직 미비한 편이다. 비윤리적 동물실험의 사례를 현실적으로 보완하기 위해서는 실험동물에 지식과 경험이 풍부하고 권한이 있는 실험동물전임수의사 제도가 필요하다. 한국 동물보호법상 실험동물에게 수의학적 관리를 제공해야 할 의무는 없으며, 실험동물에 관한 법률에도 전임 수의사의 자격 및 역할에 대한 내용이 명시되어 있지 않다. 반면 미국, 영국, 호주, 캐나다 및 유럽연합에서는 실험동물전임수의사의 역할이 규정되어 있으며, 특히 실험동물전임수의사가 동물 복지와 처리에 대해 자문을 할 의무를 갖고 있다. 국내 동물실험기관 가운데 실험동물전임수의사를 고용하고 있는 곳은 27% 정도에 불과하다. 실험동물 전임수의사는 주로 국공립 연구소나 제약회사, 대학 연구소 등에 소속되어 근무하고 있다.

Chapter 3

인간과 동물이 유대관계를 유지하며 살아가는 동물

제5장 함께 집안에서 거주하는 반려동물

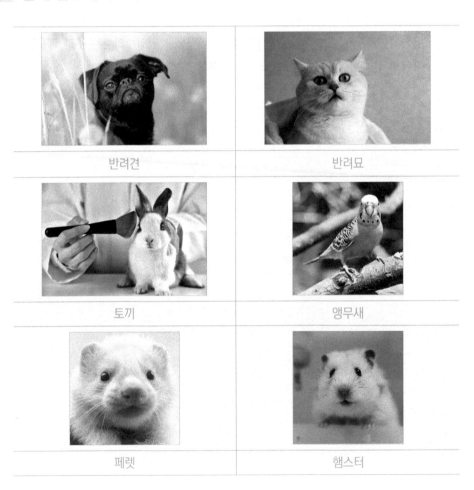

반려견	반려묘
토끼	앵무새
페렛	햄스터

| 애완견 | 애완돼지 |

반려동물 수의사 : 대중에게 가장 익숙한 진료 수의사들은 여러 종류의 강아지와 고양이들을 돌보아 주는 반려동물 수의사이며 대부분 소동물 수의사이고 대도시와 중소도시 곳곳에 가장 많이 퍼져 있는 동물병원들을 근무지로 선택하고 있다. 소동물들은 주로 동물병원에 내원하여 진료가 이루어지고 있고, 수명을 다하며 살아가는 경우가 많다. 애완동물 문화가 반려동물 문화로 바뀌면서 애완동물 수의사라는 말은 사라져 가고 있는데, 최근에는 햄스터, 기니피그와 같은 작은 반려동물에 대한 진료가 증가하고 있다. 반려동물의 종류와 수가 많아질수록 수의사들의 할 일은 더욱 늘어난다. 최근 반려동물 수의사 중에서도 고양이 전문수의사, 특수동물 전문수의사가 늘어나고 있다. 반려동물 전문동물병원에서 동물 진료를 보조하며 동물 간호 업무를 담당하는 동물보건사는 주로 소동물 병원을 근무지로 하고 있다.

애견 미용사 : 애완동물에게 미용과 청결 서비스를 제공하는 애견 미용사는 동물 관련 이론이나 기술을 쌓고 일을 시작하여야 하므로 애견미용사라는 민간 자격증을 취득한 후에 일을 시작한다. 특성화 고등학교에 개설된 애견 관련 학과 또는 전문대학 또는 4년제 대학에 개설된 애견 관련 학문을 전공하여 애견 미용사가 되는 경우도 있고, 사설 애견 미용 학

원의 애견 미용사 양성 과정을 통해 애견 미용사가 될 수도 있으며, 애견 미용실이나 동물 병원의 수습생으로 들어가 미용 보조원으로 활동하며 현장에서 기술을 습득할 수도 있다. 애견을 건강하고, 예쁘게 만들어 줌으로써 애견이 주인에게 더 사랑받으며 건강하게 오래 살 수 있게 해 주는 직업으로서 최근 인기가 많은 직종이다.

제7장 인간의 부족을 채워주는 특수목적동물

시각장애인 도우미견

청각장애인 도우미견

지체장애인 도우미견

노인 도우미견

치료도우미견

치매 도우미견

당뇨병 경고견

자폐증 도우미견

발작 경보견

암 진단 도우미견

제9장 인간을 위해 일하는 사역동물

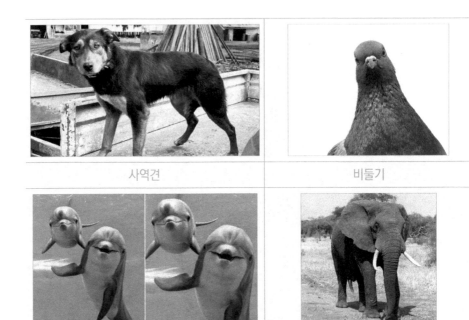

사역견	비둘기
돌고래	코끼리

동물원 유지

동물원 폐지

원숭이 쇼 폐지

돌고래 쇼 폐지

동물원 수의사 : 국공립 동물원이나 국공립 동물공원 그리고 사설 동물공원 등에 근무하는 수의사들로서 국공립 동물원이나 국공립 동물공원에 근무하는 수의사들은 공무원 신분으로 근무하고, 사설 동물공원에 근무하는 수의사들은 해당 업체에 소속된 수의사들로 이루어져 있으며 다양한 동물을 다룰 뿐만 아니라 케이스도 다양하여 야생동물 수의사로도 불리는데 동물원동물들은 야생성을 어느 정도 잃고 인간들과 유대를 어느 정도 유지하는 동물들이므로 엄격히 말하면 야생동물 수의사라는 이름보다 동물원 수의사가 더 타당하다. 호랑이, 코끼리, 하마, 뱀, 기린, 사자, 코뿔소, 낙타, 악어 등 수많은 동물들을 진료하여야 하는 만큼 늘 긴장된 가운데 끊임없이 공부하며 늘 연구하는 수의사들이라 할 수 있다. 이러한 수의사들이 근무하는 동물병원은 일반인들에게는 통제된 시설이며 진료 도중 사육사들이 옆에서 동물을 간호하고 돌보아야 하는 긴박한 상황이 늘 연출되고 있다.

Chapter 4

인간과 동물의 유대가 전혀 없이 살아가는 동물

제11장 인간에게 질병을 옮기거나 동물들끼리 질병을 옮기는 감염동물

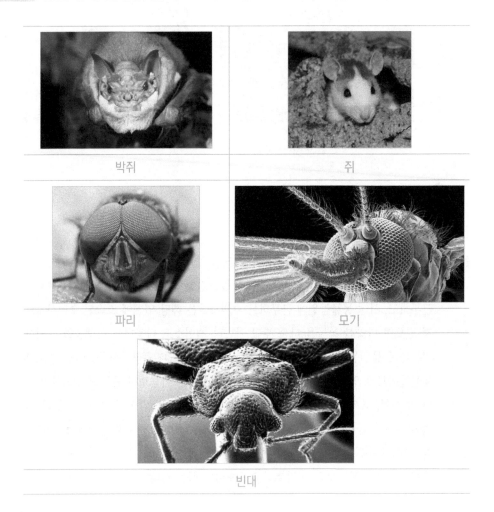

박쥐	쥐
파리	모기
빈대	

오랑우탄 | 침팬지

고릴라 | 고슴도치

뱀 | 금붕어

야생동물 수의사 : 야생에 사는 동물을 치료하고 연구하는 수의사이다. 어떤 수의사보다 공부와 연구를 많이 해야 되고 다양한 케이스를 언제나 만나기 때문에 늘 긴장된 진료환경에 놓여 있다. 국가와 지방자치단체 소속 공무원으로 활동하고 있으며, 멸종위기동물 관리업무 및 종 보존 업무 등을 수행하고 있다. 야생동물 수의사들은 조류, 수생동물, 포유류, 파충류, 양서류 등을 망라하여 진료하고 연구하게 되는데, 특히 수생동물수의사는 국립수산과학원 고래연구소 등 국공립 기관에 소속된 공무원으로 근무하거나, 또는 해당 업체에 소속된 수의사로서 사설 수족관 즉, 사설 아쿠아리움에서 근무하는 경우가 있다.

벵갈 호랑이

아프리카 치타

자이언트 판다

바다거북

사향노루

하늘다람쥐

긴 점박이 올빼미

까막딱따구리

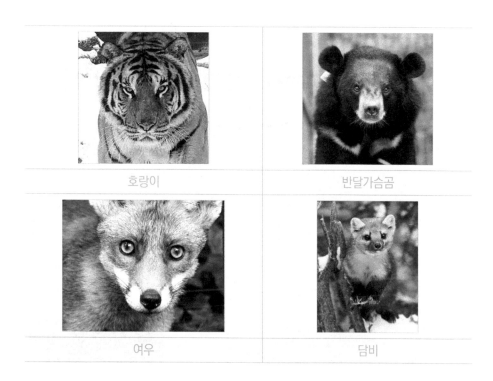

호랑이

반달가슴곰

여우

담비

Chapter 5

인간과 비슷하게 사회생활을 영위하는
사회적인 동물들

제14장 공동생활을 유지하는 사회적인 동물

꿀벌

개미

Chapter 7

인간 역사 속에서의 동물들

제17장 우주개발 역사에서 기억될 동물들

거북이	개구리
거미	초파리

바퀴벌레

물고기

다람쥐

Chapter 8

인간 역사 속에는 없는 동물들

제18장 인간 문명과 관계없는 동물들

매머드

동물별로 구별되어 활동하는
인간 수의사들의 현장

Chapter 1

인간의 음식으로 제공되어 인간의 먹이가 되는 동물들

제1장 인간에게 경제적인 이득을 주는 산업동물

소 대동물수의사

양돈수의사

양계수의사

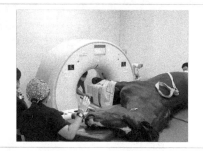

말 대동물수의사

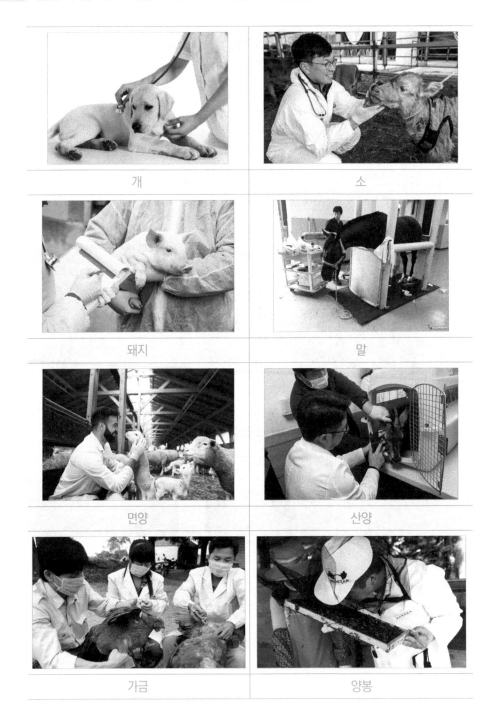

개

소

돼지

말

면양

산양

가금

양봉

Chapter 2

인간의 연구를 위해 희생되거나
연구에 의해 태어나는 동물

제3장 인간을 위해 희생되는 실험동물

마우스

랫드

기니피그

비글

제4장 인간에 의해 맞춤형으로 생산되는 복제동물

동물복제

개 복제

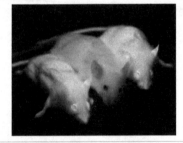

| 동물생명과학 | 멸종위기동물 복제 |

Chapter 3

인간과 동물이 유대관계를 유지하며 살아가는 동물

제5장 함께 집안에서 거주하는 반려동물

반려견	반려묘
토끼	앵무새
페렛	햄스터

제6장 인간의 즐거움을 위해 살아가는 애완동물

한방 치료하는 애완견 수의사

애완돼지 수의사

제9장 인간을 위해 일하는 사역동물

돌고래

코끼리

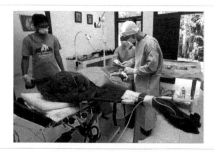

오랑우탄 치료하는 수의사

뱀 치료하는 수의사

고슴도치 치료하는 수의사

금붕어 치료하는 수의사

수의사들이 일하는 동물병원의 유형들

수의사는 동물병원을 개설하지 않고는 동물진료업을 할 수 없는데 동물병원을 개설할 수 있는 자는 수의사법에 의하면, 수의사, 국가 또는 지방자치단체, 동물진료업을 목적으로 설립된 법인(=동물진료법인), 수의학을 전공하는 대학(=수의학과 설치 대학), 민법이나 특별법에 따라 설립된 비영리법인 등이다.

수의사 개인	**개인동물병원** : 수의사 한 명이 근무하는 동물병원으로 진료 보조인원이 한 명 있기도 하고 없기도 함
	종합동물병원 : 수의사 2-9명이 근무하는 동물병원으로 내과, 외과, 임상병리과, 방사선과 등으로 구분되어 있기도 하며, 진료보조인원, 임상검사요원도 근무하고 있는 2차 병원
	한방동물병원 : 침술, 뜸, 물리치료 등을 동반하는 동물병원으로 주로 노령동물을 주요고객으로 하는 동물병원
	치과동물병원 : 치과, 구강외과, 악 안면외과 과목을 전문으로 진료하는 동물병원
	전문동물병원 : 대학원을 졸업한 수의사들이 주축으로 운영되는 동물병원 - 외과동물병원 : 일반외과, 정형외과, 신경외과 과목을 전문으로 진료하는 동물병원 - 안과동물병원 : 안과 과목을 전문으로 진료하는 동물병원 - 피부과동물병원 : 알레르기, 피부, 귀 질환을 전문으로 진료하는 동물병원 - 심장동물병원 : 심장질환과 관련 전신질환의 진단과 치료에 특화된 동물병원 - 영상동물병원 : 영상을 전문적으로 다루는 동물병원
	진단검사전문동물병원 : 다른 동물병원에서 의뢰받은 진단검사를 전문적으로 하며 임상검사요원이 많으며 수의사가 관리하는 2차 동물병원

국가	국가에서 개설하여 운영하는 국립동물병원들은 국가 예산으로 운영하고 있고, 연구나 사업용으로 진행함으로 일반인들에게는 알려져 있지 않으며, 국립공원공단이나, 국립수목원, 국립생태원, 국립축산과학원 등에서 운영하는 야생동물의료센터, 멸종위기종복원센터, 가금연구소, 양돈연구소, 축산연구소, 한우연구소 등과 연계되어 있다.

지방자치단체	지방자치단체에서 개설하여 운영하는 시립동물병원이나 도립동물병원들은 지방자치단체 예산으로 운영하고 있고, 연구나 사업용으로 진행함으로 일반인들에게는 알려져 있지 않으며, 동물복지지원센터, 종보존센터 등과 연계되어 있다.
수의과대학	대학동물병원 : 수의과대학에 소속되어 각 전공분야별로 수의사인 교수들이 진료하고 상근 진료 수의사가 있으며, 진료보조인원, 임상검사요원도 함께 근무하는 3차 동물병원
동물진료법인	동물진료법인에 의해 설립된 동물병원들은 비영리법인 또는 수의사개인사업자로 전환하고 있다.
비영리법인	민법이나 특별법에 따라 설립된 비영리법인에 의해 설립된 동물병원은 향후 생겨날 미래형 동물병원들로 보인다.

동물관련 법령들에서의 동물들

🐾 동물보호법

- "동물"이란 고통을 느낄 수 있는 신경체계가 발달한 척추동물을 말하며
  - 가. 포유류
  - 나. 조류
  - 다. 파충류 · 양서류 · 어류 등을 말한다.
- "반려동물"이란 반려(伴侶) 목적으로 기르는 개, 고양이 등을 말한다.
- "맹견"이란 도사견, 핏불테리어, 로트와일러 등을 말한다.

🐾 동물보호법 시행령

- "동물보호법에서 대통령령으로 정하는 동물"이란 파충류, 양서류 및 어류를 말한다. 다만, 식용(食用)을 목적으로 하는 것은 제외한다.

🐾 동물보호법 시행규칙

- "반려동물"이란 개, 고양이, 토끼, 페럿, 기니피그 및 햄스터를 말한다.
- "맹견(猛犬)"이란
  1. 도사견과 그 잡종의 개
  2. 아메리칸 핏불테리어와 그 잡종의 개
  3. 아메리칸 스태퍼드셔 테리어와 그 잡종의 개
  4. 스태퍼드셔 불 테리어와 그 잡종의 개
  5. 로트와일러와 그 잡종의 개를 말한다.

🐾 수의사법

- "동물"이란 소, 말, 돼지, 양, 개, 토끼, 고양이, 조류(鳥類), 꿀벌, 수생동물(水生動物) 등을 말한다.
- "수의사"란 수의 업무를 담당하는 사람으로서 농림축산식품부장관의 면허를 받은 사람을 말한다.
- "동물보건사"란 동물병원 내에서 수의사의 지도 아래 동물의 간호 또는 진료 보

조 업무에 종사하는 사람으로서 농림축산식품부장관의 자격인정을 받은 사람을 말한다.

- "수의사"는 동물의 진료 및 보건과 축산물의 위생 검사에 종사하는 것을 그 직무로 한다.

- "수의사가 되려는 사람"은 수의사 국가시험에 합격한 후 농림축산식품부장관의 면허를 받아야 한다.

- "동물보건사가 되려는 사람"은 동물보건사 자격시험에 합격한 후 농림축산식품부장관의 자격인정을 받아야 한다.

- "동물보건사"는 동물병원 내에서 수의사의 지도 아래 동물의 간호 또는 진료 보조 업무를 수행할 수 있다.

- "수의사"는 동물병원을 개설하지 아니하고는 동물진료업을 할 수 없다.

- "동물병원"은 다음의 하나에 해당되는 자가 아니면 개설할 수 없다.
    1. 수의사
    2. 국가 또는 지방자치단체
    3. 동물진료업을 목적으로 설립된 법인(이하 "동물진료법인"이라 한다)
    4. 수의학을 전공하는 대학(수의학과가 설치된 대학을 포함한다)
    5. 「민법」이나 특별법에 따라 설립된 비영리법인

- "동물병원 개설자"는 자신이 그 동물병원을 관리하여야 한다. 다만, 동물병원 개설자가 부득이한 사유로 그 동물병원을 관리할 수 없을 때에는 그 동물병원에 종사하는 수의사 중에서 관리자를 지정하여 관리하게 할 수 있다.

🗂 수의사법 시행령

- "수의사법에서 대통령령으로 정하는 동물"이란
    1. 노새 · 당나귀
    2. 친칠라 · 밍크 · 사슴 · 메추리 · 꿩 · 비둘기
    3. 시험용 동물
    4. 그 밖에 포유류 · 조류 · 파충류 및 양서류를 말한다.
- "수의사 국가시험의 시험과목"은 다음과 같다.

1. 기초수의학
2. 예방수의학
3. 임상수의학
4. 수의법규 · 축산학

📚 수의사법 시행규칙

- "수의사 외의 사람이 할 수 있는 진료의 범위로서 농림축산식품부령으로 정하는 비업무로 수행하는 무상 진료행위"란
    1. 도서 · 벽지(僻地)에서 이웃의 양축 농가가 사육하는 동물에 대하여 비업무로 수행하는 다른 양축 농가의 무상 진료행위
    2. 사고 등으로 부상당한 동물의 구조를 위하여 수행하는 응급처치행위를 말한다.

- "농장에 있는 동물"에 대한 처방전인 경우에는 농장명도 적는다.

- "축산농장(동물보호법 시행령에 따른 동물실험시행기관을 포함한다)", "동물원 및 수족관의 관리에 관한 법률에 따라 등록한 동물원 또는 수족관"에 상시 고용된 수의사로 신고하려는 경우에 신고서에 서류를 첨부하여 제출해야 한다.

- 신고 수의사는 처방대상 동물용 의약품이 해당 "축산농장" 등 밖으로 유출되지 않도록 관리하고 농장주 또는 운영자를 지도해야 한다.

- "동물보건사의 동물의 간호 또는 진료 보조 업무의 구체적인 범위와 한계"는 다음과 같다.
    1. 동물의 간호 업무: 동물에 대한 관찰, 체온 · 심박수 등 기초 검진 자료의 수집, 간호판단 및 요양을 위한 간호
    2. 동물의 진료 보조 업무: 약물 도포, 경구 투여, 마취 · 수술의 보조 등 수의사의 지도 아래 수행하는 진료의 보조

- "동물보건사 자격시험의 시험과목"은 다음과 같다.
    1. 기초 동물보건학
    2. 예방 동물보건학
    3. 임상 동물보건학
    4. 동물 보건 · 윤리 및 복지 관련 법규

감염병 예방 및 관리에 관한 법률

- "인수공통감염병"이란 동물과 사람 간에 서로 전파되는 병원체에 의하여 발생되는 감염병을 말한다.

- 감염병을 예방하기 위하여 쥐, 위생해충 또는 그 밖의 "감염병 매개동물"의 구제(驅除) 또는 구제시설의 설치를 명한다.

동물용 의약품등 취급규칙

- "동물용의약품"이라 함은 동물용으로만 사용함을 목적으로 하는 의약품을 말하며, 양봉용, 양잠용, 수산용 및 애완용(관상어를 포함한다)의약품을 포함한다.

- "양봉용 동물용의약품", "양잠용 동물용의약품" 및 "수산용 동물용의약품"이라 함은 각각 꿀벌, 누에 및 어패류 등에 사용함을 목적으로 하는 동물용의약품을 말한다.

농약관리법

- "농약"이란 농작물[수목(樹木), 농산물과 임산물을 포함한다]을 해치는 균(菌), 곤충, 응애, 선충(線蟲), 바이러스, 잡초, 그 밖에 동식물(이하 "병해충"이라 한다)을 방제(防除)하는 데 사용하는 살균제, 살충제, 제초제를 말한다.

농약관리법 시행규칙

- "농약관리법에서 농림축산식품부령으로 정하는 동식물"이란
    1. 동물 : 달팽이 · 조류 또는 야생동물
    2. 식물 : 이끼류 또는 잡목을 말한다.

약사법

- "한약"이란 동물, 식물 또는 광물에서 채취된 것으로 주로 원형대로 건조 · 절단 또는 정제된 생약(生藥)을 말한다.

- "멸종위기에 놓인 야생동식물의 국제거래에 관한 협약에 따른 동식물"의 가공품

중 의약품을 수출, 수입 또는 공해(公海)를 통하여 반입하려는 자는 허가를 받아야 한다.

■ 누구든지 "멸종 위기에 놓인 야생동물을 이용한 가공품인 코뿔소 뿔 또는 호랑이 뼈"에 대하여 다음 행위를 하여서는 아니 된다.

　1. "코뿔소 뿔 또는 호랑이 뼈"를 수입·판매하거나 판매할 목적으로 저장 또는 진열하는 행위

　2. "코뿔소 뿔 또는 호랑이 뼈"를 사용하여 의약품을 제조 또는 조제하는 행위

　3. "코뿔소 뿔 또는 호랑이 뼈"를 사용하여 제조 또는 조제된 의약품을 판매하거나 판매할 목적으로 저장 또는 진열하는 행위

■ 농림축산식품부장관 또는 해양수산부장관은 동물의 질병을 진료 또는 예방하기 위하여 사용되는 "동물용의약품" 등으로서 다음에 해당하는 제제에 대하여는 사용 기준을 정할 수 있다.

　1. 동물의 체내에 남아 사람의 건강에 위해를 끼칠 우려가 있다고 지정하는 제제

　2. "가축"전염병 또는 "수산동물"전염병의 방역 목적으로 투약 또는 사용하여야 한다고 지정하는 제제

■ "수의사법에 따른 동물병원개설자"는 동물 사육자에게 동물용의약품을 판매하거나, 동물을 진료할 목적으로 약국개설자로부터 의약품을 구입할 수 있다.

■ "수산생물질병 관리법에 따른 수산질병관리원 개설자"는 수산생물 양식자에게 "수산생물용 의약품"을 판매할 수 있다.

■ "동물용 의약품 도매상의 허가를 받은 자"는 농림축산식품부장관 또는 해양수산부장관이 정하여 고시하는 다음의 하나에 해당하는 동물용 의약품을 수의사 또는 수산질병관리사의 처방전 없이 판매하여서는 아니 된다. 다만, 동물병원 개설자, 수산질병관리원 개설자, 약국개설자 또는 동물용 의약품 도매상 간에 판매하는 경우에는 그러하지 아니하다.

　1. 오용·남용으로 사람 및 동물의 건강에 위해를 끼칠 우려가 있는 동물용 의약품

　2. 수의사 또는 수산질병관리사의 전문지식을 필요로 하는 동물용 의약품

　3. 제형과 약리작용 상 장애를 일으킬 우려가 있다고 인정되는 동물용 의약품

■ "약국개설자"는 동물용 의약품을 수의사 또는 수산질병관리사의 처방전 없이 판

매할 수 있다. 다만, 농림축산식품부장관 또는 해양수산부장관이 정하는 다음의 하나에 해당하는 동물용 의약품은 그러하지 아니하다.

    1. 주사용 항생물질 제제
    2. 주사용 생물학적 제제

🗐 약사법 시행령

- 보건복지부장관은 "약사·한약사국가시험 및 약사예비시험"을 한국보건의료인 국가시험원법에 따른 한국보건의료인국가시험원으로 하여금 관리하게 한다.

- "약사국가시험의 시험과목"은 다음과 같다.

    1. 생명약학
    2. 산업약학
    3. 임상·실무약학
    4. 보건·의약 관계 법규

- "한약사국가시험의 시험과목"은 다음과 같다.

    1. 한약학 기초
    2. 한약학 응용
    3. 보건·의약 관계 법규

- "약사예비시험의 시험과목"은 다음과 같다.

    1. 약학 기초
    2. 한국어

🗐 가축전염병 예방법

- "가축"이란 소, 말, 당나귀, 노새, 면양·염소 [유산양(乳山羊: 젖을 생산하기 위해 사육하는 염소)을 포함한다], 사슴, 돼지, 닭, 오리, 칠면조, 거위, 개, 토끼, 꿀벌 등 을 말한다.

🗐 가축 및 축산물 이력관리에 관한 법률

- "가축"이란 축산법에 따른 가축을 말한다.

- "이력관리대상가축"이란 소, 돼지, 닭, 오리를 말한다.
- "종돈"이란 축산법에 따른 종축 중 등록기준에 따라 등록된 돼지를 말한다.

📚 축산법

- "가축"이란 사육하는 소 · 말 · 면양 · 염소[유산양(乳山羊: 젖을 생산하기 위해 사육하는 염소)을 포함한다] · 돼지 · 사슴 · 닭 · 오리 · 거위 · 칠면조 · 메추리 · 타조 · 꿩 등을 말한다.
- "토종가축"이란 가축 중 한우, 토종닭 등 예로부터 우리나라 고유의 유전특성과 순수혈통을 유지하며 사육되어 외래종과 분명히 구분되는 특징을 지니는 인정된 품종의 가축을 말한다.
- "종축"이란 가축개량 및 번식에 활용되는 가축을 말한다.
- "축산물"이란 가축에서 생산된 고기 · 젖 · 알 · 꿀과 이들의 가공품 · 원피[가공전의 가죽을 말하며, 원모피(原毛皮)를 포함한다] · 원모, 뼈 · 뿔 · 내장 등 가축의 부산물, 로얄제리 · 화분 · 봉독 · 프로폴리스 · 밀랍 및 수벌의 번데기를 말한다.
- "부화업"이란 닭, 오리 또는 메추리의 알을 인공부화 시설로 부화시켜 판매(다른 사람에게 사육을 위탁하는 것을 포함한다)하는 업을 말한다.
- "가축사육업"이란 판매할 목적으로 가축을 사육하거나 젖 · 알 · 꿀을 생산하는 업을 말한다.
- "축사"란 가축을 사육하기 위한 우사 · 돈사 · 계사 등의 시설과 그 부속시설을 말한다.
- "가축거래상인"이란 소 · 돼지 · 닭 · 오리 · 염소 등의 가축을 구매하거나 그 가축의 거래를 위탁받아 제3자에게 알선 · 판매 또는 양도하는 행위(이하 "가축거래"라 한다)를 업(業)으로 하는 자로서 등록한 자를 말한다.

📚 축산법 시행령

- "축산법에서 그 밖에 대통령령으로 정하는 동물(動物) 등"이란
    1. 기러기

2. 노새·당나귀·토끼 및 개

3. 꿀벌

4. 그 밖에 사육이 가능하며 농가의 소득증대에 기여할 수 있는 동물을 말한다.

📚 축산법 시행규칙

- "축산법에 따른 토종가축"은 한우, 돼지, 닭, 오리, 말 및 꿀벌 중 예로부터 우리나라 고유의 유전특성과 순수혈통을 유지하며 사육되어 외래종과 분명히 구분되는 특징을 지니는 가축으로 한다.

- "농림축산식품부령으로 정하는 기준에 해당하는 가축"이란 가축의 등록을 하거나 가축의 검정을 받은 결과 번식용으로 적합한 특징을 갖춘 것으로 판정된 가축을 말한다.

📚 축산물 위생관리법

- "가축"이란 소, 말, 양(염소 등 산양을 포함한다), 돼지(사육하는 멧돼지를 포함한다), 닭, 오리, 그 밖에 식용(食用)을 목적으로 하는 동물을 말한다.

- "축산물"이란 식육·포장육·원유(原乳)·식용란(食用卵)·식육가공품·유가공품·알가공품을 말한다.

- "식육(食肉)"이란 식용을 목적으로 하는 가축의 지육(枝肉), 정육(精肉), 내장, 그 밖의 부분을 말한다.

- "원유"란 판매 또는 판매를 위한 처리·가공을 목적으로 하는 착유(搾乳) 상태의 우유와 양유(羊乳)를 말한다.

- "식용란"이란 식용을 목적으로 하는 가축의 알을 말한다.

- "축산물가공품이력추적관리"란 축산물가공품(식육가공품, 유가공품 및 알가공품을 말한다)을 가공단계부터 판매단계까지 단계별로 정보를 기록·관리하여 그 축산물가공품의 안전성 등에 문제가 발생할 경우 그 축산물가공품의 이력을 추적하여 원인을 규명하고 필요한 조치를 할 수 있도록 관리하는 것을 말한다.

📑 축산물 위생관리법 시행령

- "축산물 위생관리법에서 대통령령으로 정하는 동물"이란
    1. 사슴
    2. 토끼
    3. 칠면조
    4. 거위
    5. 메추리
    6. 꿩
    7. 당나귀를 말한다.

📑 가축분뇨의 관리 및 이용에 관한 법률

- "가축"이란 소·돼지·말·닭 등으로 사육동물을 말한다.

📑 실험동물에 관한 법률

- "실험동물"이란 동물실험을 목적으로 사용 또는 사육되는 척추동물을 말한다.

📑 동물원 및 수족관의 관리에 관한 법률

- "동물원"이란 야생동물 등을 보전·증식하거나 그 생태·습성을 조사·연구함으로써 국민들에게 전시·교육을 통해 야생동물에 대한 다양한 정보를 제공하는 시설을 말한다.

- "수족관"이란 해양생물 또는 담수생물 등을 보전·증식하거나 그 생태·습성을 조사·연구함으로써 국민들에게 전시·교육을 통해 해양생물 또는 담수생물 등에 대한 다양한 정보를 제공하는 시설을 말한다.

📑 야생생물 보호 및 관리에 관한 법률

- "야생생물"이란 산·들 또는 강 등 자연 상태에서 서식하거나 자생(自生)하는 동물, 식물, 균류·지의류(地衣類), 원생생물 및 원핵생물의 종(種)을 말한다.

- "멸종위기 야생생물"이란 다음을 말한다.

    가. "멸종위기 야생생물 Ⅰ급"이란 자연적 또는 인위적 위협요인으로 개체수
    가 크게 줄어들어 멸종위기에 처한 야생생물을 말한다.

    나. "멸종위기 야생생물 Ⅱ급이란 자연적 또는 인위적 위협요인으로 개체수가
    크게 줄어들고 있어 현재의 위협요인이 제거되거나 완화되지 아니할 경우
    가까운 장래에 멸종위기에 처할 우려가 있는 야생생물을 말한다.

- "국제적 멸종위기종"이란 멸종위기에 처한 야생동식물종의 국제거래에 관한 협
  약에 따라 국제거래가 규제되는 다음의 하나에 해당하는 생물을 말한다.

    가. 멸종위기에 처한 종 중 국제거래로 영향을 받거나 받을 수 있는 종으로서
    멸종위기종국제거래협약의 부속서 Ⅰ에서 정한 것

    나. 현재 멸종위기에 처하여 있지는 아니하나 국제거래를 엄격하게 규제하지
    아니할 경우 멸종위기에 처할 수 있는 종과 멸종위기에 처한 종의 거래를
    효과적으로 통제하기 위하여 규제를 하여야 하는 그 밖의 종으로서 멸종
    위기종국제거래협약의 부속서 Ⅱ에서 정한 것

    다. 멸종위기종국제거래협약의 당사국이 이용을 제한할 목적으로 자기 나라
    의 관할권에서 규제를 받아야 하는 것으로 확인하고 국제거래 규제를 위
    하여 다른 당사국의 협력이 필요하다고 판단한 종으로서 멸종위기종국제
    거래협약의 부속서 Ⅲ에서 정한 것

- "유해야생동물"이란 사람의 생명이나 재산에 피해를 주는 야생동물을 말한다.

📚 수산생물질병 관리법

- "수산생물"이란 수산동물과 수산식물을 말한다.

- "수산동물"이란 살아 있는 어류, 패류, 갑각류, 그 밖에 그 정액(精液) 또는 알을
  말한다.

- "수산식물"이란 살아 있는 해조류, 그 밖에 그 포자(胞子)를 말한다.

- "수산질병관리사"란 수산생물을 진료(사체의 검안을 포함한다)하거나 수산생물
  의 질병을 예방하는 업무를 담당하는 사람으로서 해양수산부장관의 면허를 받은
  사람을 말한다.

- "수산생물진료업"이란 수산생물을 진료하거나 수산생물의 질병을 예방하는 업을

말한다.

■ 수산질병관리사가 아닌 사람은 수산생물의 진료를 할 수 없다. 다만, 다음의 하나에 해당하는 진료행위는 수산질병관리사가 아닌 사람도 할 수 있다.

    1. 수의사법에 따라 수의사 면허를 받은 사람이 같은 법에 따라 수생동물을 진료하는 행위

    2. 영리를 목적으로 진료하지 아니하는 경우로서 대통령령으로 정하는 진료행위

■ 누구든지 수산질병관리원을 개설하지 아니하고는 수산생물진료업을 할 수 없다. 다음의 하나에 해당하는 자는 수산질병관리원을 개설할 수 있다.

    1. 수산질병관리사

    2. 국가 또는 지방자치단체

    3. 수산생물진료업을 목적으로 설립한 법인

    4. 고등교육법에 따른 대학으로서 수산생물질병 관련 교육과정을 개설·운영하고 있는 대학

    5. 수산생물 관련 단체

🌊 수산생물질병 관리법 시행령

■ "수산생물질병 관리법에서 대통령령으로 정하는 것"이란

    1. 연체동물(軟體動物) 중 두족류

    2. 극피동물(棘皮動物) 중 성게류, 해삼류

    3. 척색동물(脊索動物) 중 미색류(尾索類)

    4. 갯지렁이류·개불류·양서류·자라류·고래류

    5. 해산종자식물(海産種子植物)을 말한다.

■ "수산질병관리사 국가시험의 시험과목"은 다음과 같다.

    1. 수산생물 기초의학

    2. 수산생물 임상의학

    3. 수산생물 질병 관계법규

📚 수산생물질병 관리법 시행규칙

- "수산생물질병 관리법에서 해양수산부령으로 정하는 것"이란 어류, 패류, 갑각류의 수산동물 질병을 말한다.

📚 해양생태계의 보전 및 관리에 관한 법률

- "해양생물자원"이라 함은 사람을 위하여 가치가 있거나 실제적 또는 잠재적 용도가 있는 유전자원(遺傳資源), 생물체, 생물체의 부분, 개체군 그 밖에 해양생태계의 생물적 구성요소를 말한다.

- "해양생물"이라 함은 해양생태계에서 서식하거나 자생하는 생물을 말한다.

- "회유성(回游性)해양동물"이라 함은 산란 · 먹이활동 · 번식 등을 위하여 무리를 지어 이동하는 동물을 말한다.

- "해양포유동물"이라 함은 해양에서 서식하는 포유동물을 말한다.

📚 민법

- "야생하는 동물"은 무주물로 하고 "사양하는 야생동물"도 다시 야생상태로 돌아가면 무주물[47]로 한다.

- "동물의 점유자"는 그 동물이 타인에게 가한 손해를 배상할 책임이 있다. 그러나 동물의 종류와 성질에 따라 그 보관에 상당한 주의를 해태하지 아니한 때에는 그러하지 아니하다.

- "점유자에 갈음하여 동물을 보관한 자"도 책임이 있다.

📚 폐기물관리법

- "폐기물"이란 쓰레기, 연소재(燃燒滓), 오니(汚泥), 폐유(廢油), 폐산(廢酸), 폐알칼리 및 동물의 사체(死體) 등으로서 사람의 생활이나 사업 활동에 필요하지 아니하게 된 물질을 말한다.

---

47 무주물((無主物)은 주인이 없는 물건을 말한다. 선점에 의해 소유권을 취득하게 된다.

- "의료폐기물"이란 보건 · 의료기관, 동물병원, 시험 · 검사기관 등에서 배출되는 폐기물 중 인체에 감염 등 위해를 줄 우려가 있는 폐기물과 인체 조직 등 적출물(摘出物), 실험동물의 사체 등 보건환경 보호 상 특별한 관리가 필요하다고 인정되는 폐기물을 말한다.

전통 소싸움경기에 관한 법률

- 이 법은 전통적으로 내려오는 소싸움을 활성화하고 소싸움경기에 관한 사항을 규정함으로써 농촌지역의 개발과 축산발전의 촉진에 이바지함을 목적으로 한다.
- "소싸움"이란 소싸움경기장에서 싸움소 간의 힘겨루기를 말한다.
- "소싸움경기"란 소싸움에 대하여 소싸움경기 투표권을 발매(發賣)하고, 소싸움경기 투표 적중자에게 환급금을 지급하는 행위를 말한다.
- "싸움소"란 소싸움경기에 출전하게 할 목적으로 소싸움경기 시행자에게 등록된 소를 말한다.

전통 소싸움경기에 관한 법률 시행령

- 싸움소주인은 소싸움경기에 부적합한 다음의 하나에 해당하는 소는 싸움소의 등록을 할 수 없다.
    1. 암소
    2. 경기시행자가 정한 체중에 미달하는 소
    3. 가축전염병의 징후가 있는 것으로 판단되거나 실명 등 장애가 있는 소

한국마사회법

- 이 법은 한국마사회를 설립하여 경마(競馬)의 공정한 시행과 말산업의 육성에 관한 사업을 효율적으로 수행하게 함으로써 축산의 발전에 이바지하고 국민의 복지 증진과 여가선용을 도모함을 목적으로 한다.
- "경마"란 기수가 타고 있는 말의 경주에 대하여 승마투표권(勝馬投票券)을 발매(發賣)하고, 승마투표 적중자에게 환급금을 지급하는 행위를 말한다.

- "경주마"란 경주에 출전시킬 목적으로 한국마사회에 등록한 말을 말한다.

- "마주"란 경주마(競走馬)를 소유하거나 소유할 목적으로 마사회에 등록한 자를 말한다.

🗐 한국마사회법 시행령

- 경주마의 출전기준은 다음과 같다.
    1. 평지경주의 경우 생후 24개월이 지난 경주마
    2. 장애물경주 및 마차경주의 경우 생후 36개월이 지난 경주마

📷 사진 및 출처

페이지	제목	출처
22	생고기	https://m.blog.naver.com/PostView.naver?isHttpsRedirect=true&blogId=jm_prettyman&logNo=221258235103
24	우유	https://jakedream.tistory.com/52
26	삼겹살	https://www.insight.co.kr/news/142901
28	달걀번호의 의미	https://mowg.tistory.com/10544
28	달걀의 번호	https://brunch.co.kr/@domino/101
39	가축으로서의 개	https://blog.chojus.com/3373
41	가축으로서의 소	https://gongu.copyright.or.kr/gongu/wrt/wrt/view.do?wrtSn=13068697&menuNo=200018
43	가축으로서의 돼지	https://v.daum.net/v/amOZkc7Yvo
45	가축으로서의 말	https://m.cafe.daum.net/wkmc-01/886m/20
47	가축으로서의 면양과 산양	https://www.gg.go.kr/archives/2330578
48	가축으로서의 닭	http://m.jadam.kr/news/articleView.html?idxno=14433
67	실험동물로 사용되는 비글견	https://brunch.co.kr/@beekyle/27
94	기니피그(Guinea pig)	https://www.famtimes.co.kr/news/articleView.html?idxno=502120
96	토끼(Rabbit)	https://www.hani.co.kr/arti/animalpeople/companion_animal/913244.html
97	앵무새(Parrot)	https://myanimals.co.kr/health/bird-care-101-how-to-take-care-of-parakeets/
99	페렛(Ferret)	https://www.jjangguone.com/entry/%EA%B7%80%EC%97%AC%EC%9A%B4-%ED%8E%98%EB%A6%BF
100	골든 햄스터 (Golden hamster)	https://mobile.busan.com/view/busan/view.php?code=2020091618173011289
126	애완돼지	https://post.naver.com/viewer/postView.nhn?volumeNo=6704977&memberNo=1179949&searchKeyword=%EB%B0%98%EB%A0%A4%EB%8F%99%EB%AC%BC%EB%A7%A4%EA%B0%9C&searchRank=30
129	시각장애인 도우미견	https://nownews.seoul.co.kr/news/newsView.php?id=20201124601009
132	청각장애인 도우미견	https://brunch.co.kr/@jlee5059/127

134	지체장애인 도우미견	https://www.socialfocus.co.kr/news/userArtclePhoto.html
136	노인 도우미견	https://www.gokorea.kr/news/articlePrint.html?idxno=20424
144	당뇨병 경고견	https://m.segye.com/view/20170320001381
146	자폐증 도우미견	https://m.blog.naver.com/PostView.naver?isHttpsRedirect=true&blogId=astaldo&logNo=220960313251
149	암 진단 도우미견	https://nownews.seoul.co.kr/news/newsView.php?id=20170326601004
151	경찰견	https://www.joongang.co.kr/article/23909908#home
154	통신에 이용하기 위해 훈련된 비둘기인 '전서구'	https://v.daum.net/v/59e85da76a8e510001ea8f57
156	돌고래	https://blog.naver.com/gimdh0930/221636549744
161	벌목장 코끼리	https://v.daum.net/v/20180808170603953
178	관 박쥐	https://blog.daum.net/sc2248/17949068
178	큰 박쥐	https://ko.wikipedia.org/wiki/%ED%81%B0%EB%B0%95%EC%A5%90%EB%A5%98
178	무덤 박쥐	https://ko.wikipedia.org/wiki/%EA%B8%B4%EB%82%A0%EA%B0%9C%EB%AC%B4%EB%8D%A4%EB%B0%95%EC%A5%90
185	생쥐, 집쥐, 등줄 쥐, 곰 쥐, 시궁쥐	함희진, 정일 위생사, 도서출판 정일, p428
188	작은 소 참 진드기, 털 진드기, 여드름진드기, 집 먼지 진드기, 옴 진드기	함희진, 정일 위생사, 도서출판 정일, p425
191	일본뇌염모기, 말라리아모기	함희진, 정일 위생사, 도서출판 정일, p424
198	쥐벼룩, 벼룩	함희진, 정일 위생사, 도서출판 정일, p427
201	침파리, 체체파리, 쉬파리, 검정파리, 곱추파리, 왕파리	함희진, 정일 위생사, 도서출판 정일, p426
218	뱀의 이빨	http://www.jejuinnews.co.kr/news/articleView.html?idxno=28946
228	멸종등급별 지정종수	https://www.nie.re.kr/endangered_species/home/enspc02001i.do
229	멸종 위기 야생생물 지정현황	https://www.nie.re.kr/endangered_species/home/enspc02001i.do

230	인도 타오바 지역에 서식하는 로열 벵갈 호랑이	https://www.greenpeace.org/korea/update/6388/blog-ce-top5-animals-endangered-by-global-warming/
231	케냐 마사이 마라 사바나 지역에 서식하는 치타	
232	자이언트 판다(Giant Panda)	
234	인도네시아 서 파푸아 지역 바다 속에서 헤엄치는 바다거북	
236	향기에 사라질 위기에 처한 사향노루	https://www.greenpeace.org/korea/update/6388/blog-ce-top5-animals-endangered-by-global-warming/
238	활강하는 람쥐썬더, 하늘다람쥐	https://www.greenpeace.org/korea/update/17590/blog-ce-local-animal-extinction-6/
239	사과 같은 얼굴, 긴 점박이 올빼미	
241	숲속의 건축가, 까막딱따구리	
243	호랑이	http://newsteacher.chosun.com/site/data/html_dir/2017/11/08/2017110800407.html
244	반달가슴곰	https://www.donga.com/news/Culture/article/all/20220528/113670005/4
246	여우	https://www.newspenguin.com/news/articleView.html?idxno=11937
247	담비	https://www.insight.co.kr/news/226253
248	산양	https://www.hankyung.com/society/article/202110147855Y
254	양팔과 다리의 길이	https://m.blog.naver.com/PostView.naver?isHttpsRedirect=true&blogId=crewj99&logNo=220847181151
256	종아리 근육의 차이	
263	꿀벌	https://kr.123rf.com/photo_24800850_%EC%96%91%EB%B4%89%EC%97%90-%EA%BF%80%EB%B2%8C%EA%B3%BC-%EB%B2%8C-%ED%8C%A8%ED%84%B4.html
268	아프리카 군대개미	https://m.blog.naver.com/with_msip/221543975001
269	잎꾼개미	https://blog.daum.net/iwy1811/17424985
271	꿀단지 개미	https://ko.wikipedia.org/wiki/%EA%BF%80%EB%8B%A8%EC%A7%80%EA%B0%9C%EB%AF%B8
272	불개미	https://www.ytn.co.kr/_ln/0105_201710181557496784
277	초식동물의 이빨	https://bbs.ruliweb.com/community/board/300143/read/44647934

278	육식동물의 이빨	https://m.blog.naver.com/PostView.naver?isHttpsRedirect=true&blogId=finezoos&logNo=220744238481
281	인간의 이빨	https://cnjtrend.tistory.com/27
283	혈액형 발생빈도	https://m.post.naver.com/viewer/postView.nhn?volumeNo=18053904&memberNo=41062464&searchKeyword=%EB%8F%99%EB%AC%BC&searchRank=187
284	고양이의 혈액형	https://m.blog.naver.com/PostView.naver?isHttpsRedirect=true&blogId=gatoblancokr&logNo=221028825613
285	개의 혈액형	https://m.post.naver.com/viewer/postView.naver?volumeNo=27471515&memberNo=42118455
294	인간의 눈	http://www.techholic.co.kr/news/articleView.html?idxno=14161
295	동물들의 눈	https://m.blog.naver.com/PostView.naver?isHttpsRedirect=true&blogId=choicetrip&logNo=70167602187
299	이가 적고 긴 코를 가진 '파우시덴토미스 베르미닥스(Paucidentomys vermidax)'의 이빨	https://m.nocutnews.co.kr/news/amp/960895
301	토끼의 신장은 당연히 있으며 다만, 갈비뼈로 보호받지 못하는 부분에 위치해 있다.	http://nestofpnix.egloos.com/v/3919111
302	염소의 눈과 고양이의 눈	https://m.dongascience.com/news.php?idx=8028
330	침팬지 우주비행사 햄(Ham)	https://m.blog.naver.com/PostView.naver?isHttpsRedirect=true&blogId=fly_jam&logNo=220810547511
331	원숭이 우주비행사 에이블(Able)과 베이커(Baker)	http://www.kookje.co.kr/news2011/asp/newsbody.asp?code=0800&key=20130204.22021201854
334	개 우주비행사 라이카(Laika)	http://www.kookje.co.kr/news2011/asp/newsbody.asp?code=0800&key=20130204.22021201854
336	고양이 우주비행사 펠리시테(Félicette)	https://kiss7.tistory.com/m/857
345	남해군 가인리 공룡 발자국 화석	https://creation.kr/Dinosaur/?idx=1294464&bmode=view
346	매머드	https://www.chosun.com/economy/science/2021/08/14/3KK2IOIYGNBNPK2HQRFSC7IVQE/
351	소	https://www.newsworks.co.kr/news/articleView.html?idxno=537213
351	돼지	https://sputnik.kr/news/view/3303

351	닭	https://pixabay.com/de/photos/huhn-blick-augen-bauernhof-scheune-5417515/
351	말	https://www.kra.co.kr/letsrunnews/1901.do?previewKey=c57c7f2f-1923-4d16-8930-dc42c3fce959
352	면양	https://m.post.naver.com/viewer/postView.naver?volumeNo=11112058&memberNo=32532701
352	산양	https://v.daum.net/v/20191005113101273?f=m
352	가금	https://pixabay.com/ko/photos/%EB%8B%AD-%EA%B0%80%EA%B8%88%EB%A5%98-%EC%83%88-%EB%86%8D%EC%9E%A5-%EB%A7%88%EB%8B%B9-5416900/
352	양봉	https://m.blog.naver.com/PostView.naver?isHttpsRedirect=true&blogId=sin100&logNo=70149377285
354	마우스	https://www.pinterest.it/pin/526710118918696458/
354	랫드	https://m.blog.naver.com/PostView.naver?isHttpsRedirect=true&blogId=whbear&logNo=120100009232
354	기니피그	https://pixabay.com/ko/photos/%EA%B8%B0%EB%8B%88%ED%94%BC%EA%B7%B8-%EB%8F%99%EB%AC%BC-%ED%86%A0%EC%A2%85-%EB%8F%99%EB%AC%BC-3934954/
354	비글	https://gallwar.com/m/entry/%EB%AF%B8%EA%B5%AD%EC%9D%B8%EA%B8%B0-%EB%B0%98%EB%A0%A4%EA%B2%AC-%EC%9D%B4%EC%95%BC%EA%B8%B0-5%ED%8E%B8-%EB%B9%84%EA%B8%80
356	반려견	https://news.mt.co.kr/mtview.php?no=2017120923225899789
356	반려묘	https://post.naver.com/viewer/postView.nhn?volumeNo=30692051&memberNo=44895236&searchKeyword=%EA%B3%A0%EC%96%91%EC%9D%B4%2C%20%EB%B0%98%EB%A0%A4%EB%AC%98&searchRank=57
356	토끼	https://m.thesingle.co.kr/article/711169/THESINGLE
356	앵무새	https://namu.wiki/w/%EC%82%AC%EB%9E%91%EC%95%B5%EB%AC%B4
356	페렛	http://interzoo.co.kr/product/%ED%8C%A8%EC%8A%A4%EB%B2%A8%EB%A6%AC%ED%8E%98%EB%9F%BF-%EC%95%8C%EB%B9%84%EB%85%B8/20/
356	햄스터	https://m.blog.naver.com/PostView.naver?isHttpsRedirect=true&blogId=alwls2353&logNo=221046393531

357	애완견	https://post.naver.com/viewer/postView.naver?memberNo=38419283&volumeNo=34164877
357	애완돼지	https://www.mk.co.kr/news/it/view/2017/07/462601/
358	시각장애인 도우미견	http://www.imedialife.co.kr/news/articleView.html?idxno=6346
358	청각장애인 도우미견	https://www.insight.co.kr/news/365663
358	지체장애인 도우미견	http://www.happypet.co.kr/news/articleView.html?idxno=24560
358	노인 도우미견	https://www.gokorea.kr/news/articlePrint.html?idxno=20424
359	치료도우미견	https://m.blog.naver.com/PostView.naver?isHttpsRedirect=true&blogId=iamdogbabo&logNo=130167280551
359	치매 도우미견	https://bravo.etoday.co.kr/view/atc_view.php?varAtcId=12716
359	당뇨병 경고견	https://www.joongang.co.kr/article/22859312#home
359	자폐증 도우미견	https://www.insight.co.kr/news/139625
359	발작 경보견	https://www.chosun.com/culture-life/watching/2021/07/13/KWDMVJ5YAJABFJ4N6BIK3KW4WE/
359	암 진단 도우미견	https://nownews.seoul.co.kr/news/newsView.php?id=20150810601018
360	사역견	https://m.hobbyen.co.kr/news/newsview.php?ncode=1065580498022726
360	비둘기	https://ko.depositphotos.com/stock-photos/%EB%B9%84%EB%91%98%EA%B8%B0.html
360	돌고래	https://www.animalplanet.co.kr/contents/?artNo=8770
360	코끼리	https://jun-improvement.tistory.com/m/1361
361	동물원 유지	https://debatingday.com/13985/%EB%8F%99%EB%AC%BC%EC%9B%90%EC%9D%80-%ED%95%84%EC%9A%94%ED%95%9C-%EC%8B%9C%EC%84%A4%EC%9D%B8%EA%B0%80/comment-page-1/
361	동물원 폐지	http://www.peoplepower21.org/Magazine/1634828
361	원숭이 쇼 폐지	https://www.photo-thierry-riols.com/galleries/thumbnail_ajax_modal_gallery.php?id_globale=3751&idiome=fr&id_member=1
361	돌고래 쇼 폐지	https://twitter.com/jejucommerce/status/1057074340464746497?lang=fi

362	박쥐	https://www.hani.co.kr/arti/PRINT/969609.html
362	쥐	https://pixabay.com/ko/photos/%EC%A5%90-%EC%84%A4%EC%B9%98%EB%A5%98-%ED%84%B8-%EA%B7%80%EC%97%AC%EC%9A%B4-%EC%96%B4%EB%A6%B0-1072588/
362	파리	https://brunch.co.kr/@famtimes/613
362	모기	https://techrecipe.co.kr/posts/2579
362	빈대	https://www.sedaily.com/NewsView/1KV19F7X39
363	오랑우탄	https://nownews.seoul.co.kr/news/newsView.php?id=20150801601002
363	침팬지	http://www.memozee.com/memozee.view.php?key=002000002911
363	고릴라	https://www.insight.co.kr/news/134478
363	고슴도치	https://www.animalplanet.co.kr/contents/?artNo=2885
363	뱀	https://www.adobe.com/kr/creativecloud/illustration/discover/how-to-draw-a-snake.html
363	금붕어	https://www.chosun.com/site/data/html_dir/2007/04/13/2007041300159.html
364	벵갈 호랑이	https://kr.123rf.com/photo_68095461_%EB%B2%5EA%B3%A8-%ED%98%B8%EB%9E%91%EC%9D%B4-%EB%88%88%EC%9D%98-%EC%B4%88%EC%83%81%ED%99%94.html
364	아프리카 치타	https://m.blog.naver.com/PostView.naver?isHttpsRedirect=true&blogId=ahn640301&logNo=221056657629
364	자이언트 판다	https://www.joongang.co.kr/article/23937963#home
364	바다거북	https://swood.co.kr/bbs/board.php?bo_table=free&wr_id=1493
364	사향노루	https://www.doopedia.co.kr/photobox/comm/community.do?_method=view&GAL_IDX=111014000799500
364	하늘다람쥐	http://www.kookje.co.kr/news2011/asp/newsbody.asp?code=0300&key=20150618.22026185421
364	긴 점박이 올빼미	https://namu.wiki/w/%EA%B8%B4%EC%A0%90%EB%B0%95%EC%9D%B4%EC%98%AC%EB%B9%BC%EB%AF%B8
364	까막딱따구리	https://www.kbmaeil.com/news/articleView.html?idxno=816918

365	호랑이	https://m.cafe.daum.net/GODFACE/biej/62?listURI=%2FGODFACE%2Fbiej
365	반달가슴곰	https://m.khan.co.kr/environment/environment-general/article/201706212216015
365	여우	https://pixabay.com/ko/photos/%EC%97%AC%EC%9A%B0-%EC%A0%8A%EC%9D%80-%EC%96%BC%EA%B5%B4-%EB%88%88-%EC%BD%94-5530909/
365	담비	https://m.blog.naver.com/PostView.naver?isHttpsRedirect=true&blogId=rlarbdyd8353&logNo=220403721721
366	꿀벌	https://xebastian.tistory.com/320
366	개미	https://cm.asiae.co.kr/article/2017101010593306729
367	거북이	https://twitter.com/fnem_1234/status/735713400374710281?lang=fa
367	개구리	https://eyefun.tistory.com/599
367	거미	https://nircissus.tistory.com/532
367	초파리	http://egloos.zum.com/yonggulee/v/2427071
368	바퀴벌레	https://makemone.ru/ko/okna-i-dveri-v-kvartire-i-dome/vidy-domashnih-tarakanov-vid-tarakanov-pitayushchihsya.html
368	물고기	http://scubanet.kr/article/view.php?category=1&article=76
368	다람쥐	https://www.pinterest.co.kr/pin/672021575619827290/
369	매머드	https://www.sciencetimes.co.kr/news/%ED%84%B8%EB%B6%81%EC%88%AD%EC%9D%B4-%EB%A7%A4%EB%A8%B8%EB%93%9C-%EC%83%9D%EC%95%A0-%EC%B2%98%EC%9D%8C-%EB%9D%BD%ED%98%80%EB%83%88EB%8B%A4/
371	소 대동물수의사	https://www.dailyvet.co.kr/news/college/139096
371	양돈수의사	http://edu.chosun.com/site/data/html_dir/2012/10/12/2012101201592.html
371	양계수의사	https://gnews.gg.go.kr/news/news_detail.do?number=2016022914094447055C048&printChk=news_detail
371	말 대동물수의사	http://www.horsebiz.co.kr/news/articleView.html?idxno=65723
372	개	https://news.edupang.com/news/article.html?no=37188

372	소	https://www.joongang.co.kr/article/23990652
372	돼지	http://www.pignpork.com/news/articleView.html?idxno=3870
372	말	https://seicc.tistory.com/16143134
372	면양	https://kr.freepik.com/free-photo/veterinarian-taking-care-of-lambs-at-sheep-farm_11036709.htm
372	산양	http://www.wmrc.co.kr/bbs/board.php?bo_table=sub5_2&wr_id=167&page=2
372	가금	https://www.voakorea.com/a/1635011.html
372	양봉	https://m.post.naver.com/viewer/postView.naver?volumeNo=28681809&memberNo=38419283
373	마우스	https://www.huffingtonpost.kr/news/articleView.html?idxno=71984
373	랫드	http://elearning.kocw.net/contents4/document/lec/2013/Chosun/Jeonyoungjin/12.pdf
373	기니피그	https://kr.freepik.com/premium-photo/veterinarian-examining-guinea-pig-at-veterinary-office_6673138.htm
373	비글	https://www.joongang.co.kr/article/25031273
374	동물복제	https://bioinformaticsandme.tistory.com/m/209
374	개 복제	https://m.post.naver.com/viewer/postView.nhn?volumeNo=16407470&memberNo=38419283&vType=VERTICAL
374	동물생명과학	https://biostudy.tistory.com/m/65
374	멸종위기동물 복제	https://news.koreadaily.com/2021/02/22/society/generalsociety/9113787.html
375	반려견	https://mypetlife.co.kr/18380/
375	반려묘	https://www.hankyung.com/society/article/202209231071i
375	토끼	https://news.nate.com/view/print?aid=20180812n08201
375	앵무새	https://kr.freepik.com/premium-photo/veterinarian-doctor-is-making-a-check-up-of-a-parrot-veterinary_3791705.htm
375	페렛	https://kr.freepik.com/premium-photo/a-veterinarian-examines-a-pet-ferret-to-a-veterinary-clinic_17487150.htm
375	햄스터	https://brunch.co.kr/@animalplanetkr/431

376	한방 치료하는 애완견 수의사	http://www.kookje.co.kr/news2011/asp/newsbody.asp?code=0700&key=20181005.22017009071
376	애완돼지 수의사	https://m.blog.naver.com/ecoanimal/221439278543
376	돌고래	https://www.insight.co.kr/newsRead.php?ArtNo=85047
376	코끼리	http://kid.chosun.com/site/data/html_dir/2017/11/13/2017111302033.html
377	오랑우탄 치료하는 수의사	https://www.joongang.co.kr/article/7047150
377	뱀 치료하는 수의사	https://kr.123rf.com/photo_27983861_%EC%88%98%EC%9D%98%EC%82%AC%EB%8A%94-%EC%98%A5%EC%88%98%EC%88%98-%EB%B1%80%EC%9D%84-%EC%A0%91%EC%A2%85.html
377	고슴도치 치료하는 수의사	https://voda.donga.com/List/0105/3/all/39/3305833/1
377	금붕어 치료하는 수의사	https://nownews.seoul.co.kr/news/newsView.php?id=20190817601004

참고문헌

1. 김옥진, 인간과 동물, 동일출판사, 2016, 2017, 2020.

2. 임동주, 인류역사를 바꾼 동물과 수의학, 도서출판마야, 2018.

3. 정년기, 꿀벌의 사회활동과 의사소통, 대한수의사회지, 48(2), 119-127, 2012.
   https://koreascience.kr/article/JAKO201255140725817.pdf

4. 정익수, 소동물의 종류별 특성, 여름워크숍초록, 1999.
   https://www.ksnacc.org/abst/view.html?sid=54&myyear=2000

5. 김준모, 이승훈, 미니돼지의 성장특성에 관한 연구, 한국동물유전육종학회지, 5(4), 125-148, 2021. http://www.jabg.org/view/JABG_21-015.pdf

6. Google Image 검색, 2022.

저자 함 희 진

[약력]
서울대학교 수의과대학 수의학과(수의학사)
서울대학교 수의과대학 수의병리학전공(수의학석사)
강원대학교 수의과대학 임상수의학전공(수의학박사)
농림수산부 장관 수의사 면허증 취득
(현) 안양대학교 교양대학 자연과학분야 교수
(현) 한국동물매개심리치료학회 상임이사
(현) 안양대학교 [인간과 동물의 이해], [인간과 동물], [반려동물의 이해], [생명과학의 이해], [생명의 신비],
[생명공학의 이해], [생활 속의 화학], [천문학과 별자리여행], [우주의 신비], [과학사], [과학기술과 문명],
[과학과 미래], [인간과 동물의 치료] 등 강의
(현) 경기 꿈의 대학 [수의사와 관련된 직업세계여행], [동물보건사, 애견미용사 등 동물관련 직업세계],
[줄기세포와 생명복제까지 이해하는 동물치료], [줄기세포와 생명복제까지 이해하는 동물생명과학],
[반려동물의 이해] 등 강의
(현) 고려아카데미 컨설팅 출제위원 및 강평위원
(전) 서울대학교 인수공통전염병 특강(강사)
(전) 호서대학교 동물행동특성 특강(강사)
(전) 안양대학교 교양대학 자연과학분야 주임교수
(전) 서울특별시 보건환경연구원(보건 연구관)
(전) 한국식품위생안전성학회(이사)
보건복지부 장관 위생사 면허증 취득
(전) 한국산업 인력공단 기사 및 산업기사 출제위원
(전) 신구대학교 식품영양과(시간강사)
(전) 경인여자대학교 위생사 특강(강사)
(전) 대진대학교 위생사 특강(강사)
(전) 동남보건대학교 위생사 특강(강사)
(전) 배화여자대학교 위생사 특강(강사)
(전) 신구대학교 위생사 특강(강사)
(전) 장안대학교 위생사 특강(강사)

[저서]
2022 정일 [동물보건사]
2022 정일 [동물보건사 문제집]
2022 정일 [반려동물의 이해]
2021, 2019 정일 [위생사 핵심정리]
2019 정일 [위생사 실기+필기]
2017 정일 [쪽집게 위생사 핸드북]
2015, 2007 보성과학 [세균검사 실습교재]
2011 지구문화사 [위생사 특강]
2011 정일 [패스원 위생사정리]
2010, 2008 꾸벅 [핵심 위생사요약집]
2007 꾸벅 [위생사 핵심요약집]

인간과 동물의 이해

1판 1쇄 발행 2023년 1월 2일

1판 2쇄 발행 2024년 3월 15일

저 자   함희진

펴낸이   이병덕

편 집   이은경

펴낸곳   도서출판 정일

등록날짜   1989년 8월 25일

등록번호   제3-261호

주 소   경기도 파주시 한빛로 11

전 화   031) 946-9152(대)

팩 스   031) 946-9153